Harald Rieseler

ROBOTERKINEMATIK – GRUNDLAGEN, INVERTIERUNG UND SYMBOLISCHE BERECHNUNG

Fortschritte der Robotik

Herausgegeben von Walter Ameling und Manfred Weck

Vieweg

Fortschritte der Robotik 16

Harald Rieseler

ROBOTERKINEMATIK – GRUNDLAGEN, INVERTIERUNG UND SYMBOLISCHE BERECHNUNG

vieweg

Fortschritte der Robotik

Exposés oder Manuskripte zu dieser Reihe werden zur Beratung erbeten an:
Prof. Dr.-Ing. Walter Ameling, Rogowski-Institut für Elektrotechnik der RWTH Aachen, Schinkelstr. 2, D-5100 Aachen
oder
Prof. Dr.-Ing. Manfred Weck, Laboratorium für Werkzeugmaschinen und Betriebslehre der RWTH Aachen, Steinbachstr. 53, D-5100 Aachen
oder an den
Verlag Vieweg, Postfach 5829, D-6200 Wiesbaden

Autor: Dr. rer. nat. Harald Rieseler promovierte an der TU Braunschweig am Institut für Robotik und Prozeßinformatik. Derzeit arbeitet er auf dem Gebiet der Robotersimulation bei der VW-Gesellschaft für technische Datenverarbeitungssysteme mbH.

Umschlag: Wolfgang Nieger, Wiesbaden
Druck und buchbinderische Verarbeitung: Lengericher Handelsdruckerei, Lengerich
Gedruckt auf säurefreiem Papier
Printed in Germany

ISBN 3-528-06515-X

Vorwort

Die vorliegende Dissertation entstand während meiner Tätigkeit als wissenschaftlicher Mitarbeiter im Institut für Robotik und Prozeßinformatik der Technischen Universität Braunschweig.

Mein besonderer Dank gilt dem Leiter des Instituts, Herrn Prof. Dr. F. M. Wahl, für die Anregung zu dieser Arbeit sowie für seine ständige Bereitschaft, mir mit Rat und Tat zur Seite zu stehen. Diese Unterstützung hat wesentlich zum Gelingen der Arbeit beigetragen.

Herrn Prof. Dr. F. Krückeberg danke ich für sein großes Interesse an dieser Arbeit und die Übernahme des Koreferats. Aus den regelmäßigen Treffen mit ihm und seinen Mitarbeitern vom Institut F1 für methodische Grundlagen der Gesellschaft für Mathematik und Datenverarbeitung gingen immer wieder richtungsweisende Anregungen hervor.

Auch den Mitarbeitern des Instituts für Robotik und Prozeßinformatik sei an dieser Stelle herzlich für die wertvollen Diskussionen, die gute Zusammenarbeit und die freundschaftliche Atmosphäre gedankt.

Wesentlichen Anteil am guten Gelingen der Arbeit hatten auch die Studentinnen und Studenten, die mich im Rahmen ihrer Studien- und/oder Diplomarbeiten oder auch ihrer Tätigkeiten als wissenschaftliche Hilfskräfte in der Realisierung und Darstellung der in dieser Arbeit vorgestellten Methodik unterstützt haben.

Der Deutschen Forschungsgemeinschaft danke ich für die Unterstützung des Instituts bei diesem Forschungsvorhaben. Diese Förderung hat den Aufbau einer leistungsfähigen Arbeitsgruppe ermöglicht und damit auch meine Arbeit positiv beeinflußt.

Abschließend möchte ich meiner Familie danken, die mir während der gesamten Beschäftigung mit der gewählten Thematik den zum Erfolg notwendigen Freiraum geschaffen hat. Ohne diese verständige Unterstützung wäre die Arbeit nicht zustande gekommen.

Wendeburg-Wense, im Mai 1992   Harald Rieseler

Kurzfassung

Der Entwurf und der Einsatz von Industrierobotern werfen eine Reihe fundamentaler Fragen auf. Von besonderem Interesse ist die Frage nach der geschlossenen Lösung des inversen kinematischen Problems, d.h. nach einer Abbildung einer vorgegebenen kartesischen Position und Orientierung eines Werkzeugs am Ende eines Roboterarms in die zur Realisierung dieser Lage erforderlichen Gelenkstellungen des Roboters. Dabei zeigt sich, daß die mathematischen Beziehungen i.allg. eine so hohe Kompliziertheit erreichen, daß eine manuelle Lösungsherleitung nahezu unmöglich wird.

In der vorliegenden Arbeit wird ein Konzept zur automatisierten, symbolischen Herleitung geschlossener Lösungsformeln dieses inversen kinematischen Problems (IKP) für nicht-redundante Roboter vorgestellt. Den Kern dieses Konzepts bildet ein Satz von Prototypgleichungen zur Herleitung von Lösungen für immer wieder auftretende Gleichungskombinationen. Dieses Prototypenkonzept geht einher mit einer Reduktion des komplexen Suchraums trigonometrischer Gleichungen durch eine vor dem Lösungsprozeß stattfindende Extraktion lösungsrelevanter Gleichungsmerkmale.

Es wird gezeigt, daß dieses Konzept geeignet ist, für mächtige Roboterklassen, die über Gleichungen mit einem maximalen Grad von 4 lösbar sind, eine geschlossene Lösung innerhalb von 1 – 2 Minuten zu ermitteln. Eine dieser Klassen umfaßt alle Roboter, die drei sich ständig in zueinander parallelen Ebenen bewegende Gelenke (= ebene Gelenkgruppe) besitzen. Die Lösbarkeit dieser Klasse über Gleichungen maximal 4. Grades ist ein theoretisches Ergebnis dieser Arbeit, das gleichsam als Einstieg in die Lösungsphilosophie des vorgeschlagenen Invertierungssystems erbracht wird. Des weiteren werden für diese Klasse kinematische Kriterien ermittelt, die auf quadratische Lösungen des IKP führen; eines der entscheidenden Kriterien im Roboterdesign. Ergänzend dazu wird gezeigt, daß alle resultierenden Roboterarme durch das vorgestellte Konzept analytisch invertierbar sind.

Eine Vielzahl von Tests einer ersten Prolog-Implementierung des Gesamtsystems belegen, daß weite Teile der industriell relevanten Roboter automatisch invertiert werden können. Darüber hinaus wird deutlich, daß nur einige quadratisch lösbare Roboter existieren, die von dieser Testimplementierung nicht invertiert werden können, da sie Teilstrukturen enthalten, deren Bearbeitung noch nicht implementiert ist.

Die Arbeit schließt mit einem Einblick in denkbare Anwendungen eines Invertierungssystems in den Bereichen der Robotersimulation und der Invertierung redundanter Roboterstrukturen.

Inhaltsverzeichnis

Kapitel 1

Einführung

Der Entwurf und der Einsatz von Industrierobotern werfen eine Reihe fundamentaler Fragen auf. Von besonderer Bedeutung ist vor allem die Frage nach den geometrischen Beziehungen zwischen der kartesischen Position und Orientierung, der Geschwindigkeit und der Beschleunigung am Ende des Roboterarms auf der einen Seite sowie den entsprechenden Gelenkstellungen, Gelenkgeschwindigkeiten und Gelenkbeschleunigungen auf der anderen Seite unter Vernachlässigung der dynamischen Eigenschaften des Roboters. Dabei zeigt sich, daß die mathematischen Beziehungen bereits für den statischen Fall eine so hohe Kompliziertheit erreichen können, daß eine einfache, manuelle Lösungsherleitung sehr aufwendig bis unmöglich wird.

Zur Lösung dieses Problems wird in dieser Arbeit ein Konzept vorgestellt, das erlaubt, die mathematischen Beziehungen zwischen den Gelenkstellungen sowie der kartesischen Position und Orientierung des Armendes für eine Fülle von Roboterarmen rechnergestützt auf der Basis einer parametrisierten Roboterbeschreibung zu erzeugen.

Unter einem Roboterarm wird in dieser Arbeit eine Aneinanderreihung starrer Glieder, die durch Dreh- oder Schubgelenke miteinander verbunden sind, verstanden. Des weiteren wird angenommen, daß der Roboterarm eine feste Verbindung zum Untergrund besitzt. Am Ende des Roboterarms wird ein Werkzeug, das im speziellen auch eine Roboterhand sein kann, angenommen; dieses der Manipulation der Umgebung dienende Werkzeug wird als (End-)effektor bezeichnet. Die beschriebene Folge durch Gelenke verbundener Glieder mit einer am Untergrund fixierten Roboterbasis und einem Endeffektor wird als offene kinematische Kette bezeichnet (siehe Abbildung 1.1).

Die aufgeworfene Frage nach den geometrischen Beziehungen läßt sich nun präzisieren:

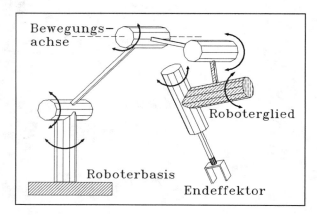

Abbildung 1.1: Repräsentation eines Roboters als kinematische Kette:
Starre Glieder sind durch bewegliche Gelenke zu einer kinematischen Kette zusammengefügt. Das erste Glied des Roboters ist fest mit dem Untergrund verbunden.

1. Sei ein fest mit der Roboterbasis verbundenes kartesisches Koordinatensystem (Roboterbasissystem) gegeben sowie für jedes der Glieder eine ausgezeichnete Nullage. Sei des weiteren ein Satz von Stellwerten gegeben, der für Schubgelenke den Betrag angibt, um den das nachfolgende Glied relativ zu seiner Nullage verschoben wird sowie für Drehgelenke den Winkel, um den das nachfolgende Glied relativ zu seiner Nullage verdreht wird. Dieser Satz von Stellwerten wird als Konfiguration des Roboterarms bezeichnet. Dann stellt sich die Frage:

Welche kartesische Position und Orientierung nimmt der Endeffektor bezogen auf das Roboterbasissystem für diese Konfiguration ein?

Diese Frage ist auch unter der Bezeichnung direktes kinematisches Problem (DKP) bekannt. Die Lösung dieses Problems wird als direkte kinematische Transformation oder auch Vorwärtstransformation bezeichnet.

2. Sei eine kartesische Position und Orientierung des Effektors bezogen auf das Roboterbasissystem vorgegeben. Dann stellt sich die Frage:

Welche Konfigurationen des Roboters führen auf die vorgegebene kartesische Lage des Endeffektors?

Dieses Problem ist als inverses kinematisches Problem (IKP) bekannt. Die Lösung des Problems wird als inverse kinematische Transformation oder auch Rückwärtstransformation bezeichnet.

Die mit diesen Fragen verbundenen Probleme werden im nächsten Abschnitt durch 3 Roboter mit unterschiedlichem Schwierigkeitsgrad verdeutlicht.

1.1   Motivation

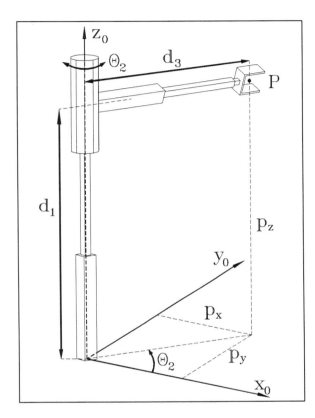

Abbildung 1.2: Roboter mit zylindrischem Arbeitsraum: Der Roboter setzt sich aus 2 Schubgelenken mit den variablen Schublängen d_1 und d_3 sowie dem Drehgelenk mit dem variablen Winkel θ_2 zusammen. Diese drei mechanischen Freiheitsgrade gestatten eine freie 3d Positionierung des Punktes P relativ zum Roboterbasissystem.

In Abbildung 1.2 ist ein sehr einfacher, 3-achsiger Roboterarm skizziert. Einfachste geometrische Überlegungen führen auf die Lösungen der o.g. Probleme für diesen Arm:

- **DKP:**

$$p_x = d_3 \cos \theta_2$$
$$p_y = d_3 \sin \theta_2$$
$$p_z = d_1$$

- **IKP:**
  Aus den obigen Lösungen des DKP kann die Lösung des IKP direkt abgeleitet werden. Unter der Annahme, daß die Schubgelenke nur positive Längen

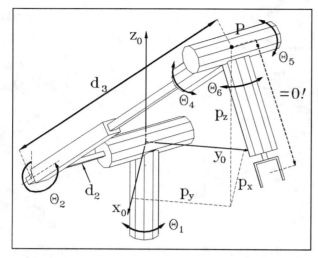

Abbildung 1.3: Stanford Arm

Dieser Roboter besitzt 5 Dreh-
gelenke (θ_1, θ_2 und $\theta_4 - \theta_6$) sowie 1 Schubgelenk (d_3). Da
sich die drei letzten Drehgelenke im Punkt P schneiden
und keine weitere Länge folgt,
haben diese Drehgelenke nur
einen orientierenden Einfluß
auf den Effektor; seine Posi-
tion wird allein durch θ_1, θ_2
und d_3 bestimmt.

besitzen, gilt:

$$
\begin{aligned}
d_1 &= p_z \\
d_3 &= \sqrt{p_x^2 + p_y^2} \\
\theta_2 &= \arctan\left(p_y/p_x\right)
\end{aligned}
$$

In Abbildung 1.3 ist der aus der Literatur bekannte Stanford-Manipulator gegeben
[Pau81]. Für diesen Arm können die o.g. Probleme bezüglich der Position ebenfalls
noch durch geometrische Überlegungen gelöst werden:

- **DKP:**

$$
\begin{aligned}
p_z &= d_3 \cos\theta_2 && (1.1) \\
p_x &= d_3 \sin\theta_2 \cos\theta_1 - d_2 \sin\theta_1 && (1.2) \\
p_y &= d_3 \sin\theta_2 \sin\theta_1 + d_2 \cos\theta_1 && (1.3)
\end{aligned}
$$

Die Lösungen ergeben sich aus elementaren geometrischen Überlegungen: p_z
ist die Projektion der variablen Schublänge d_3 auf die z_0-Achse des Roboter-
basissystems. Ihre Projektion auf die x_0y_0-Ebene errechnet sich zu: $r_{xy} = d_3 \sin\theta_2$. Da die Rotation um die erste Achse um den Winkel θ_1 von der y_0-
Achse ausgehend im mathematisch positiven Sinn angenommen wurde, setzen
sich p_x und p_y aus den durch den konstanten Versatz d_2 und der o.g. Projektion
r_{xy} verursachten Anteilen zusammen.

- **IKP:**
  Aus den Lösungen des DKP folgt direkt die Lösung des IKP: Durch Erweiterung von 1.2 bzw. 1.3 mit $\sin\theta_1$ bzw. $-\cos\theta_1$ und nachfolgender Addition erhält man:

$$p_y \cos\theta_1 - p_x \sin\theta_1 = d_2 \qquad (1.4)$$

Diese Gleichung liefert folgende Lösungen für θ_1 [Pau81]:

$$\theta_1^{(1,2)} = \arctan\left(\frac{d_2}{\pm\sqrt{p_x^2 + p_y^2 - d_2^2}}\right) - \arctan\left(\frac{p_y}{-p_x}\right) \qquad (1.5)$$

Erweitert man 1.2 bzw. 1.3 mit $\cos\theta_1$ bzw. $\sin\theta_1$ und addiert die Ergebnisse ergibt sich:

$$p_x \cos\theta_1 + p_y \sin\theta_1 = d_3 \sin\theta_2 \qquad (1.6)$$

Multiplikation mit $\cos\theta_2$ liefert

$$\cos\theta_2 \left(p_x \cos\theta_1 + p_y \sin\theta_1\right) = d_3 \sin\theta_2 \cos\theta_2 \qquad (1.7)$$

Durch Erweiterung von 1.1 mit $-\sin\theta_2$ und Addition mit Gleichung 1.7 ergibt sich:

$$\cos\theta_2 \left(p_x \cos\theta_1 + p_y \sin\theta_1\right) - p_z \sin\theta_2 = 0$$

Für θ_2 erhält man somit die Lösungen [Pau81]:

$$\theta_2^{(1)} = \arctan\left(\frac{p_x \cos\theta_1 + p_y \sin\theta_1}{p_z}\right)$$

$$\theta_2^{(2)} = \theta_2^{(1)} + 180°$$

Nachfolgend ergibt sich die Länge des Ausschubs d_3 eindeutig:

$$d_3 = \frac{p_z}{\cos\theta_2} \qquad \text{für } \cos\theta_2 \neq 0$$

$$d_3 = \frac{p_x + d_2 \sin\theta_1}{\cos\theta_1} \qquad \text{für } \cos\theta_2 = 0 \wedge \cos\theta_1 \neq 0$$

$$d_3 = p_y \qquad \text{sonst}$$

Auf ähnliche Weise müßten nun auch für eine vorgegebene kartesische Orientierung des Effektors – beispielsweise durch Eulerwinkel – die Lösungen für $\theta_4 - \theta_6$ ermittelt werden. Durch die spezielle Struktur dieses Roboters – Positionseinstellung ausschließlich durch die ersten drei Achsen – ist dies prinzipiell auch noch mit vertretbarem Aufwand möglich, aber das direkte, geometrische "Ablesen" der Lösungen aus der gegebenen Skizze ist sicher nicht mehr machbar. Eine automatisch berechnete Lösung für diesen Arm ist im Anhang D.1 angegeben.

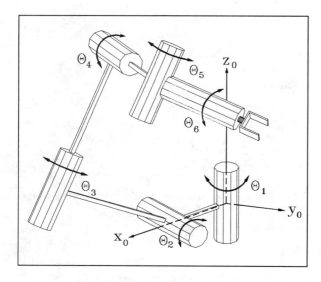

Abbildung 1.4: Roboterarm
mit komplizierterer Geometrie

Für den in Abbildung 1.4 gegebenen Roboterarm wird sofort deutlich, daß aufgrund
der sowohl positionierenden als auch orientierenden Wirkung der Gelenke hier nicht
einmal mehr das DKP bezüglich der Position auf einfache Weise gelöst werden kann.
Nur um einen Eindruck von den Zusammenhängen zu geben, sei die Lösung des DKP
für die Position angegeben:

$$p_x = C_1 \left(C_2 \left(a_2 - d_4 S_3 \right) - d_3 S_2 + a_1 \right) - d_4 S_1 C_3$$
$$p_y = S_1 \left(C_2 \left(a_2 - d_4 S_3 \right) - d_3 S_2 + a_1 \right) + d_4 C_1 C_3$$
$$p_z = S_2 \left(a_2 - d_4 S_3 \right) + d_3 C_2$$

wobei C_i bzw. S_i, wie in der Literatur üblich, $\cos \theta_i$ bzw. $\sin \theta_i$ bezeichnen und a_i
bzw. d_i die dargestellten Längen zwischen den Drehachsen i und $i + 1$ bezeichnen.

Diese Beispielgleichungen zeigen deutlich, daß selbst zur Lösung des DKP eine systematische Vorgehensweise erforderlich ist. Wie u.a. Smith und Lipkin zeigten
[Smi90], ist auch das IKP für den letztgenannten Roboterarm analytisch lösbar.
Eine systematische Vorgehensweise zur Berechnung von analytischen Lösungen für
das DKP und insbesondere für das IKP wird in Kapitel 2 vorgestellt.

1.2   Literaturüberblick

Während für beliebige Roboter systematisch eine explizite analytische Lösung das
DKP ermittelt werden kann (siehe Kapitel 2), ist dies für das IKP im allgemeinen

nicht möglich. In den vergangenen Jahrzehnten war das IKP daher immer wieder Gegenstand wissenschaftlicher Untersuchungen. Auf eine frühe Arbeit verweist Pieper [Pie68]: Schon 1948 befaßte sich Dimentberg mit dem IKP für räumliche Mechanismen. So konnte er die Lösung für einen Mechanismus mit zwei Zylindergelenken (Kombination von Drehgelenk und Schubgelenk mit kollinearen Bewegungsachsen), zwischen denen sich ein Rotationsgelenk befindet, auf die Lösung einer Gleichung 8. Grades zurückführen [Dim48]. Yang gelang es, dasselbe Problem unter Verwendung von dualen (3×3) Matrizen auf die Lösung eines Polynoms 4. Grades zu reduzieren [Yan69].

Speziell die kinematische Analyse von Roboterstrukturen wurde durch den Vorschlag von homogenen (4×4) Matrizen zur Koordinatentransformation bei der Analyse von Mechanismen durch Denavit und Hartenberg nachhaltig beeinflußt [Den55]. Auf der Basis dieser Notation fertigte Pieper eine umfassende Untersuchung von 6-achsigen Roboterarmen an, die durch drei sich in einem Punkt schneidende Rotationsachsen gekennzeichnet sind [Pie68]. Er konnte zeigen, daß die Lösung des IKP für diese spezielle Klasse von Roboterarmen immer auf die Lösung einer Gleichung 4. Grades zurückgeführt werden kann. Liegen weitere kinematische Einschränkungen vor, wie z.B. weitere zwei ständig zueinander parallele Rotationsachsen, so zeigte er, daß die Lösung des IKP sogar auf quadratische Gleichungen zurückgeführt werden kann.

Die Untersuchung der insbesondere für die industrielle Anwendung interessanten Roboterarme mit quadratischen Lösungsansätzen wurde 1985 von Heiß vertieft [Hei85]. Er konnte zeigen, daß sich mindestens 12 Roboterklassen angeben lassen, die speziellen kinematischen Einschränkungen genügen und für die die Lösung des IKP auf quadratische Gleichungen zurückführbar ist. So ist z.B. das IKP für alle Roboter, die 2 sich schneidende und 3 weitere zueinander parallele Rotationsachsen besitzen, allein unter Verwendung quadratischer bzw. linearer Gleichungen lösbar [Hei86].

Lee und Liang gelang es 1988 erstmals für den allgemeinsten Roboter mit 6 Drehgelenken, die Lösung des IKP auf ein einziges Polynom 16. Grades zurückzuführen [Lee88a, Lee88b]. Ähnliche Ergebnisse wurden in der Folge auch von Raghavan und Roth [Rag90b], von Lee, Woernle und Hiller [Lee90] sowie für den Fall, daß sich unter den 6 Gelenken auch Schubgelenke befinden können wiederum von Raghavan und Roth [Rag90a] vorgestellt. In diesem Zusammenhang ist auch die Arbeit von Manseur und Doty zu nennen, in der gezeigt wurde, daß tatsächlich auch ein 6-achsiger Roboter mit einer 16-fach-Lösung, d.h. mit 16 möglichen Konfigurationen für eine vorgegebene kartesische Position und Orientierung existiert [Man89].

Unter dem Aspekt der Anwendung von Robotern bestand in vielen der vorgenannten Arbeiten das Hauptziel darin, eine geschlossene Lösung des IKP für einen gegebenen Roboter herzuleiten. Unter der Annahme einer mathematischen Beschreibung einer kartesischen Zielstellung des Endeffektors gilt es dabei, Abbildungen zu finden, die einer vorgegebenen kartesischen Zielstellung eine Menge von möglichen Gelenkstellungen des Roboters zuordnen, so daß für jede der errechneten Gelenkstellungen die kartesische Zielstellung durch den Endeffektor angenommen wird (siehe auch obige Beipiele).

Im Gegensatz zu diesen Ansätzen zur Herleitung geschlossener Lösungen existieren eine Fülle von numerischen Verfahren zur Lösung des IKP (z.B. [Bai85, Che88, Han86]). Sie finden insbesondere auch Anwendung bei redundanten Robotern, d.h. bei Robotern, die mehr Gelenke besitzen, als der für eine gegebene Aufgabe erforderliche kartesische Freiheitsgrad verlangt. Diese Ansätze haben in den meisten Fällen die Nachteile, daß i.allg. nur eine von mehreren möglichen Gelenkstellungen für eine Zielstellung berechnet wird und daß die Konvergenz der Verfahren in der Nähe von singulären Stellungen des Roboters stark abnimmt. Allerdings bleibt festzuhalten, daß diese Verfahren durchaus ihre Berechtigung haben, da nicht für alle Roboter eine im oben eingeschränkten Sinne geschlossene Lösung ermittelt werden kann.

Des weiteren wurden auch hybride Ansätze zur Lösung des IKP vorgeschlagen. Bei diesen Verfahren werden zunächst die Stellwerte einiger Gelenke durch iterative Verfahren bestimmt. Unter der Annahme der Kenntnis der Stellwerte dieser Gelenke können dann geschlossene, von den vorgenannten Gelenkstellungen abhängige Lösungen für die verbleibenden Gelenke ermittelt werden (z.B. [Woe88, Man88]). Diese Ansätze haben gegenüber rein iterativen Verfahren den Vorteil, daß die Invertierungsgeschwindigkeit erhöht wird.

Der Versuch der Berechnung einer geschlossenen Lösung des IKP für einen gegebenen Roboter per Hand ist in den meisten Fällen mit einem immensen, wenn nicht gar nicht mehr in vernünftiger Zeit fehlerfrei machbaren Aufwand verbunden. Da aber insbesondere für die Konstruktion von Robotern eine schnelle Überprüfung eines Entwurfs auf die Lösbarkeit des IKP von entscheidender Bedeutung ist, sind in jüngerer Zeit eine Reihe von Systemen vorgeschlagen worden, die die erforderlichen Berechnungen automatisiert und in symbolischer Form durchführen können [Hin87, Her88, Tsa89, Rie90, Kov90a, Meh90, Hal91]. Diese Systeme bekommen eine parametrisierte Beschreibung eines Roboters als Eingabe und errechnen daraus in einem Zeitraum von wenigen Sekunden bis zu einer Stunde, je nach System, eine analytische Lösung des IKP für den gegebenen Roboter, sofern diese überhaupt durch das System berechnet werden kann.

Nur ein Teil dieser Ansätze wird bis heute aktiv weiterverfolgt. Bedingt durch zum Teil sehr verschiedene Systemphilosophien, haben diese Systeme eine höchst unterschiedliche Leistungsfähigkeit (siehe Kapitel 7). Zwar kann der überwiegende Teil der heute gängigen Industrieroboter durch die erwähnten Systeme problemlos invertiert werden. Bei aufwendigeren, aber immer noch geschlossen lösbaren Robotern sind viele dieser Invertierungssysteme allerdings überfordert. Dies hat seinen Grund vor allem in dem höchst unterschiedlichen mathematischen Repertoire, d.h. in dem in vielen der Systeme implementierten Satz von trigonometrischen Gleichungsmustern, die eine a priori bekannte Lösung besitzen. Diese Gleichungsmuster werden im folgenden auch Prototypgleichungen oder kurz Prototypen genannt.

1.3 Ziele und Gliederung der Arbeit

In der vorliegenden Arbeit wird ein Konzept zur automatisierten, symbolischen Herleitung geschlossener Lösungsformeln des IKP für nicht-redundante Roboter mit 6 Gelenken vorgestellt. Den Kern dieses Konzepts bildet der bisher umfangreichste, in entscheidenden Teilen ergänzte Satz von Prototypgleichungen zur Herleitung der Lösungen für immer wieder auftretende Gleichungskombinationen. Dies geht einher mit einer Reduktion des i.allg. sehr komplexen Suchraums trigonometrischer Gleichungen durch eine vor dem eigentlichen Lösungsprozeß stattfindende Extraktion lösungsrelevanter Gleichungsmerkmale.

Es wird gezeigt, daß mit diesem Konzept für zwei mächtige Klassen von Robotern, die über Gleichungen mit einem maximalen Grad von 4 lösbar sind, eine geschlossene Lösung ermittelt werden kann. Eine der Klassen ist die von Pieper vorgestellte Klasse der Roboter, die einen Schnittpunkt dreier Rotationsachsen aufweisen. Die zweite Klasse umfaßt alle Roboter, die drei Gelenke besitzen, die sich ständig in zueinander parallelen Ebenen bewegen (= ebene Gelenkgruppe). Die Lösbarkeit aller Roboter dieser Klasse über Gleichungen maximal 4. Grades ist nach Kenntnis des Autors bisher nicht bekannt und wird daher in Kapitel 3 ausführlich behandelt.

In Kapitel 2 wird zunächst auf die in dieser Arbeit benötigten Grundlagen der Roboterkinematik eingegangen. Auf der Basis dieser Grundlagen wird in Kapitel 3 der Beweis erbracht, daß die Lösung des IKP für alle Roboter, die eine ebene Gelenkgruppe beinhalten, allein unter Verwendung von Gleichungen vom Grad $\leq$ 4 berechnet werden kann. In der Folge dieses Beweises ergeben sich bereits einige Prototypen, die in keinem der bisher vorgestellten Prototyp-basierten Invertierungssystemen zu finden sind. Im vierten und fünften Kapitel wird das Invertierungskonzept vorgestellt, wobei ausführlich auf die Herleitung weiterer Prototypgleichungen eingegangen wird. Das Kapitel 6 beschreibt einige der wesentlichen Aspekte der Implementierung dieses Konzepts unter Quintus Prolog in dem in Braunschweig entstandenen symbolischen Kinematik-Invertierungsprogramm SKIP. Daran schließt sich eine Leistungsuntersuchung in Kapitel 7 an. Das Kapitel 8 gibt einen Einblick in mögliche Anwendungen dieses Systems am Beipiel der Integration in ein universelles Robotermodellier- und -simulationssystem [Lal91] sowie der Verwendung zur Ermittlung funktional-geschlossener Lösungen des IKP für redundante Roboter [Sch90a]. Die Arbeit schließt mit einem Ausblick auf weitere Problemkreise, die im Rahmen dieser Arbeit nicht oder nur im Ansatz erläutert werden konnten. Die Ausführungen werden durch einen umfangreichen Anhang ergänzt, der neben mathematischen Herleitungen vor allem auch einige Protokolle von SKIP-Läufen enthält.

Kapitel 2

Grundlagen

In diesem Kapitel werden die mathematischen Grundlagen der Roboterkinematik, wie sie in dieser Arbeit Verwendung finden, erläutert. Auf der Basis homogener Koordinatentransformationen wird eine Lösung des DKP für beliebige Roboter abgeleitet. Ergänzend dazu werden die Prinzipien weiterer, ebenfalls aus der Literatur bekannter Modelle zur mathematischen Beschreibung eines Roboters erläutert. Anschließend wird eine von Paul [Pau81] vorgeschlagene Methode zur Lösung des IKP vorgestellt.

Im Anschluß an diese elementaren Grundlagen der Arbeit wird die Menge der bearbeiteten Roboterarme festgelegt. In diesem Zusammenhang werden insbesondere kinematische und mathematische Kriterien angegeben, um für einen gegebenen Roboterarm den Verlust von kartesischen Freiheitsgraden (Degenerationen) festzustellen. Daran schließen sich Überlegungen zur kinematischen Vereinfachung einer Roboterstruktur an, die zugleich eine wesentliche Vereinfachung für das angestrebte Invertierungssystem bedeuten. Des weiteren wird die Verwendung des von Heiß [Hei85] vorgeschlagenen Spiegelungssatzes diskutiert.

Auf der Basis dieser erweiterten Grundlagen wird eine Festlegung der zulässigen Systemeingaben vorgenommen.

2.1   Die Denavit-Hartenberg Notation

Wie in der Einführung bereits erwähnt, werden in dieser Arbeit offene kinematische Ketten betrachtet. Diese bestehen aus einer Folge von Gliedern, die durch angetriebene Dreh- oder Schubachsen miteinander verbunden sind. Ein n-achsiger Roboter besitzt $n + 1$ Glieder und n Bewegungsachsen. Die Basis des Roboters bildet das Glied 0. Glied i ist durch die Bewegungsachse i mit Glied $i - 1$ verbunden. Vor dem Glied 0 sowie hinter Glied n befinden sich keine Bewegungsachsen.

Nach Paul kann das Glied i durch zwei Parameter beschrieben werden: Die Distanz a_i entlang der gemeinsamen Normalen der Bewegungsachsen i und $i + 1$ sowie den Verdrehwinkel α_i zwischen diesen Achsen in der durch die gemeinsame Normale definierten Ebene (siehe Abbildung 2.1 a).

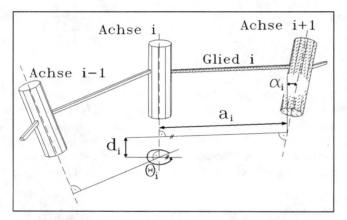

a) Definition der Glied-
parameter a_i und α_i für
Glied i sowie der Para-
meter θ_i und d_i für die
Bewegungsachse i

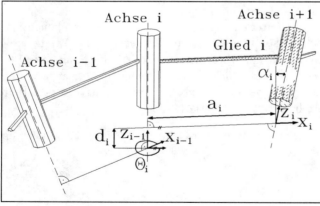

b) Festlegung der glied-
festen Koordinatensyste-
me

Abbildung 2.1: Definition der Gliedkoordinatensysteme nach Paul [Pau81]

Der Bewegungsachse i kann demzufolge ein Paar von Normalen zugeordnet werden; für jedes der Glieder i und $i - 1$ eine. Die Schnittpunkte dieser Normalen mit der Achse i haben einen Abstand d_i entlang eben dieser Bewegungsachse i. Außerdem

sind die Normalen um den Winkel θ_i in einer zur Bewegungsachse i senkrechten
Ebene verdreht.

Diese Gegebenheiten können durch homogene Koordinatentransformationen mathematisch beschrieben werden, wenn man geeignete, gliedfeste Koordinatensysteme
voraussetzt (siehe Abbildung 2.1 b). Für Glied i wird das Koordinatensystem KS_i
mit seinem Ursprung in den Schnittpunkt der gemeinsamen Normalen der Bewegungsachsen i und $i+1$ mit der Bewegungsachse $i+1$ gelegt. Schneiden sich die
Bewegungsachsen, befindet sich der Ursprung in diesem Schnittpunkt; für parallele
Bewegungsachsen wird er so gewählt, daß das nachfolgende d_{i+1} zu Null wird. Die
Koordinatenachse z_i weist in Richtung von Bewegungsachse $i+1$, wobei die Richtung
der Koordinatenachse der positiven Bewegungsrichtung des Gelenks entsprechend
festgelegt wird. Die Koordinatenachse x_i weist entlang der gemeinsamen Normalen
der Bewegungsachsen i und $i+1$ in Richtung aufsteigender Gliedindizes und sollte
kollinear zu allen weiteren existierenden Normalen gewählt werden. Schneiden sich
die Bewegungsachsen i und $i+1$, so errechnet sich die Koordinatenachse x_i aus dem
Kreuzprodukt der Richtungsvektoren dieser Achsen. Die Koordinatenachse y_i folgt
aus dem Kreuzprodukt der Einheitsvektoren in z- und x-Richtung (Rechtskoordina-
tensystem).

Diese mathematische Beschreibung eines Roboters muß neben den festen Eigenschaften der kinematischen Kette natürlich vor allem die beweglichen Größen bein-
halten. Dies wird durch die geforderte Kollinearität der Bewegungsachsen mit den
$z-$Achsen der Koordinatensysteme vereinfacht: Im Fall einer Drehachse zwischen
Glied i und $i-1$ ist θ_i eine variable Größe; für eine Schubachse ist d_i variabel. Diese
Größen werden daher auch als Gelenkvariablen bezeichnet. Zur Numerierung ist zu
bemerken: θ_i ist der Drehwinkel um z_{i-1} und d_i ist eine Translation entlang dieser
Koordinatenachse! Bewegt wird dadurch das Glied i, repräsentiert durch KS_i.

Die relative Lage der Koordinatensysteme aufeinanderfolgender Glieder kann mit
diesen Festlegungen durch eine homogene Koordinatentransformation beschrieben
werden, indem man die Rotationen und Translationen durchführt, die das System
KS_{i-1} in das System KS_i überführen:

1. Rotiere um z_{i-1} um den Winkel θ_i

2. Verschiebe anschließend den Ursprung entlang der Achse z_{i-1} um d_i

3. Verschiebe nun entlang der rotierten x_{i-1}-Achse (nun kollinear zu x_i) um a_i

4. Rotiere abschließend um x_i um den Verdrehwinkel α_i

Mit der Darstellung dieser elementaren Rotationen und Translationen durch homogene (4×4)-Matrizen errechnet sich damit die relative Lage von KS_i bezüglich KS_{i-1} zu:

$$
\begin{aligned}
{}^{i-1}\mathbf{A}_i &= \mathbf{Rot}(z_{i-1}, \theta_i)\,\mathbf{Trans}(z_{i-1}, d_i)\,\mathbf{Trans}(x_i, a_i)\,\mathbf{Rot}(x_i, \alpha_i) \\
&= \begin{bmatrix}
\cos\theta_i & -\sin\theta_i \cos\alpha_i & \sin\theta_i \sin\alpha_i & a_i \cos\theta_i \\
\sin\theta_i & \cos\theta_i \cos\alpha_i & -\cos\theta_i \sin\alpha_i & a_i \sin\theta_i \\
0 & \sin\alpha_i & \cos\alpha_i & d_i \\
0 & 0 & 0 & 1
\end{bmatrix}
\end{aligned}
\tag{2.1}
$$

In der einschlägigen Literatur wird diese Matrix häufig als Armmatrix bezeichnet. Der vorangestellte Index des Bezugssystems wird im folgenden weggelassen, da der nachgestellte Index des Zielsystems die so definierten Armmatrizen eindeutig festlegt.

Unter der zusätzlichen Annahme, daß Glied n den Endeffektor darstellt, kann die relative Lage des Effektorkoordinatensystems KS_n bezüglich des Roboterbasissystems KS_0 ermittelt werden. Sie errechnet sich zu der homogenen Transformation:

$$
{}^{0}\mathbf{T}_n = \mathbf{A}_1 \mathbf{A}_2 \cdots \mathbf{A}_n
\tag{2.2}
$$

Die Kinematik eines Roboterarms ist somit durch die genannten Parameter eindeutig beschrieben. Da die Anwendung auf Denavit und Hartenberg zurückgeht [Den55], werden diese Parameter auch Denavit-Hartenberg-Parameter oder kurz DH-Parameter genannt. In der Folge reicht es daher aus, die DH-Parameter in einer Tabelle anzugeben, um einen Roboter eindeutig zu beschreiben. Diese Tabelle wird als Gelenktabelle bezeichnet (siehe Abbildung 2.2). Die bisherigen Ausführungen können u.a. bei Paul [Pau81] und Wolovich [Wol87] nachgelesen werden.

Im folgenden wird von einem Roboterarm gesprochen, wenn in der Gelenktabelle nur die Gelenkvariablen parametrisch angegeben sind und alle weiteren DH-Parameter in Form von Zahlenwerten vorliegen. Bleiben dagegen einige der Parameter ohne konkreten Wert (siehe Abbildung 2.2), so wird dadurch eine Familie von Roboterarmen mit ähnlicher kinematischer Struktur definiert. Diese Familie wird als Robotergeometrie bezeichnet. Eine Menge von Robotergeometrien kann wiederum durch die alleinige Angabe von kinematischen Eigenschaften charakterisiert werden. Die zugehörigen DH-Parameter folgen implizit aus dieser Charakterisierung. Eine solche Menge von Robotergeometrien wird als Roboterklasse bezeichnet. Ein Beispiel hierfür ist die Klasse der orthogonalen Robotergeometrien, die durch die kinematische Eigenschaft $\alpha_i \in \{0, \pm\pi/2, \pm\pi\}$ und im Fall von Schubgelenken zusätzlich durch $\theta_i \in \{0, \pm\pi/2, \pm\pi\}$ für $i = 1, \cdots, n$ definiert ist [Man88]. Dabei spielt es keine Rolle, welche Werte die verbleibenden kinematischen Parameter annehmen.

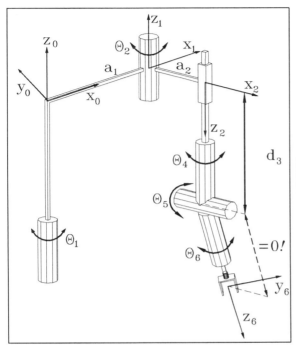

	Typ	θ_i	d_i	a_i	α_i
1	rot.	θ_1	0	a_1	$0°$
2	rot.	θ_2	0	a_2	$180°$
3	trans.	$0°$	d_3	0	$0°$
4	rot.	θ_4	0	0	$-90°$
5	rot.	θ_5	0	0	$90°$
6	rot.	θ_6	0	0	$0°$

Abbildung 2.2: Skizze eines SCARA Roboters mit einigen Koordinatensystemen sowie zugehöriger Gelenktabelle

Die relative Lage des Effektorkoordinatensystems – und damit des Effektors – bezüglich des Roboterbasissystems kann auch parametrisch durch die homogene Transformationsmatrix (Hand-Basis-Transformation)

$$^R\mathbf{T}_H = \begin{bmatrix} \vec{n} & \vec{o} & \vec{a} & \vec{p} \\ 0 & 0 & 0 & 1 \end{bmatrix}$$

entsprechend Abbildung 2.3 beschrieben werden, wobei die Spaltenvektoren in KS_0-Koordinaten spezifiziert sind. Dabei bezeichnen:

$\vec{p}$: die Position des Ursprungs des Effektorsystems ('position'-Vektor)
$\vec{a}$: die Annäherungsrichtung des Effektors ('approach'-Vektor)
$\vec{o}$: die Orientierung des Effektors ('orientation'-Vektor)
$\vec{n}$: den resultierenden Normalenvektor ('normal'-Vektor)

Das komponentenweise Gleichsetzen von 2.2 mit den Komponenten von $^R\mathbf{T}_H$ ergibt

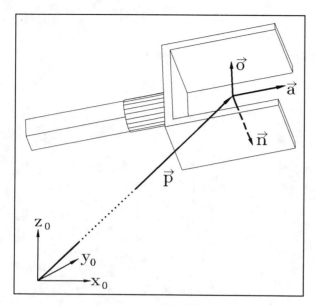

Abbildung 2.3: Koordinatensystem im Effektor zur parametrischen Vorgabe einer Position und Orientierung bezüglich des Roboterbasissystems

die kinematischen Gleichungen des Roboters:

$$\begin{bmatrix} n_x & o_x & a_x & p_x \\ n_y & o_y & a_y & p_y \\ n_z & o_z & a_z & p_z \\ 0 & 0 & 0 & 1 \end{bmatrix} = \mathbf{A}_1 \, \mathbf{A}_2 \, \cdots \, \mathbf{A}_n \tag{2.3}$$

Diese beschreiben die kartesische Position ($\vec{p}$) und Orientierung ($\vec{n}$, $\vec{o}$ und $\vec{a}$) des Effektors bezogen auf das Roboterbasissystem in Abhängigkeit von den in dem Matrixprodukt auftretenden Gelenkvariablen. Diese Gleichungen stellen damit bereits die Lösung des in der Einführung beschriebenen direkten kinematischen Problems dar, nämlich die Antwort auf die Frage, welche kartesische Lage der Endeffektor für eine gegebene Konfiguration des Roboters annimmt.

Für den in Abbildung 2.2 gegebenen SCARA-Roboter – nun allerdings mit d_6 beliebig ungleich Null – ergeben sich beispielsweise die folgenden Armmatrizen:

$$\mathbf{A}_1 = \begin{bmatrix} C_1 & -S_1 & 0 & a_1 C_1 \\ S_1 & C_1 & 0 & a_1 S_1 \\ 0 & 0 & 1 & 0 \\ 0 & 0 & 0 & 1 \end{bmatrix} \qquad \mathbf{A}_4 = \begin{bmatrix} C_4 & 0 & -S_4 & 0 \\ S_4 & 0 & C_4 & 0 \\ 0 & -1 & 0 & 0 \\ 0 & 0 & 0 & 1 \end{bmatrix}$$

$$\mathbf{A}_2 = \begin{bmatrix} C_2 & S_2 & 0 & a_2 C_2 \\ S_2 & -C_2 & 0 & a_2 S_2 \\ 0 & 0 & -1 & 0 \\ 0 & 0 & 0 & 1 \end{bmatrix} \qquad \mathbf{A}_5 = \begin{bmatrix} C_5 & 0 & S_5 & 0 \\ S_5 & 0 & -C_5 & 0 \\ 0 & 1 & 0 & 0 \\ 0 & 0 & 0 & 1 \end{bmatrix}$$

$$\mathbf{A}_3 = \begin{bmatrix} 1 & 0 & 0 & 0 \\ 0 & 1 & 0 & 0 \\ 0 & 0 & 1 & d_3 \\ 0 & 0 & 0 & 1 \end{bmatrix} \qquad \mathbf{A}_6 = \begin{bmatrix} C_6 & -S_6 & 0 & 0 \\ S_6 & C_6 & 0 & 0 \\ 0 & 0 & 1 & d_6 \\ 0 & 0 & 0 & 1 \end{bmatrix}$$

Die kinematischen Gleichungen errechnen sich mit diesen Matrizen zu:

$$\begin{aligned}
n_x &= C_{12}\,C_4\,C_5\,C_6 + C_5\,C_6\,S_{12}\,S_4 + S_6\,(C_4\,S_{12} - C_{12}\,S_4) \\
n_y &= S_{12}\,(C_6\,C_5\,C_4 - S_6\,S_4) - C_{12}\,(C_6\,C_5\,S_4 + S_6\,C_4) \\
n_z &= C_6\,S_5 \\
o_x &= S_{12}\,(C_6\,C_4 - C_5\,S_6\,S_4) - C_{12}\,(C_6\,S_4 + C_5\,S_6\,C_4) \\
o_y &= -(S_{12}\,(C_5\,S_6\,C_4 + C_6\,S_4) + C_{12}\,(C_6\,C_4 - C_5\,S_6\,S_4)) \\
o_z &= -S_5\,S_6 \\
a_x &= S_5\,(C_{12}\,C_4 + S_{12}\,S_4) \\
a_y &= S_5\,(C_4\,S_{12} - S_4\,C_{12}) \\
a_z &= -C_5 \\
p_x &= a_2\,C_{12} + a_1\,C_1 + d_6\,S_5\,(C_{12}\,C_4 + S_{12}\,S_4) \\
p_y &= a_2\,S_{12} + a_1\,S_1 - d_6\,S_5\,(S_{12}\,C_4 - C_{12}\,S_4) \\
p_z &= -d_3 - (d_6\,C_5 + d_3)
\end{aligned}$$

Wie in der Robotik üblich wurden folgende Abkürzungen verwendet:

$$\begin{aligned}
S_i &= \sin\theta_i \\
C_i &= \cos\theta_i \\
S_{ij} &= \sin(\theta_i + \theta_j) \\
C_{ij} &= \cos(\theta_i + \theta_j)
\end{aligned}$$

2.2   Duale (3×3)-Matrizen und Quaternionen

Da das in dieser Arbeit vorgeschlagene Invertierungssystem ausschließlich auf den bereits vorgestellten homogenen Koordinatentransformationen zur Beschreibung der kinematischen Struktur eines Roboters aufbaut, wird in diesem Abschnitt auf eine detaillierte mathematische Vorstellung der beiden wesentlichen Alternativkonzepte verzichtet. Statt dessen soll nur eine knappe Übersicht über einige Arbeiten gegeben werden, die sich mit der Verwendung dieser alternativen mathematischen Modelle des Roboters theoretisch wie auch praktisch u.a. zur Lösung des DKP oder des IKP befassen.

Neben der im vorigen Abschnitt skizzierten Beschreibung einer Robotergeometrie auf der Basis homogener Transformationen, werden von einigen Autoren duale Quaternionen und duale (3×3)-Matrizen als mathematisches Fundament zur Lösung des DKP und des IKP vorgeschlagen.

Die auf der Verwendung dualer Zahlen ($a = a_p + \epsilon\, a_s$, mit a_p, a_s reell und $\epsilon^2 = 0$) basierenden dualen (3×3)-Matrizen wurden in der Vergangenheit von verschiedenen Autoren auf die Probleme der Roboterkinematik angewendet [Yan69, McC86, Gu87]. Gute Einführungen in diese Thematik finden sich in Arbeiten von McCarthy [McC86, McC90] sowie von Hommel und Heiß [Hom90]. Hommel und Heiß zeigen insbesondere die Umrechnung zwischen dualen (3×3)-Matrizen und homogenen Transformationsmatrizen bei der Anwendung auf die Roboterkinematik. Sie stellen zwar eine bessere Eignung der dualen (3×3)-Matrizen zur Lösung des IKP für Robotergeometrien mit zwei Zylindergelenken und weiteren zwei Rotationsgelenken fest, äußern jedoch gleichzeitig, daß die Anwendung der dualen (3×3)-Matrizen i.allg. keine Vorteile gegenüber der Verwendung der homogenen Koordinatentransformationen besitzt.

Duale Quaternionen basieren ebenfalls auf dualen Zahlen. Auch ihre Verwendung in der Kinematik wurde in mehreren Arbeiten diskutiert [Yan64, Pay87, Fun88, Kim90, Hom90]. Gute Einführungen in ihre Definition und Anwendung finden sich u.a. bei McCarthy [McC90] sowie wieder bei Hommel und Heiß [Hom90]. Auch für die dualen Quaternionen werden von Hommel und Heiß die mathematischen Beziehungen zu den homogenen Koordinatentransformationen erläutert. In ihrer Bewertung der Bedeutung der dualen Quaternionen zur Lösung der o.g. Probleme stimmen sie mit den von Funda und Paul [Fun88] erarbeiteten Schlußfolgerungen überein. Funda und Paul fassen ihre Ergebnisse in dem Schluß zusammen, daß die Anwendung der dualen Quaternionen bezüglich der Berechnungseffizienz keinen signifikanten Unterschied zu den homogenen Koordinatentransformationen ergibt. Hommel und Heiß stellen fest, daß zwar die Verwendung des dualen Quaternios zur Stellungsbeschreibung eines Objekts durch nur 8 reelle Werte gegenüber den homogenen Transformationen (12 reelle Werte) eine wesentlich geringere Redundanz aufweist, dieser Vorteil aber durch die höhere Komplexität der Verknüpfung dualer Quaternionen und des weiteren durch die erschwerte Beschreibung einer Stellung mittels eines dualen Quaternios wieder aufgehoben wird.

Demgegenüber zeichnen sich die homogenen Koordinatentransformationen, neben dem Vorteil der ausschließlichen Verwendung der aus der Algebra bekannten Matrixmultiplikation zur Verknüpfung von Stellungsbeschreibungen von Objekten, insbesondere durch die gute Interpretierbarkeit des Positionsvektors und der Orientierungsuntermatrix für die Angabe von Objektstellungen (=Koordinatensystemen) im Raum aus. Bezüglich der Orientierung gilt dies zwar für die dualen (3×3)-Matrizen ebenso. Die Position des Ursprungs liegt allerdings nur implizit durch den Schnittpunkt der durch ihre Orientierung gegebenen Koordinatenachsen vor.

2.3   Der Paul'sche Ansatz zur Lösung des IKP

In Abschnitt 2.1 wurde eine Lösung des DKP vorgestellt. Hier geht es nun um die Lösung des für die Anwendung interessanteren IKPs, d.h. um die Beantwortung der Frage, welche Gelenkstellungen führen den Effektor in eine durch die Handstellungsmatrix $^{R}\mathbf{T}_{H}$ parametrisch vorgegebene kartesische Zielstellung. Ein Ansatz zur Lösung dieses Problems auf der Basis der homogenen Transformationsmatrizen wird von Paul angegeben [Pau81].

Sein Ansatz zur Lösung des IKP für eine gegebene Robotergeometrie ist durch folgende Schritte definiert:

1. Aufstellung der kinematischen Gleichungen:

$$^{R}\mathbf{T}_{H} \ = \ \mathbf{A}_1 \, \mathbf{A}_2 \, \mathbf{A}_3 \, \mathbf{A}_4 \, \cdots \, \mathbf{A}_n$$

2. Systematische Umformung der kinematischen Gleichungen:

$$\mathbf{A}_1^{-1} \, {}^{R}\mathbf{T}_{H} \ = \ \mathbf{A}_2 \, \mathbf{A}_3 \, \mathbf{A}_4 \, \cdots \, \mathbf{A}_n$$
$$\mathbf{A}_2^{-1} \, \mathbf{A}_1^{-1} \, {}^{R}\mathbf{T}_{H} \ = \ \mathbf{A}_3 \, \mathbf{A}_4 \, \cdots \, \mathbf{A}_n$$
$$\vdots$$
$$\mathbf{A}_{n-1}^{-1} \, \cdots \, \mathbf{A}_1^{-1} \, {}^{R}\mathbf{T}_{H} \ = \ \mathbf{A}_n$$

Elementweises Gleichsetzen liefert 12 nicht-triviale Gleichungen für jede dieser Matrixgleichungen. Die linken Seiten der entstehenden Gleichungen sind

Funktionen der Gelenkvariablen $1, 2, \cdots, i-1$ und enthalten zusätzlich die parametrisch konstanten Elemente der Handstellungsmatrix. Die rechten Seiten dieser Gleichungen sind entweder Null, kinematische Konstante oder Funktionen der Gelenkvariablen $i, i+1, \cdots, n$.

3. Suche in dem entstandenen Gleichungssatz nach einer Gleichung oder einer Kombination von Gleichungen, die eine Auflösung nach einer oder mehreren der Gelenkvariablen zulassen, d.h. Suche nach Gleichungen, die einem der bekannten Prototypen entsprechen. Zum Beispiel können für eine Gleichung der Form $a \cos \theta_i + b \sin \theta_i = 0$ immer zwei Lösungen für θ_i abgeleitet werden.

   Nachdem auf diesem Wege eine oder mehrere Gelenkvariablen gelöst wurden, vereinfachen sich die verbleibenden Gleichungen natürlich implizit, da in ihnen weniger ungelöste Gelenkvariablen auftreten.

   Dieser Schritt des Verfahrens wird solange wiederholt bis für alle Gelenkvariablen eine Lösung ermittelt werden konnte oder keine weitere Gleichung(skombination) mehr gefunden werden kann, die die Auflösung nach einer weiteren Gelenkvariablen zuläßt.

Der letzte Schritt des Verfahrens verdeutlicht, daß keine Lösung des Problems garantiert ist. Die Leistungsfähigkeit ist direkt von der Menge der herangezogenen Prototypen abhängig. Darüber hinaus kann nicht von vornherein ausgeschlossen werden, daß Ergänzungen des betrachteten Gleichungssatzes (z.B. die Multiplikation mit den Inversen der Armmatrizen von rechts) lösbare Gleichungen liefern, die in dem oben genannten Gleichungssatz nicht enthalten sind. Paul schlägt in seinem grundlegenden Buch nur einige wenige Prototypen vor. Weitere Prototypen werden u.a. von Wolovich [Wol87] und von Herrera-Bendezu et al. [Her88] diskutiert (siehe Abschnitt C.1).

Einzelne Gelenkvariablen können durchaus mehrere Lösungen besitzen. Die Anzahl der verschiedenen Lösungen wird als Lösungsgrad bezeichnet. Daraus folgt unmittelbar, daß eine vorgegebene kartesische Position und Orientierung der Hand i.allg. durch mehrere Konfigurationen realisiert werden kann.

Als Beispiel für diese Vorgehensweise ist im Anhang A.1 die Invertierung des in Abschnitt 2.1 beschriebenen SCARA-Roboters beschrieben. Neben dem Konzept der Prototypgleichungen wird dort der Begriff des Lösungsgrads exemplarisch verdeutlicht. Des weiteren wird die zur Herleitung einer analytischen Lösung des IKP in der Robotik sehr häufig als Alternative zur üblichen Arkus-Tangens Funktion verwendete atan2-Funktion eingeführt.

2.4 Erkennung global degenerierter Roboter

In der vorliegenden Arbeit sollen 6-achsige Robotergeometrien bearbeitet werden, die den vollen kartesischen Freiheitsgrad zur Positionierung und Orientierung des Effektors zumindest in einem Teilbereich des Arbeitsraumes zulassen. Dem stehen die sogenannten global degenerierten Robotergeometrien gegenüber, die aufgrund ihrer kinematischen Struktur von vornherein nur eingeschränkte Positionierungs- und/oder Orientierungsmöglichkeiten besitzen. Ein Beispiel hierfür ist durch eine 6-achsige Robotergeometrie gegeben, die zwei ständig zusammenfallende Rotationsachsen besitzt. Diese Achsen realisieren jedoch nur einen einzigen Freiheitsgrad. Die übrigen 5 kartesischen Freiheitsgrade können nicht durch die verbleibenden 4 Bewegungsachsen realisiert werden.

Das Problem der globalen Degeneration von Robotergeometrien wird in der einschlägigen Literatur fast nie betrachet. Die einzige dem Autor bekannte Behandlung dieser Thematik wurde von Heiß vorgelegt. Er beweist den folgenden Satz :

Nach Satz 2.2.3 ([Hei85] Seite 80 ff.)
Von p dauernd zueinander parallelen Rotationgelenken werden die ersten $p - 1$ Gelenke in der kinematischen Kette als *PR*-Gelenke bezeichnet.
Ein 6-achsiger Roboter ist genau dann global degeneriert, wenn eine der folgenden Aussagen erfüllt ist:

1. Es existieren 3 dauernd komplanare Schubgelenke.

2. Mehr als 3 Gelenke bewegen sich dauernd in zueinander parallelen Ebenen.

3. Es existieren 4 Rotationsgelenke, deren Drehachsen sich dauernd in einem Punkt schneiden.

4. Es existieren zweimal 3 Rotationsgelenke, deren Drehachsen sich immer in einem Punkt schneiden (Zwei 3-fach-Schnittpunkte).

5. Die Rotationsachsen von zwei dauernd zueinander parallelen Rotationsgelenken fallen permanent zusammen.

6. Es existieren 3 Rotationsgelenke, deren Drehachsen sich immer in einem Punkt schneiden (3-fach-Schnittpunkt) und die verbleibenden 3 Gelenke bewegen sich dauernd in zueinander parallelen Ebenen.

7. 2 Schubgelenke sind dauernd zueinander parallel.

8. Anzahl der Schubgelenke + Anzahl der PR-Gelenke > 3.

Diese 8 Kriterien zur Erkennung einer global degenerierten Robotergeometrie sind sehr anschaulich. Die Implementierung zur automatischen Erkennung auf der Basis der DH-Parameter ist jedoch problematisch, da speziell die Erkennung der Parallelität von Rotationsachsen ohne tiefere mathematische Betrachtungen in allgemeinen Fällen nur mit erhöhtem Aufwand durchführbar ist [Sch90a].

Die Feststellung der Parallelität zweier Rotationsachsen kann über die relative Lage der mit diesen Rotationsachsen verbundenen Koordinatensysteme erfolgen. Seien $\mathbf{A}_i$ und $\mathbf{A}_j$ die zugehörigen Armmatrizen der durch parallele Rotationsachsen verbundenen Roboterglieder. Dann muß für die relative Lage der korrespondierenden Koordinatensysteme gelten:

$$\mathbf{A}_i\,\mathbf{A}_{i+1}\,\cdots\,\mathbf{A}_j = \begin{bmatrix} m_{11} & m_{12} & 0 & m_{14} \\ m_{21} & m_{22} & 0 & m_{24} \\ 0 & 0 & \pm 1 & m_{34} \\ 0 & 0 & 0 & 1 \end{bmatrix}$$

Die Form der Matrix der rechten Seite ist gleichbedeutend mit der Parallelität der z-Achsen der zugehörigen Koordinatensysteme. Da entsprechend Abschnitt 2.1 diese z-Achsen aber gerade mit den Rotationsachsen der parallelen Drehgelenke übereinstimmen, liegt damit eine mathematische Bedingung für die Parallelität von Rotationsachsen in einer kinematischen Kette vor.

Im allgemeinen Fall liegt diese Matrix jedoch nicht notwendig in dieser Form vor; sie muß u.U. durch geeignete Umformungen erzwungen werden. Ein allgemeines Verfahren für diese spezielle Vereinfachung trigonometrischer Ausdrücke in kinematischen Gleichungen wird von Schorn angegeben [Sch88].

Durch weitere Überlegungen dieser Art ist es sicher möglich, alle von Heiß vorgeschlagenen Kriterien in formale Bedingungen zu fassen, die in den kinematischen Gleichungen bzw. in relativen Lagen einzelner Gliedkoordinatensysteme zueinander überprüft werden müßten. Wie von Schrake diskutiert, ist dieser Weg allerdings mit einem entsprechenden Aufwand verbunden [Sch90a]. Aus diesem Grund wurde nach einer einfacheren und direkt mathematisch formulierbaren Bedingung für das Vorliegen einer global degenerierten Robotergeometrie gesucht. Das Ergebnis ist eine sehr einfach formulierbare Bedingung, die sich aus den Eigenschaften der Jacobi-Matrix einer Robotergeometrie ableitet.

2.4.1 Jacobi-Matrix eines Roboters

Die Jacobi-Matrix $\mathbf{J}$ eines Roboters beschreibt den Zusammenhang zwischen der kartesischen Geschwindigkeit des Endeffektors bezogen auf das Roboterbasissystem und den Gelenkgeschwindigkeiten [Pau81, Wol87]. Zu ihrer Definition wird angenommen, daß eine funktionale Beschreibung der kartesischen Position und Orientierung des Endeffektors, dargestellt als Vektor

$$\vec{X} = [p_x, p_y, p_z, \phi_x, \phi_y, \phi_z]^\mathrm{T}$$

in Abhängigkeit von den Gelenkvariablen, im betrachteten 6-achsigen Fall dargestellt durch den Vektor

$$\vec{Q} = [q_1, q_2, q_3, q_4, q_5, q_6]^\mathrm{T}$$

vorliegt. Die q_i bezeichnen verallgemeinerte Gelenkvariablen, die im Einzelfall θ_i oder d_i entsprechen. Differenzieren der Elemente von $\vec{X}$ nach der Zeit t liefert mit

$$\frac{\partial \vec{X}[i]}{\partial t} = \frac{\partial \vec{X}[i]}{\partial q_j} \frac{\partial q_j}{\partial t} = \frac{\partial \vec{X}[i]}{\partial q_j} \dot{q}_j$$

die folgende Gleichung:

$$\dot{\vec{X}} = \begin{bmatrix} \frac{\partial p_x}{\partial q_1} & \frac{\partial p_x}{\partial q_2} & \cdots & \frac{\partial p_x}{\partial q_6} \\ \frac{\partial p_y}{\partial q_1} & \frac{\partial p_y}{\partial q_2} & \cdots & \frac{\partial p_y}{\partial q_6} \\ \vdots & \vdots & \ddots & \vdots \\ \frac{\partial \phi_z}{\partial q_1} & \frac{\partial \phi_z}{\partial q_2} & \cdots & \frac{\partial \phi_z}{\partial q_6} \end{bmatrix} \cdot \begin{bmatrix} \dot{q}_1 \\ \dot{q}_2 \\ \vdots \\ \dot{q}_6 \end{bmatrix} = \mathbf{J}\,\dot{\vec{Q}} \tag{2.4}$$

Bei dieser Darstellung ist zu beachten, daß nicht alle Komponenten von $\vec{X}$ direkt aus den oben beschriebenen kinematischen Gleichungen folgen. Zwar entsprechen die p_i den dort berechneten Komponenten, die ϕ_i zur Orientierungsangabe werden jedoch als Rotationen um die Koordinatenachsen des Roboterbasisytems angenommen. Die entsprechenden Gleichungen müssen daher zunächst aus den neun Orientierungselementen der homogenen Hand-Basis-Transformation hergeleitet werden. Aufgrund dieser Tatsache ist die direkte Herleitung der Geschwindigkeitsbeziehungen bezüglich des Roboterbasissystems basierend auf Gleichung 2.4 sehr aufwendig.

Andererseits können diese Beziehungen der Geschwindigkeiten bezüglich jedes beliebigen Gliedkoordinatensystems hergeleitet werden, was auf die Jacobi-Matrix $^i\mathbf{J}$ führt. $^i\mathbf{J}$ beschreibt die Beziehungen zwischen der kartesischen Geschwindigkeit des

Effektors bezogen auf das Koordinatensystem i und den Gelenkgeschwindigkeiten. Ein einfaches Tabellen-basiertes Verfahren zum Aufstellen dieser Matrix $^i\mathbf{J}$ wird von Doty beschrieben [Dot87].

Für die Steuerung eines Roboters ist die Inverse der Jacobi-Matrix von noch größerem Interesse, da sie die Berechnung der für eine vorgegebene kartesische Geschwindigkeit des Effektors erforderlichen Gelenkgeschwindigkeiten erlaubt. Die von der aktuellen Konfiguration des Roboters abhängige Jacobi-Matrix ist allerdings für bestimmte Konfigurationen des Roboters nicht invertierbar. Diese Konfigurationen werden als lokale Degenerationen oder auch Singularitäten des Roboters bezeichnet. Für die Steuerung sind diese Konfigurationen von hoher Bedeutung, da die zum Erreichen eines festen kartesischen Geschwindigkeitsvektors erforderlichen Gelenkgeschwindigkeiten mit kleiner werdendem Abstand zu diesen Singularitäten gegen unendlich konvergieren und demzufolge ab einer vom Roboter abhängigen Grenze nicht mehr realisiert werden können. In einer Singularität verliert der Roboter daher mindestens einen kartesischen Freiheitsgrad, ist also lokal degeneriert.

Die Nicht-Invertierbarkeit der Jacobi-Matrix ist gleichbedeutend mit dem Verschwinden ihrer Determinate. Die Singularitäten können also über die Nullstellen der Determinate identifiziert werden. In diesem Zusammenhang hält Doty folgendes fest [Dot87]:

1. Für einen 6-achsigen Roboter ist die 'midframe-jacobian' $^3\mathbf{J}$ von wesentlich einfacherer Struktur als $^0\mathbf{J}$ ($=\mathbf{J}$) oder die von Paul vorgeschlagene Hand-Jacobi-Matrix $^H\mathbf{J}$ ($=^6\mathbf{J}$) [Pau81].

2. Die Determinanten der Jacobi-Matrizen des Roboters sind für verschiedene Bezugssysteme i identisch.

3. Folgerung: Die Determinante sollte über $^3\mathbf{J}$ berechnet werden.

2.4.2   Determinatentest für globale Degeneration

Mit den vorliegenden Aussagen über die Jacobi-Matrix einer Robotergeometrie ist es nun möglich, ein formales Kriterium für das Vorliegen einer global degenerierten Robotergeometrie aufzustellen. Der Verlust eines kartesischen Freiheitsgrads für bestimmte Konfigurationen im Falle der lokalen Degeneration muß bei einer global degenerierten Robotergeometrie für beliebige Konfigurationen vorliegen. D.h. jede Konfiguration eines global degenerierten Roboters muß eine lokale Degeneration darstellen. Dies ist jedoch gleichbedeutend mit der folgenden Bedingung:

$$\bigwedge_{\text{Konfigurationen } \vec{Q}} \det\left({}^3\mathbf{J}(\vec{Q})\right) = 0 \tag{2.5}$$

Mit dem von Doty beschriebenen Verfahren zur Berechnung von ${}^3\mathbf{J}$ kann diese Bedingung unter Verwendung eines Computer Algebra Systems sehr schnell überprüft werden. Ein Beispiel für die Anwendung dieses Tests ist in Anhang A.2 zu finden.

2.5 Vereinfachung der Gelenktabelle

Während der Entwicklung des Systems SKIP wurde deutlich, daß die Anzahl der notwendigen Fallunterscheidungen stark reduziert werden kann, wenn eine dementsprechend normierte Vorgabe der DH-Parameter vorausgesetzt wird. Dies betrifft unter anderem konstante Transformationen am Anfang und Ende der kinematischen Kette. Des weiteren können jedoch auch einige Gelenkkombinationen auf eine Standardform vereinfacht werden. Auch der Verdrehwinkel aufeinanderfolgender Bewegungsachsen kann auf wenige notwendige Werte reduziert werden. Diese Vereinfachungen führen auf einfachere Gleichungen in den betrachteten Gleichungssystemen und werden in diesem Abschnitt erläutert.

2.5.1 Konstante Basis- und Effektortransformationen

In vielen Anwendungen wird die Lage der Roboterhand relativ zur letzten Bewegungsachse mit den DH-Parametern der Transformationsmatrix $\mathbf{A}_n$ beschrieben. Für das hier betrachtete Problem der automatischen Kinematik-Invertierung bedeutet dies natürlich einige zusätzliche Parameter, die in den Berechnungen mitzuführen sind, die aber andererseits keine Bedeutung für die kinematischen Eigenschaften des Roboters besitzen, da es sich um konstante Transformationen am Ende der Kette handelt. Dies gilt gleichermaßen für eine konstante Transformation zur Beschreibung der Roboterbasis.

Durch einfachste Überlegungen können diese im Sinne der Kinematik sinnlosen Parameter eliminiert werden [Hom90]:

$$
\begin{aligned}
{}^{\mathrm{R}}\mathbf{T}_{\mathrm{H}} &= \mathbf{A}_1 \cdots \mathbf{A}_n \\
&= \mathbf{Rot}(z, \theta_1)\,\mathbf{Trans}(z, d_1)\,\mathbf{Trans}(x, a_1)\,\mathbf{Rot}(x, \alpha_1) \cdot \\
&\quad \mathbf{A}_2 \cdots \mathbf{A}_{n-1}\,\mathbf{Rot}(z, \theta_n)\,\mathbf{Trans}(z, d_n)\,\mathbf{Trans}(x, a_n)\,\mathbf{Rot}(x, \alpha_n)
\end{aligned}
$$

Hiermit ist bereits offensichtlich, daß die letzten beiden Transformationen in jedem Fall konstante Transformationen darstellen, die durch Multiplikation mit den entsprechenden Inversen eliminiert werden können, wodurch sich eine modifizierte Zielstellung ergibt:

$$
\begin{aligned}
{}^{R}\mathbf{T}_H \, \mathbf{Rot}(x, -\alpha_n) \, \mathbf{Trans}(x, -a_n) &= \mathbf{A}_1 \cdots \mathbf{A}_n \, \mathbf{Rot}(x, -\alpha_n) \, \mathbf{Trans}(x, -a_n) \\
&= \mathbf{Rot}(z, \theta_1) \, \mathbf{Trans}(z, d_1) \cdot \\
&\quad\; \mathbf{Trans}(x, a_1) \, \mathbf{Rot}(x, \alpha_1) \cdot \\
&\quad\; \mathbf{A}_2 \cdots \mathbf{A}_{n-1} \, \mathbf{Rot}(z, \theta_n) \, \mathbf{Trans}(z, d_n)
\end{aligned}
$$

Abhängig von dem Typ des ersten bzw. letzten Gelenks können weitere Vereinfachungen vorgenommen werden. Im folgenden seien θ_1 und d_n die Gelenkvariablen. Aufgrund der Austauschbarkeit von Translation und Rotation bezüglich derselben Koordinatenachse ergibt sich:

$$
\begin{aligned}
\mathbf{Trans}(z, -d_1) \, {}^{R}\mathbf{T}_H \, \mathbf{Rot}(x, -\alpha_n) \cdot & \\
\mathbf{Trans}(x, -a_n) \, \mathbf{Rot}(z, -\theta_n) &= \mathbf{Trans}(z, -d_1) \, \mathbf{A}_1 \cdots \mathbf{A}_n \, \mathbf{Rot}(x, -\alpha_n) \cdot \\
&\quad\; \mathbf{Trans}(x, -a_n) \, \mathbf{Rot}(z, -\theta_n) \\
&= \mathbf{Rot}(z, \theta_1) \, \mathbf{Trans}(x, a_1) \, \mathbf{Rot}(x, \alpha_1) \cdot \\
&\quad\; \mathbf{A}_2 \cdots \mathbf{A}_{n-1} \, \mathbf{Trans}(z, d_n)
\end{aligned}
$$

Ist dagegen d_1 die Gelenkvariable, so kann sowohl die Rotation um θ_1 als auch die Translation um a_1 eliminiert werden, da Translationen generell kommutativ sind. Ist θ_n Gelenkvariable, so kann an Stelle der Rotation um θ_n offensichtlich die Translation um d_n eliminiert werden.

In Abbildung 2.4 sind die allgemeine Gelenktabelle und die resultierende vereinfachte Gelenktabelle eines 6-achsigen Roboters für den erstgenannten Fall angegeben.

	Typ	θ_i	d_i	a_i	α_i
1	rot.	θ_1	d_1	a_1	α_1
2	rot.	θ_2	d_2	a_2	α_2
3	rot.	θ_3	d_3	a_3	α_3
4	rot.	θ_4	d_4	a_4	α_4
5	rot.	θ_5	d_5	a_5	α_5
6	trans.	θ_6	d_6	a_6	α_6

	Typ	θ_i	d_i	a_i	α_i
1	rot.	θ_1	$\mathbf{0}$	a_1	α_1
2	rot.	θ_2	d_2	a_2	α_2
3	rot.	θ_3	d_3	a_3	α_3
4	rot.	θ_4	d_4	a_4	α_4
5	rot.	θ_5	d_5	a_5	α_5
6	trans.	$\mathbf{0}$	d_6	$\mathbf{0}$	$\mathbf{0}$

Abbildung 2.4: Allgemeine und vereinfachte Gelenktabelle

Selbstverständlich verändert sich durch diese Vereinfachungen die parametrisch gegebene kartesische Zielstellung um einige konstante Transformationen, d.h. es erfolgt ein Übergang zu $^R\mathbf{T}'_H$.

2.5.2 Konstante offsets von Gelenkvariablen

Die Angaben für Gelenkvariablen sollten nur aus der Variablenbezeichnung bestehen. Die zusätzliche Angabe eines offsets, wie z.B. $d_i + 10$ oder $\theta_i - 90°$, ist nicht notwendig, da diese offsets letztlich nur einen Einfluß auf den realen Stellbereich haben. In dieser Arbeit wird zur Invertierung jedoch ein idealer Stellbereich angenommen, d.h. Rotationsvariablen sind im Intervall $(-\pi, \pi]$ definiert und Translationsvariablen können beliebige reelle Werte annehmen. Für die spätere Anwendung der berechneten Abbildungen müssen die resultierenden Werte selbstverständlich auf die roboterspezifischen Stellbereiche umgerechnet und überprüft werden. Dies kann z.B. durch die Verwendung der Gelenkvariablen θ' mit $\theta' = (\theta - \mathit{offset})$ realisiert werden. Die berechnete Lösung wird durch $\theta = (\theta' + \mathit{offset})$ an die ursprüngliche Gelenktabelle angepaßt.

2.5.3 Beschränkung der α_i und konstanter θ_i

Die möglichen Werte der α_i und konstanter θ_i können neben der parametrischen Angabe "α_i" bzw. "θ_i" bei orthogonalen Robotergeometrien auf die Werte 0 und $\pi/2$ beschränkt werden. Diese Aussage soll am Beispiel der α_i hergeleitet werden. Die Übertragung auf konstante θ_i ist trivial.

Die Rotation um $\alpha_i = -\pi/2$ kann als eine Rotation um $\pi/2$ gefolgt von einer Rotation um $-\pi$ aufgefaßt werden. Die Gelenkvariablen und die Parameter in z-Richtung der nachfolgenden Gelenke sind daher zu negieren. Diese Vereinfachung kann durch entsprechende Ersetzungen innerhalb der erzeugten inversen Lösung rückgängig gemacht werden.

Die Rotationen um $\alpha_i = \pm\pi$ wiederum sind von der Lage der Gelenkachse her betrachtet identisch zu dem Fall 0°. Allerdings müssen auch hier die nachfolgenden Parameter der z-Richtung negiert werden, um eine korrekte Lösung zu berechnen.

Diese Zusammenhänge ergeben sich formal aus den folgenden, einfach zu verifizierenden Gleichungen zur Ersetzung der in der kinematischen Kette nachfolgenden Transformationen. Durch die Beziehungen wird die Transformation $\mathbf{Rot}(x, \pi)$ abgespalten und quasi durch die kinematische Kette hindurchgeschoben, wobei die dabei überquerten Transformationen gegebenenfalls verändert werden:

1. Spaltung der Rotation um die x-Achse zur Reduktion auf die Fälle $\alpha = 0°$ bzw. $\alpha = \pi/2$:

$$\begin{aligned}
\mathbf{Rot}(x, -\pi/2) &= \mathbf{Rot}(x, \pi/2)\,\mathbf{Rot}(x, -\pi) \\
\mathbf{Rot}(x, -\pi) &= \mathbf{Rot}(x, 0)\,\mathbf{Rot}(x, \pi) \\
\mathbf{Rot}(x, \pi) &= \mathbf{Rot}(x, 0)\,\mathbf{Rot}(x, \pi)
\end{aligned}$$

2. Fortgesetztes Durchschieben einer $\mathbf{Rot}(x, \pi)$ unter Negation der z-Transformationen:

$$\begin{aligned}
\mathbf{Rot}(x, \pi)\,\mathbf{Rot}(z, \theta) &= \mathbf{Rot}(z, -\theta)\,\mathbf{Rot}(x, \pi) \\
\mathbf{Rot}(x, \pi)\,\mathbf{Trans}(z, d) &= \mathbf{Trans}(z, -d)\,\mathbf{Rot}(x, \pi) \\
\mathbf{Rot}(x, \pi)\,\mathbf{Trans}(x, a) &= \mathbf{Trans}(x, a)\,\mathbf{Rot}(x, \pi) \\
\mathbf{Rot}(x, \pi)\,\mathbf{Rot}(x, 0) &= \mathbf{Rot}(x, 0)\,\mathbf{Rot}(x, \pi) \\
\mathbf{Rot}(x, \pi)\,\mathbf{Rot}(x, \pi/2) &= \mathbf{Rot}(x, \pi/2)\,\mathbf{Rot}(x, \pi) \\
\mathbf{Rot}(x, \pi)\,\mathbf{Rot}(x, -\pi/2) &= \mathbf{Rot}(x, \pi/2) \qquad \text{Aufhebung!} \\
\mathbf{Rot}(x, \pi)\,\mathbf{Rot}(x, \pi) &= \mathbf{Rot}(x, 0) \qquad \text{Aufhebung!} \\
\mathbf{Rot}(x, \pi)\,\mathbf{Rot}(x, -\pi) &= \mathbf{Rot}(x, 0) \qquad \text{Aufhebung!} \\
\mathbf{Rot}(x, \pi)\,\mathbf{Rot}(x, \alpha) &= \mathbf{Rot}(x, \alpha)\,\mathbf{Rot}(x, \pi)
\end{aligned}$$

3. Keine nachfolgende Transformation, d.h. $\mathbf{Rot}(x, \pi)$ ist bis ans Ende der Kette verschoben:

$$^{\mathrm{R}}\mathbf{T}'_{\mathrm{H}} = {}^{\mathrm{R}}\mathbf{T}_{\mathrm{H}}\,\mathbf{Rot}(x, -\pi)$$

Diese letzte Transformation stellt die richtige Orientierung des Handkoordinatensystems sicher.

Entsprechende Überlegungen führen auf eine Beschränkung der konstanten Winkel θ_i im Falle von Schubgelenken. Analog zu obigen Ausführungen müssen in diesem Fall die x-Komponenten negiert werden.

Diese Modifikationen der Gelenktabelle beeinflussen sich allerdings gegenseitig. Vereinfacht man zuerst die α_i, so kann eine nachfolgende Vereinfachung der θ_i wieder einige der α_i auf $-\pi/2$ setzen. Bei entgegengesetzter Vorgehensweise tritt dieses Problem ebenso auf. Die Modifikation muß daher simultan in einem einzigen Durchlauf durch die Gelenktabelle erfolgen. Als Modell kann ein einfacher Ein/Ausgabeautomat mit 4 Zuständen dienen. Die Zustände geben an, welche der nachfolgenden Komponenten zu negieren sind (keine; nur x-Komponenten; nur z-Komponenten; beide). Abhängig von diesen Zuständen wird das in der linearisierten Gelenktabelle als nächstes gelesene Symbol modifiziert und ggfs. in einen neuen Zustand übergegangen. Der offensichtliche Anfangszustand ist "keine".

2.5.4   Standardform von Zylindergelenken

Als Zylindergelenk wird eine Gelenkeinheit bezeichnet, bei der die Rotationsachse und die Translationsachse zweier aufeinanderfolgender Dreh- und Schubgelenke zusammenfallen. In einer bezüglich der α_i bereits vereinfachten Gelenktabelle hat ein Zylindergelenk demzufolge die möglichen Darstellungen:

i	rot.	θ_i	d_i	0	0°
i+1	trans.	θ_{i+1}	d_{i+1}	a_{i+1}	α_{i+1}

i	trans.	θ_i	d_i	0	0°
i+1	rot.	θ_{i+1}	d_{i+1}	a_{i+1}	α_{i+1}

Die korrespondierenden konstanten und variablen Schub- und Drehgelenksparameter können zusammengefaßt werden. Des weiteren können anschließend gegebenenfalls Dreh- und Schubgelenk vertauscht werden. Man erhält dann die Standardform eines Zylindergelenks :

i	rot.	θ_i	0	0	0°
i+1	trans.	0°	d_{i+1}	a_{i+1}	α_{i+1}

Andererseits kann ein Zylindergelenk auch als eine Kombination zweier Gelenke definiert werden, die den Ursprung des nachfolgenden Gliedkoordinatensystems auf einem Zylindermantel bewegen. Damit ergeben sich weitere Möglichkeiten für ein Zylindergelenk. Unter dieser Definition legt auch der folgende Gelenktabellenausschnitt ein Zylindergelenk fest:

i	rot.	θ_i	d_i	a_i	0°
i+1	trans.	θ_{i+1}	d_{i+1}	a_{i+1}	α_{i+1}

Diese Gelenkkombination läßt sich ohne zusätzliche konstante Transformationen nicht in eine zur obigen Standardform äquivalente Darstellung umformen. Zur Verlagerung der Schubachse in die vorausgehende Drehachse können zwar die Längen a_i und a_{i+1} über den Kosinussatz der ebenen Geometrie immer zu einer Gesamtlänge zusammengefaßt werden. Die durch θ_{i+1} gegebene Orientierungswirkung läßt sich jedoch in der DH-Notation nur durch eine zusätzliche konstante Transformation an Stelle des ursprünglichen Schubgelenks erzwingen.

Daraus folgt, daß eine Vereinfachung dieser Anordnung auf die o.g. Standardform nur durchführbar ist, wenn $\theta_{i+1} = 0°$ gilt. Für diesen und für ähnlich geartete Fälle sollte diese Vereinfachung auch vorgenommen werden, um die resultierenden kinematischen Gleichungen zu vereinfachen.

2.5.5   Zusammenfassung mehrerer d_i oder a_i

Eine weitere Vereinfachungsmöglichkeit besteht im Falle von aufeinanderfolgenden parallelen Drehgelenken. Aufgrund der Form der Zeilen der Gelenktabelle kann jede der zugehörigen Armmatrizen auch einen konstanten Versatz d_i entlang der z-Achse aufweisen, die allerdings bei Anwendung des oben genannten Verfahren zur Definition der Gliedkoordinatensysteme nicht auftreten können. Diese zusätzlichen Parameter können demzufolge zu einem einzigen Versatz entlang der ersten der parallelen Rotationsachsen addiert werden. Daraus erhält man bei einigen Robotergeometrien eine leichte Vereinfachung der Gleichungen.

Die Summe der d_i kann gänzlich entfallen, wenn zusätzlich ein zu diesen Rotationsgelenken paralleles Schubgelenk d_j vorliegt. In diesem Fall braucht nur diese Schubvariable, nun als d'_j, erhalten zu bleiben. In der Anwendung der resultierenden Lösung muß diese Schubvariable mit der Summe der d_i beaufschlagt werden, um die der ursprünglichen Robotergeometrie entsprechende Lösung zu erhalten ($d'_j = d_j + \sum d_i$).

Aufeinanderfolgende Längen a_{i-1} und a_i können immer dann zusammengefaßt werden, wenn zwischen diesen Längen ein Schubgelenk liegt und der vereinfachte Drehwinkel θ_i um diese Schubachse gleich 0 ist. Das resultierende a'_i setzt sich dann aus der Summe bzw. der Differenz der ursprünglichen beiden a_i zusammen ($a'_i = a_{i-1} + a_i$).

2.5.6   Ein Vereinfachungsbeispiel

Anhand einer fiktiven Robotergeometrie soll die Wirkung der vorgeschlagenen Vereinfachungen verdeutlicht werden. Sei die Robotergeometrie in Tabelle 2.1 (a) gegeben.

Im ersten Schritt werden die konstanten Transformationen am Anfang und am Ende der Kette eliminiert. Dies führt zu 2.1 (b). Im nächsten Schritt wird die Vereinfachung der α_i durchgeführt. Die resultierende Gelenktabelle hat nun die in 2.1 (c) gegebene Struktur, wobei unter den Ersetzungen auch die Zustände Z^+ und Z^- vermerkt sind, die bei der Modifikation der vorhergehenden Gelenktabelle anzeigten, ob eine Negation der nachfolgenden z-Komponenten durchzuführen war. Auf dieser Basis kann nun die Zusammenfassung konstanter offsets in z-Richtung bei parallelen Rotationsgelenken sowie die Zusammenfassung der Längen in x-Richtung an Translationsgelenken durchgeführt werden. Abschließend wird das Zylindergelenk in die Standardform gebracht. Dies liefert die Gelenktabelle in 2.1 (d).

	Typ	θ_i	d_i	a_i	α_i
1	rot.	θ_1	d_1	a_1	π
2	trans.	$0°$	d_2	a_2	$-\pi/2$
3	rot.	θ_3	d_3	a_3	π
4	rot.	θ_4	d_4	a_4	$\pi/2$
5	rot.	θ_5	0	0	$-\pi/2$
6	rot.	θ_6	d_6	0	$\pi/2$

(a) Gegebene Gelenktabelle

	Typ	θ_i	d_i	a_i	α_i	Ersetzungen
1	rot.	θ_1	0	a_1	π	${}^R\mathbf{T}'_H = \mathbf{Trans}(x, -d_1)\,{}^R\mathbf{T}_H$
2	trans.	$0°$	d_2	a_2	$-\pi/2$	
3	rot.	θ_3	d_3	a_3	π	
4	rot.	θ_4	d_4	a_4	$\pi/2$	
5	rot.	θ_5	0	0	$-\pi/2$	
6	rot.	θ_6	0	0	$0°$	${}^R\mathbf{T}''_H = {}^R\mathbf{T}'_H\,\mathbf{Rot}(x, -\pi/2)\,\mathbf{Trans}(x, -d_6)$

(b) Vereinfachung konstanter Transformationen

	Typ	θ_i	d_i	a_i	α_i	Ersetzungen
1	rot.	θ_1	0	a_1	$0°$	Z^-
2	trans.	$0°$	d'_2	a_2	$\pi/2$	$d'_2 = -d_2;\ Z^+$
3	rot.	θ_3	d_3	a_3	$0°$	Z^-
4	rot.	θ'_4	d'_4	a_4	$\pi/2$	$\theta'_4 = -\theta_4,\ d'_4 = -d_4;\ Z^-$
5	rot.	θ'_5	0	0	$\pi/2$	$\theta'_5 = -\theta_5,\ Z^+$
6	rot.	θ_6	0	0	$0°$	

(c) Vereinfachung der α_i

	Typ	θ_i	d_i	a_i	α_i	Ersetzungen
1	rot.	θ_1	0	0	$0°$	
2	trans.	$0°$	d'_2	a'_2	$\pi/2$	$a'_2 = a_1 + a_2$
3	rot.	θ_3	d'_3	a_3	$0°$	$d'_3 = d_3 + d'_4$
4	rot.	θ'_4	0	a_4	$\pi/2$	
5	rot.	θ'_5	0	0	$\pi/2$	
6	rot.	θ_6	0	0	$0°$	

(d) Vereinfachung konstanter offsets und Standardisierung des Zylindergelenks

Tabelle 2.1: Zwischenstadien der Vereinfachung einer Gelenktabelle

Die ursprüngliche und die resultierende Geometrie sind in Abbildung 2.5 gegenüber-
gestellt.

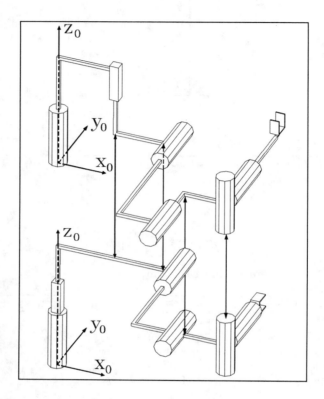

Abbildung 2.5: Vereinfachung einer Robotergeometrie

2.6   Spiegelung von Robotergeometrien

Ein wesentlicher Aspekt für die Funktionalität eines Invertierungssystems ist die
Spiegelung einer gegebenen Robotergeometrie.   Anschaulich entsteht die gespiegelte
Robotergeometrie durch die Annahme einer Fixierung der Roboterhand und dem
gleichzeitigen Freigeben der bisher fixierten Roboterbasis.

Diese Spiegelung von Robotergeometrien wurde schon von Heiß verwendet [Hei85].
Er zeigte, daß eine Robotergeometrie und die zugehörige gespiegelte Robotergeome-

trie lösungsäquivalent in dem Sinne sind, daß die Lösung einer der beiden Geometrien durch einige Substitutionen immer auch eine Lösung der zweiten Geometrie
liefert. Daher reicht es aus, für eine der beiden Robotergeometrien eine Lösung
ermitteln zu können.

Die DH-Parameter der gespiegelten Robotergeometrie lassen sich nach Heiß durch
eine Invertierung der kinematischen Gleichung ermitteln. Daraus ergeben sich die
DH-Parameter der gespiegelten Geometrie für eine gegebene, entsprechend den vorhergehenden Abschnitten vereinfachte Gelenktabelle eines n-achsigen Roboters:

$$\theta_i^S = -\theta_{n-i+1}, \quad i = 1, \cdots, n$$

$$d_i^S = -d_{n-i+1}, \quad i = 1, \cdots, n$$

$$a_i^S = -a_{n-i}, \quad i = 1, \cdots, n-1$$

$$a_n^S = 0$$

$$\alpha_i^S = -\alpha_{n-i}, \quad i = 1, \cdots, n-1$$

$$\alpha_n^S = 0$$

$$^R\mathbf{T}_H{}^S = {}^R\mathbf{T}_H{}^{-1}$$

Mit diesen Ersetzungen kann die gespiegelte Robotergeometrie auf einfache Weise
auch automatisch erzeugt werden. Nach erfolgreicher Invertierung müssen die vorgenommenen Ersetzungen wieder rückgängig gemacht werden. Daraus folgt nach Heiß
dann unmittelbar eine Lösung des IKP für die ursprüngliche Robotergeometrie. Die
Herleitung der o.g. Ersetzungen findet sich im Anhang A.3.

2.7   Festlegung der Systemeingabe

In der weiteren Arbeit wird davon ausgegangen, daß ein vorgeschaltetes System die
in Abschnitt 2.5 genannten Vereinfachungen sowie gegebenenfalls eine Spiegelung
vornimmt. Der in dieser Arbeit behandelte Kern eines Invertierungssystems bleibt
davon unberührt. Im folgenden wird daher auch weiterhin mit der nicht modifizierten Handstellungsmatrix gearbeitet, wobei implizit angenommen wird, daß die
Komponenten dieser Matrix gegebenenfalls aus der kartesischen Zielstellung und
weiteren, aus den Vereinfachungen folgenden Ersetzungen zusammengesetzt sind.

Ebenso wird generell von im vorgenannten Sinne vereinfachten Gelenktabellen ausgegangen, ohne daß explizit auf Ersetzungen eingegangen wird. Des weiteren wird
davon ausgegangen, daß es sich um nicht global degenerierte Robotergeometrien
handelt.

Faßt man die Einträge einer Zeile der Gelenktabelle in einem 5-Tupel zusammen, so
ergeben sich als Systemeingabe zulässige Gelenktabellen aus den folgenden Mengen
bzw. Einschränkungen:

- $Drehgelenke = \{\text{rot.}\} \times \{\theta_i\} \times \{d_i, 0\} \times \{a_i, 0\} \times \{\alpha_i, 0, \pi/2\}$

- $Schubgelenke = \{\text{trans.}\} \times \{\theta_i, 0, \pi/2\} \times \{d_i\} \times \{a_i, 0\} \times \{\alpha_i, 0, \pi/2\}$

- $Zeilen = Drehgelenke \cup Schubgelenke$

- $Gelenktabellen = Zeilen^6$

- $Robotergeometrie \in Gelenktabellen$

- Die ausgewählte Robotergeometrie ist nicht global degeneriert.

- Zylindergelenke liegen in der o.g. Standardform vor.

Nach erfolgreicher Invertierung einer diesen Bedingungen genügenden Robotergeometrie kann ein nachgeschaltetes System die vorgenommenen Ersetzungen durch
Einsetzen in die berechnete Lösung rückgängig machen. Der Benutzer erhält dann
die für seine Eingabe gültige inverse kinematische Transformation, ohne daß er über
die Details der Vereinfachungen Kenntnis besitzen muß.

Kapitel 3

Roboter mit einer ebenen Gelenkgruppe

Gleichsam als weitere Verdeutlichung des Konzepts der Prototypgleichungen wird in diesem Kapitel gezeigt, daß die Lösung aller Robotergeometrien, die eine ebene Gelenkgruppe besitzen, auf die Lösung einer Gleichung vom Grad 4 oder kleiner zurückführbar ist. Unter einer ebenen Gelenkgruppe wird eine Abfolge von drei Gelenken verstanden, für die eine Ebene angegeben werden kann, auf der die an der ebenen Gelenkgruppe beteiligten Rotationsachsen senkrecht stehen bzw. zu der an der ebenen Gelenkgruppe beteiligte Translationsachsen parallel verlaufen. Damit ist die Bewegung der beteiligten Gelenke auf ständig zueinander parallele Ebenen beschränkt. An die verbleibenden Gelenke werden keine weiteren Anforderungen gestellt.

Insbesondere gehören beispielsweise alle Robotergeometrien mit 3 parallelen Rotationsachsen zu dieser Roboterklasse. Da nach Heiß drei dauernd komplanare Translationsachsen zur globalen Degeneration führen, wird im folgenden für eine ebene Gelenkgruppe angenommen, daß weniger als drei Translationsachsen auftreten. Ein Beispiel für eine Robotergeometrie mit einer ebenen Gelenkgruppe ist in Abbildung 3.1 gegeben.

Die Charakterisierung dieser Roboterklasse ist der Arbeit von Pieper vergleichbar [Pie68]. Seine Klassifizierung über drei sich ständig in einem Punkt schneidende Achsen ist allerdings bezüglich der an diesem Dreifachschnittpunkt beteiligten Gelenktypen auf Rotationsachsen beschränkt. In der ebenen Gelenkgruppe können jedoch auch Translationsachsen auftreten. Die Menge der Robotergeometrien in dieser neuen Klasse ist daher umfangreicher.

Auch Woernle behandelt in seiner Arbeit diese Form der ebenen Gelenkgruppe

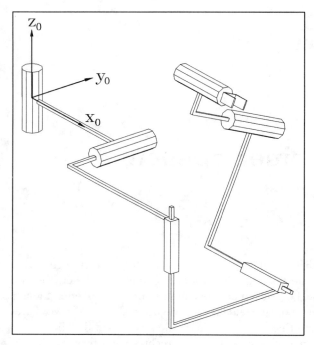

Abbildung 3.1: Robotergeometrie mit einer ebenen Gelenkgruppe:
Das Rotationsgelenk 2 sowie
die Schubgelenke 3 und 4 bilden die ebene Gelenkgruppe

[Woe88], allerdings nicht mit dem Ziel der Klassifizierung. Für spezielle Fälle, wie
z.B. eine ebene Gelenkgruppe in Verbindung mit weiteren zwei sich schneidenden
Rotationsachsen oder in Verbindung mit weiteren zwei parallelen Rotationsachsen,
verweist er auf die Existenz einer geschlossenen Lösung des IKP. In allgemeineren
Fällen macht er jedoch keine derartige Aussage.

Ähnliche Ergebnisse legte auch Heiß vor [Hei85]. Er zeigte, ohne allerdings explizit auf eine mögliche Klassifizierung durch die ebene Gelenkgruppe hinzuweisen,
daß eine ebene Gelenkgruppe in Verbindung mit einem weiteren Translationsgelenk immer auf einen nur aus quadratischen bzw. linearen Gleichungen bestehenden
Lösungsansatz führt. Für den Fall, daß außer in der ebenen Gelenkgruppe keine
weiteren Translationsgelenke vorliegen, konnte er zeigen, daß eine solchermaßen einfache Lösung auch existiert, wenn sich weitere zwei Rotationsachsen ständig in einem
Punkt schneiden bzw. ständig zueinander parallel sind. Damit sind jedoch bereits
alle offensichtlichen Speziallagen der nicht an der ebenen Gelenkgruppe beteiligten
Gelenke erfaßt. Daneben existieren jedoch einige weitere Speziallagen, die in Abschnitt 3.4 erläutert werden. Die Beziehung zur Arbeit von Heiß wird im nächsten
Abschnitt nochmals aufgegriffen.

Zur Bildung einer ebenen Gelenkgruppe ist es nicht erforderlich, daß die drei den Anforderungen genügenden Gelenke unmittelbar aufeinanderfolgen. Durch geeignete Wahl eines zwischen den Gelenken der ebenen Gelenkgruppe befindlichen Schubgelenks können weiterhin die obigen Bedindungen erfüllt sein. Allerdings führt die Notwendigkeit eines weiteren Schubgelenks sofort auf eine Geometrie, die einer der Heiß'schen Klassen zugeordnet werden kann und die somit eine quadratische Lösung besitzt.

In diesem Kapitel muß daher nur noch für den allgemeinen Fall, d.h. die Gelenke der ebenen Gelenkgruppe folgen direkt aufeinander und die verbleibenden Gelenke sind Rotationsgelenke ohne weitere Einschränkungen, nachgewiesen werden, daß immer ein Ansatz zur Lösung einer der Gelenkvariablen gefunden werden kann, der auf Gleichungen vom maximal vierten Grad führt. Es wird sich zeigen, daß sich die verbleibenden Gelenkvariablen über quadratische bzw. lineare Gleichungen lösen lassen. Auf der Basis der obigen Definitionen wird dazu im Abschnitt 3.2 verdeutlicht, daß in bestimmten Matrixgleichungssystemen immer eine Kombination zweier Gleichungen in zwei nicht der ebenen Gelenkgruppe zugehörigen Gelenkvariablen ermittelt werden kann. Im Abschnitt 3.3 wird für die allgemeine Form dieser Ansatzgleichungen die Lösung für eine der in diesen Gleichungen enthaltenen Gelenkvariablen auf die Lösung einer Gleichung 4. Grades zurückgeführt. Nachfolgend werden in Abschnitt 3.4 Spezialfälle vorgestellt, die durch eine Zerlegung der Ansatzgleichung 4. Grades sogar eine Lösung über eine quadratische Gleichung erlauben. Anschließend wird gezeigt, daß sich die weiteren Gelenkvariablen quadratisch bzw. eindeutig lösen lassen.

3.1 Ebene Gelenkgruppen in Heiß'schen Klassen

Heiß hat 12 Klassen sogenannter sukzessiv-geschlossen quadratisch lösbarer Robotergeometrien angegeben [Hei86], wobei er für die Art und die Lage von 6 noch zu bestimmenden Gelenken folgende Einschränkungen angibt (Ebene Gelenkgruppen sind fettgedruckt):

1. Robotergeometrien mit 3 Translationsgelenken
   Mehr als 3 führen zur globalen Degeneration.

2. Robotergeometrien mit 2 Translationsgelenken und 2 zueinander parallelen Rotationsgelenken
   Die verbleibenden 2 Gelenke müssen rotatorisch sein, da sonst eine Geometrie aus Klasse 1 vorliegt.

3. Robotergeometrien mit 2 Translationsgelenken und 3 sich schneidenden Rotationsgelenken
   Das sechste Gelenk muß aus obigem Grund ein Rotationsgelenk sein.

4. Robotergeometrien mit 2 sich schneidenden Rotationsgelenken und **1 weiterem Rotationsgelenk, das senkrecht auf 2 Translationsgelenken steht**
   Das sechste Gelenk muß wiederum ein Rotationsgelenk sein.

5. Robotergeometrien mit 1 Translationsgelenk und **3 zueinander parallelen Rotationsgelenken**
   Die verbleibenden 2 Gelenke müssen Rotationsgelenke sein, da sonst eine Geometrie aus Klasse 2 vorliegt.

6. Robotergeometrien mit zweimal 2 zueinander parallelen Rotationsgelenken und **1 Translationsgelenk, das senkrecht auf einem der parallelen Rotationsachsenpaaren steht**
   Das letzte Gelenk muß wiederum rotatorisch sein.

7. Robotergeometrien mit 2 sich schneidenden Rotationsgelenken und **2 weiteren zueinander parallelen Rotationsgelenken, auf denen ein 1 Translationsgelenk senkrecht steht**
   Das sechste Gelenk muß wiederum ein Rotationsgelenk sein.

8. Robotergeometrien mit 3 sich schneidenden Rotationsgelenken und 1 Translationsgelenk, das senkrecht auf einem weiteren Rotationsgelenk steht
   Das sechste Gelenk muß ein Rotationsgelenk sein, da sonst eine Geometrie aus Klasse 3 vorliegt.

9. Robotergeometrien mit 3 sich schneidenden Rotationsgelenken und weiteren 2 sich schneidenden Rotationsgelenken
   Für das verbleibende Gelenk gibt es keine Einschränkungen.

10. Robotergeometrien mit **3 zueinander parallelen Rotationsgelenken** und weiteren 2 zueinander parallelen Rotationsgelenken
    Das verbleibende Gelenk muß ein Rotationsgelenk sein, da die Geometrie sonst global degeneriert ist (Anzahl PR-Gelenke + Anzahl Translationsgelenke > 3).

11. Robotergeometrien mit 2 sich schneidenden Rotationsgelenken und **3 weiteren zueinander parallelen Rotationsgelenken**
    Das sechste Gelenk muß ein Rotationsgelenk sein, da sonst eine Geometrie aus Klasse 5 vorliegt.

12. Robotergeometrien mit 3 sich schneidenden Rotationsgelenken und 2 weiteren zueinander parallelen Rotationsgelenken
    Die Art des sechsten Gelenks ist nicht eingeschränkt.

Eine ebene Gelenkgruppe kann 0 – 2 Translationsgelenke beinhalten. Für die verbleibenden Gelenke sind die folgenden, einfachen Einschränkungen möglich:

1. Mindestens eines ist ein Translationsgelenk. Dies umfaßt den Spezialfall eines Zylindergelenks.

2. Zwei weitere Rotationsachsen sind zueinander parallel. Mehr als zwei führen zur globalen Degeneration.

3. Zwei weitere Rotationsachsen schneiden sich dauernd in einem Punkt. Auch hier führen mehr als zwei zur globalen Degeneration

Diese Einschränkungen an die weiteren Gelenke werden nun mit den drei möglichen Formen der ebenen Gelenkgruppe kombiniert. Daraus wird sofort ersichtlich, daß dies in jedem Fall auf eine der Heiß'schen Klassen führt. Das Ergebnis ist in Tabelle 3.1 dargestellt.

# Trans.gel. in	Einschränkung der weiteren Gelenke		
eb. Gelenkgruppe	≥ 1 Trans.	2 parallele Rot.	2 schneidende Rot.
0	Klasse 5	Klasse 10	Klasse 11
1	Klasse 2	Klasse 6	Klasse 7
2	Klasse 1	Klasse 2	Klasse 4

Tabelle 3.1: Ebene Gelenkgruppen und Heiß'sche Klassen

Alle nicht auftretenden Heiß-Klassen fordern einen Dreifachschnittpunkt von Rotationsachsen in Verbindung mit weiteren Einschränkungen. Sie erfassen daher offensichtliche Spezialfälle der von Pieper ermittelten Klasse der Robotergeometrien mit einem Dreifachschnittpunkt von Rotationsachsen.

Zu den letzten Ausführungen sind zwei Bemerkungen notwendig:

1. Diese Unterteilung darf nicht mit der Aussage gleichgesetzt werden, daß die Heiß'schen Klassen lediglich die Spezialfälle des Dreifachschnittpunkts bzw. der ebenen Gelenkgruppe umfassen. In den Klassen 1 und 2 befinden sich weitere Robotergeometrien, die weder einen Dreifachschnittpunkt noch eine ebene Gelenkgruppe besitzen.

2. Die Heiß'schen Klassen umfassen weder für die ebene Gelenkgruppe noch für den Dreifachschnittpunkt von Rotationsachsen alle Spezialfälle der Lösungsermittlung

über quadratische Gleichungen. Unter einer Reihe von Einschränkungen bzw. Abhängigkeiten der kinematischen Parameter ist eine Zerlegung der Ansatzgleichung 4. Grades möglich. Am Beispiel des Dreifachschnittpunkts der letzten drei Rotationsachsen eines nur aus Rotationsgelenken aufgebauten Manipulators wurde dies von Smith und Lipkin gezeigt [Smi90]. Durch die Verwendung eines einfachen Testkriteriums ermitteln sie eine vollständige Auflistung aller Fälle, für die die von Pieper vorgeschlagene Lösungsgleichung "degeneriert", ohne allerdings explizit darauf einzugehen, wie in diesen Fällen eine Lösung ermittelt werden kann. In Abschnitt 3.4 wird gezeigt, daß unter Verwendung des dort näher beschriebenen Testkriteriums entsprechende Fälle in Verbindung mit einer ebenen Gelenkgruppe auftreten.

3.2   Herleitung der Ansatzgleichungen

Die hier angegebene Herleitung geht davon aus, daß die Armmatrizen nicht aufgespalten werden, um weitere Zwischensysteme in die Betrachtung einzubeziehen, da diese Aufspaltung für ein Invertierungssystem mit einem höheren Aufwand zur Erzeugung der Gleichungssysteme verbunden ist.

Prinzipiell sind die in Tabelle 3.2 angegebenen Gelenkanordnungen für eine ebene Gelenkgruppe zu unterscheiden. Neben den zur Orientierung der Gelenkachsen erforderlichen Winkeln θ_i und α_i ist in dieser Tabelle auch angegeben, ob in der Gesamttransformation der ebenen Gelenkgruppe, d.h. im Produkt der zugehörigen Armmatrizen, eine der Matrixzeilen 1 – 3 keine Gelenkvariablen enthält. Die Angabe "beliebig" bedeutet, daß der betreffende Winkel keinen bestimmten Wert haben muß; allerdings wird angenommen, daß die entstehende Robotergeometrie nicht global degeneriert ist.

Gelenke	θ_i	α_i	θ_{i+1}	α_{i+1}	θ_{i+2}	α_{i+2}	Konst. Zeile
RRR	var.	0°	var.	0°	var.	beliebig	3.
RRT	var.	0°	var.	90°	beliebig	beliebig	3.
RTR	var.	90°	0°	90°	var.	beliebig	3.
TRR	beliebig	90°	var.	0°	var.	beliebig	keine (2.)
RTT	var.	90°	90°	beliebig	beliebig	beliebig	3.
TRT	beliebig	90°	var.	90°	beliebig	beliebig	keine (2.)
TTR	beliebig	beliebig	90°	90°	var.	beliebig	keine (1.)

Tabelle 3.2: Mögliche Anordnungen dreier Gelenke zur Bildung einer ebenen Gelenkgruppe in Verbindung mit drei weiteren Rotationsachsen

Der Tabelle kann entnommen werden, daß im allgemeinen keine Zeile mit von Gelenkvariablen unabhängigen Elementen vorliegt, wenn das erste Gelenk ein Translationsgelenk ist. Dies hat seinen Grund in der konstanten Drehung θ_i. Liegt die ebene Gelenkgruppe jedoch am Anfang der kinematischen Kette, so kann diese Drehung zu 0° vereinfacht werden. In diesen Fällen tritt wiederum eine konstante Zeile auf; sie ist in Klammern in der Tabelle angegeben. Da unter Berücksichtigung der Spiegelungsbetrachtung nur die Fälle betrachtet werden müssen, in denen die ebene Gelenkgruppe am Anfang der kinematischen Kette bzw. als zweites Gelenk nach einem Rotationsgelenk angeordnet ist, folgen die zur Herleitung eines Lösungsansatzes notwendigen Fallunterscheidungen:

- Die ebene Gelenkgruppe befindet sich am Anfang der kinematischen Kette (Fall 1)

- Vor der ebenen Gelenkgruppe befindet sich ein Rotationsgelenk (siehe beispielsweise Abbildung 3.1). Dieser Fall macht eine zusätzliche Fallunterscheidung notwendig:

  - Das erste Gelenk der ebenen Gelenkgruppe ist ein Rotationsgelenk (Fall 2.1)

  - Das erste Gelenk der ebenen Gelenkgruppe ist ein Translationsgelenk (Fall 2.2)

Für jeden der drei Fälle wird nachfolgend gezeigt, daß sie sich alle auf ein und dieselbe zu lösende Kombination zweier Gleichungen in zwei nicht an der ebenen Gelenkgruppe beteiligten Gelenkvariablen zurückführen lassen. Dabei werden zur Vereinfachung der Ausdrücke die üblichen Kurzschreibweisen

$$S_x := \sin\theta_x \quad C_x := \cos\theta_x$$

verwendet. Des weiteren werden die Abkürzungen

$$s_x := \sin\alpha_x \quad c_x := \cos\alpha_x$$

verwendet.

3.2.1 Fall 1

Es wird die Matrixgleichung

$$\begin{aligned}
{}^{\mathrm{R}}\mathbf{T}_{\mathrm{H}}\,\mathbf{A}_6^{-1}\,\mathbf{A}_5^{-1} &= \mathbf{A}_1\,\mathbf{A}_2\,\mathbf{A}_3\,\mathbf{A}_4 \\
&= \mathbf{E}_3\,\mathbf{A}_4
\end{aligned}$$

betrachtet. Da sich die ersten drei Gelenkachsen dauernd parallel zu einer der drei von den Koordinatenachsen des Roboterbasissystems aufgespannten Ebenen bewegen, enthält eine der Zeilen 1 - 3 der Matrix $\mathbf{E}_3$ keine der drei Gelenkvariablen der ebenen Gelenkgruppe (siehe Tabelle 3.2). Ohne Beschränkung der Allgemeinheit sei dies die Zeile 2. Dann ergibt sich für die rechte Seite der obigen Matrixgleichung das Ergebnis:

$$
\mathbf{E}_3\,\mathbf{A}_4 =
\begin{bmatrix}
f_{11} & f_{12} & f_{13} & f_{14} \\
k_{21} & k_{22} & k_{23} & k_{24} \\
f_{31} & f_{32} & f_{33} & f_{34} \\
0 & 0 & 0 & 1
\end{bmatrix}
\begin{bmatrix}
C_4 & -S_4\,c_4 & S_4\,s_4 & a_4\,C_4 \\
S_4 & C_4\,c_4 & -C_4\,s_4 & a_4\,S_4 \\
0 & s_4 & c_4 & d_4 \\
0 & 0 & 0 & 1
\end{bmatrix}
$$

$$
=
\begin{bmatrix}
\cdots & \cdots & \cdots & \cdots \\
\cdots & \cdots & exp^r_{23} & exp^r_{24} \\
\cdots & \cdots & \cdots & \cdots \\
0 & 0 & 0 & 1
\end{bmatrix}
$$

wobei f_{ij} Funktionen der Gelenkvariablen der ebenen Gelenkgruppe sind und k_{ij} Ausdrücke in kinematischen Konstanten darstellen. Die Ausdrücke exp^r_{23} und exp^r_{24} ergeben sich zu:

$$exp^r_{23} = k_{21}\,s_4\,S_4 - k_{22}\,s_4\,C_4 + k_{23}\,c_4 \tag{3.1}$$

$$exp^r_{24} = k_{21}\,a_4\,C_4 + k_{22}\,a_4\,S_4 + k_{23}\,d_4 + k_{24} \tag{3.2}$$

Beide Ausdrücke enthalten nur Kosinus- bzw. Sinusterme der Gelenkvariablen θ_4.

Für die linke Seite der obigen Matrixgleichung ergibt sich

$$
{}^R\mathbf{T}_H\,\mathbf{A}_6^{-1}\,\mathbf{A}_5^{-1} =
$$

$$
\begin{bmatrix}
n_x & o_x & a_x & p_x \\
n_y & o_y & a_y & p_y \\
n_z & o_z & a_z & p_z \\
0 & 0 & 0 & 1
\end{bmatrix}
\begin{bmatrix}
C_6 & S_6 & 0 & 0 \\
-S_6 & C_6 & 0 & 0 \\
0 & 0 & 1 & 0 \\
0 & 0 & 0 & 1
\end{bmatrix}
\begin{bmatrix}
C_5 & S_5 & 0 & -a_5 \\
-S_5\,c_5 & C_5\,c_5 & s_5 & -d_5\,s_5 \\
S_5\,s_5 & -C_5\,s_5 & c_5 & -d_5\,c_5 \\
0 & 0 & 0 & 1
\end{bmatrix} =
$$

$$
\begin{bmatrix}
\cdots & \cdots & \cdots & \cdots \\
\cdots & \cdots & exp^l_{23} & exp^l_{24} \\
\cdots & \cdots & \cdots & \cdots \\
0 & 0 & 0 & 1
\end{bmatrix}
$$

Die Ausdrücke exp^l_{23} und exp^l_{24} ergeben sich zu:

$$exp^l_{23} = s_5\,(n_y\,S_6 + o_y\,C_6) + a_y\,c_5 \tag{3.3}$$

$$exp^l_{24} = -a_5\,(n_y\,C_6 - o_y\,S_6) - d_5\,s_5\,(n_y\,S_6 + o_y\,C_6) - d_5\,c_5\,a_y + p_y \tag{3.4}$$

Diese beiden Ausdrücke enthalten nur Kosinus- bzw. Sinusterme in der Gelenkvariablen θ_6.

Gleichsetzen von 3.3 und 3.1 bzw. 3.4 und 3.2 liefert zwei Gleichungen in den Gelenkvariablen θ_4 und θ_6:

$$
\begin{aligned}
s_5\,(n_y\,S_6 + o_y\,C_6) + a_y\,c_5 &= k_{21}\,s_4\,S_4 - k_{22}\,s_4\,C_4 + k_{23}\,c_4 \\
&= s_4\,(k_{21}\,S_4 - k_{22}\,C_4) + k_{23}\,c_4
\end{aligned}
$$

$$
\begin{aligned}
a_5\,(o_y\,S_6 - n_y\,C_6) - d_5\,s_5\,(o_y\,C_6 + n_y\,S_6) - \\
d_5\,a_y\,c_5 + p_y &= k_{21}\,a_4\,C_4 + k_{22}\,a_4\,S_4 + k_{23}\,d_4 + k_{24} \\
&= a_4\,(k_{21}\,C_4 + k_{22}\,S_4) + k_{23}\,d_4 + k_{24}
\end{aligned}
$$

Diese beiden Gleichungen besitzen die allgemeine Form:

$$
\begin{aligned}
a\,S_x + b\,C_x + c &= d\,(e\,S_y - f\,C_y) + g \\
h\,S_x + i\,C_x + j &= k\,(e\,C_y + f\,S_y) + l
\end{aligned}
$$

Die Auflösung dieses neuen Prototyps nach den Variablen θ_x und θ_y ist Gegenstand des Abschnitts 3.3. Er stellt eine Verallgemeinerung eines Prototyps dar, der in einer spezielleren Form bereits von Rieseler, Schrake und Wahl angegeben wurde [Rie91].

3.2.2 Fall 2.1

In diesem Abschnitt wird der Fall behandelt, daß sich vor der ebenen Gelenkgruppe ein Rotationsgelenk befindet und das erste Gelenk der ebenen Gelenkgruppe ebenfalls ein Rotationsgelenk ist. Ein dem Fall 1 vergleichbarer Lösungsansatz ist in der Matrixgleichung

$$
\mathbf{A}_1^{-1}\,{}^{R}\mathbf{T}_H = {}^{1}\mathbf{E}_4\,\mathbf{A}_5\,\mathbf{A}_6
$$

zu finden. Da das erste Gelenk der ebenen Gelenkgruppe ein Rotationsgelenk ist, kann die Bewegungsebene dieses höheren Gelenks nur mit der x-y-Ebene im System 1 übereinstimmen, d.h. die 3. Zeile der Matrix ${}^{1}\mathbf{E}_4$ enthält keine variablen Terme. Daraus folgen mit

$$
\mathbf{A}_1^{-1}\,{}^{R}\mathbf{T}_H =
\begin{bmatrix}
C_1 & S_1 & 0 & -a_1 \\
-S_1\,c_1 & C_1\,c_1 & s_1 & 0 \\
S_1\,s_1 & -C_1\,s_1 & c_1 & 0 \\
0 & 0 & 0 & 1
\end{bmatrix}
\begin{bmatrix}
n_x & o_x & a_x & p_x \\
n_y & o_y & a_y & p_y \\
n_z & o_z & a_z & p_z \\
0 & 0 & 0 & 1
\end{bmatrix}
$$

$$
=
\begin{bmatrix}
\cdots & \cdots & \cdots & \cdots \\
\cdots & \cdots & \cdots & \cdots \\
\cdots & \cdots & exp_{33}^l & exp_{34}^l \\
0 & 0 & 0 & 1
\end{bmatrix}
$$

und

$$
{}^{1}\mathbf{E}_4\,\mathbf{A}_5\,\mathbf{A}_6 \;=\;
\begin{bmatrix}
f_{11} & f_{12} & f_{13} & f_{14}\\
f_{21} & f_{22} & f_{23} & f_{24}\\
k_{31} & k_{32} & k_{33} & k_{34}\\
0 & 0 & 0 & 1
\end{bmatrix}
\begin{bmatrix}
C_5 & -S_5\,c_5 & S_5\,s_5 & a_5\,C_5\\
S_5 & C_5\,c_5 & -C_5\,s_5 & a_5\,S_5\\
0 & s_5 & c_5 & d_5\\
0 & 0 & 0 & 1
\end{bmatrix}.
$$

$$
\begin{bmatrix}
C_6 & -S_6 & 0 & 0\\
S_6 & C_6 & 0 & 0\\
0 & 0 & 1 & 0\\
0 & 0 & 0 & 1
\end{bmatrix}
$$

$$
=\;
\begin{bmatrix}
\cdots & \cdots & \cdots & \cdots\\
\cdots & \cdots & \cdots & \cdots\\
\cdots & \cdots & exp^{r}_{33} & exp^{r}_{34}\\
0 & 0 & 0 & 1
\end{bmatrix}
$$

die Ansatzgleichungen $exp^{l}_{33} = exp^{r}_{33}$ und $exp^{l}_{34} = exp^{r}_{34}$:

$$
s_1\,(a_x\,S_1 - a_y\,C_1) + a_z\,c_1 \;=\; s_5\,(k_{31}\,S_5 - k_{32}\,C_5) + k_{33}\,c_5
$$
$$
s_1\,(p_x\,S_1 - p_y\,C_1) + p_z\,c_1 \;=\; a_5\,(k_{31}\,C_5 + k_{32}\,S_5) + k_{33}\,d_5 + k_{34}
$$

Auch diese Gleichungen genügen wiederum der Form:

$$
a\,S_x + b\,C_x + c \;=\; d\,(e\,S_y - f\,C_y) + g
$$
$$
h\,S_x + i\,C_x + j \;=\; k\,(e\,C_y + f\,S_y) + l
$$

3.2.3   Fall 2.2

Wieder befindet sich ein Rotationsgelenk vor der ebenen Gelenkgruppe. Das erste Gelenk der ebenen Gelenkgruppe ist nun jedoch ein Schubgelenk. In diesem Fall kann die Bewegungsebene der ebenen Gelenkgruppe durch die konstante Rotation um die z_1-Achse um einen konstanten Winkel θ_2 verdreht werden, so daß sie zu keiner der Achsenebenen des Systems 1 mehr koplanar ist. Die Matrixgleichung

$$
\mathbf{A}_1^{-1}\,{}^{\mathrm{R}}\mathbf{T}_{\mathrm{H}} = {}^{1}\mathbf{E}_4 \cdots
$$

liefert daher keine Ansatzgleichungen mehr, da die Gelenkvariablen der ebenen Gelenkgruppe nun in allen Elementen der Matrix ${}^{1}\mathbf{E}_4$ vorliegen. Allerdings kann nun die Matrixgleichung

$$
{}^{1}\mathbf{E}_2^{-1}\,\mathbf{A}_1^{-1}\,{}^{\mathrm{R}}\mathbf{T}_{\mathrm{H}} = {}^{2}\mathbf{E}_4\,\mathbf{A}_5\,\mathbf{A}_6
$$

herangezogen werden.

In diesem Abschnitt wird durch eine Analyse der denkbaren Gelenkanordnungen in der ebenen Gelenkgruppe gezeigt, daß in jedem Fall wieder eine Kombination zweier Gleichungen der genannten Form auftritt.

Das Teilprodukt $\mathbf{A}_1^{-1}\,^{\mathrm{R}}\mathbf{T}_{\mathrm{H}}$ enthält in jedem seiner Elemente einen Teilausdruck der Form $\cdots S_1 \pm \cdots C_1$. θ_1 ist daher eine der Variablen der gesuchten Gleichungskombination. Da das erste Gelenk der ebenen Gelenkgruppe ein Schubgelenk ist, kann $^1\mathbf{E}_2^{-1}$ nur in der 4. Spalte die Variable d_2 enthalten. Diese Matrix hat folgendes Aussehen (die Gelenkvariable ist d_2):

$$
^1\mathbf{E}_2^{-1} = \begin{bmatrix} C_2 & S_2 & 0 & -a_2 \\ -S_2\,c_2 & C_2\,c_2 & s_2 & -d_2\,s_2 \\ S_2\,s_2 & -C_2\,s_2 & c_2 & -d_2\,c_2 \\ 0 & 0 & 0 & 1 \end{bmatrix}
$$

Ist das darauffolgende Gelenk ein Rotationsgelenk, so tritt d_2 wegen $\alpha_2 = 90°$ (siehe Tabelle 3.2) nur im Element $[2,4]$ von $^1\mathbf{E}_2^{-1}$ auf. Ist das zweite in der ebenen Gelenkgruppe jedoch ebenfalls ein Schubgelenk ($\alpha_2 =$ beliebig), so tritt d_2 sowohl im Element $[2,4]$ als auch im Element $[3,4]$ von $^1\mathbf{E}_2^{-1}$ auf.

Für die linke Seite der obigen Matrixgleichung bedeutet dies: Im ersten Fall – das zweite Gelenk in der ebenen Gelenkgruppe ist ein Rotationsgelenk – liegen sowohl in $[1,3]/[1,4]$ als auch in $[3,3]/[3,4]$ der genannten Form entsprechende linke Gleichungsseiten vor. Im zweiten Fall – das zweite Gelenk in der ebenen Gelenkgruppe ist ein Schubgelenk – gilt dies nur für $[1,3]/[1,4]$. Eine Analyse von $^2\mathbf{E}_4\,\mathbf{A}_5\,\mathbf{A}_6$ muß zeigen, ob in den beiden Fällen auch die zugehörigen rechten Seiten vorliegen.

Die dritte und vierte Spalte des Teilprodukts $\mathbf{A}_5\,\mathbf{A}_6$ sind $[s_5\,S_5, -s_5\,C_5, c_5, 0]^{\mathrm{T}}$ respektive $[a_5\,C_5, a_5\,S_5, d_5, 1]^{\mathrm{T}}$. Die Transformation $^2\mathbf{E}_4$ errechnet sich aus dem zweiten und dritten Gelenk der ebenen Gelenkgruppe, wobei folgende Fälle zu unterscheiden sind (Die Angabe der Ebenen bezieht sich auf das Bezugssystem der betrachteten Teiltransformation, d.h. auf $K S_2$):

TR In diesem Fall besteht die erste Zeile der Transformation nur aus Konstanten. Dies hat seinen Grund in $\theta_3 = 90°$, wodurch die Ebene dieser beiden Gelenke von der x_2/z_2-Ebene auf die y_2/z_2-Ebene verdreht wird. Dadurch bleibt die x_2-Komponente der Transformation unabhängig von den Gelenkvariablen dieser letzten beiden Gelenke der ebenen Gelenkgruppe.

In Verbindung mit den Spalten 3 und 4 von $\mathbf{A}_5\,\mathbf{A}_6$ ergeben sich daher zwei der genannten Form genügende rechte Gleichungsseiten in der ersten Zeile in den Spalten 3 und 4.

RT In diesem Fall enthält die dritte Zeile der Transformation nur konstante Elemente, da die Bewegungsebene bereits durch das Rotationsgelenk auf die x_2/y_2-Ebene festgelegt ist.

In Verbindung mit den Spalten 3 und 4 von $\mathbf{A}_5\,\mathbf{A}_6$ ergeben sich daher zwei der genannten Form genügende rechte Gleichungsseiten in der dritten Zeile in den Spalten 3 und 4.

RR Aus dem gleichen Grund setzt sich auch hier die dritte Zeile nur aus Konstanten zusammen und daher folgen wiederum zwei korrekte rechte Gleichungsseiten in der dritten Zeile in den Spalten 3 und 4.

Fügt man diese Ergebnisse mit den o.g. Ergebnissen der Transformation $\mathbf{A}_1^{-1}\,{}^{\mathrm{R}}\mathbf{T}_{\mathrm{H}}$ zusammen – Zeilen 1 und 3 von der erforderlichen Form, wenn das zweite Gelenk der ebenen Gelenkgruppe ein Rotationsgelenk ist bzw. Zeile 1, wenn es ein Translationsgelenk ist – so folgt daraus, daß in jedem Fall ein der bisherigen Form genügender Lösungsansatz aus zwei Gleichungen ermittelt werden kann.

3.3   Berechnung der Lösung im allgemeinen Fall

Der im vorangegangenen Abschnitt ermittelte Lösungsansatz besteht aus zwei Gleichungen der Form

$$a\,S_x + b\,C_x + c \;=\; d\,(e\,S_y - f\,C_y) + g \qquad (3.5)$$

$$h\,S_x + i\,C_x + j \;=\; k\,(e\,C_y + f\,S_y) + l \qquad (3.6)$$

$d \neq 0$ und $k \neq 0$ darf angenommen werden, da sonst eine der beiden Gleichungen nur noch eine Gelenkvariable enthält und demzufolge eine einfache quadratische Lösung, wie sie bereits im Anhang A.1 verwendet wurde, abgeleitet werden kann. Entsprechend darf angenommen werden, daß a und b, h und i sowie e und f jeweils nicht gleichzeitig Null sind.

Beide Gleichungen werden zunächst nach den geklammerten Ausdrücken auf der rechten Seite aufgelöst:

$$\frac{a\,S_x + b\,C_x + (c - g)}{d} \;=\; e\,S_y - f\,C_y \qquad (3.7)$$

$$\frac{h\,S_x + i\,C_x + (j - l)}{k} \;=\; e\,C_y + f\,S_y \qquad (3.8)$$

Diese beiden Gleichungen werden nun quadriert und addiert. Daraus erhält man mit

$$
\begin{aligned}
h_1 &= h^2 d^2 + a^2 k^2 \\
h_2 &= i^2 d^2 + b^2 k^2 \\
h_3 &= 2 (h i d^2 + a b k^2) \\
h_4 &= 2 h d^2 (j - l) + 2 a k^2 (c - g) \\
h_5 &= 2 i d^2 (j - l) + 2 b k^2 (c - g) \\
h_6 &= (j - l)^2 d^2 + (c - g)^2 k^2 - (f^2 + e^2) d^2 k^2
\end{aligned}
$$

die Gleichung

$$
h_1 S_x^2 + h_2 C_x^2 + h_3 S_x C_x + h_4 S_x + h_5 C_x + h_6 = 0 \tag{3.9}
$$

Diese Gleichung wird durch die Substitution des Tangens des halben Winkels [Pie68]

$$
S_x = \frac{2 u_x}{1 + u_x^2}, \quad C_x = \frac{1 - u_x^2}{1 + u_x^2}, \quad u_x = \tan\left(\frac{\theta_x}{2}\right) \tag{3.10}
$$

in eine Gleichung 4. Grades in u_x überführt:

$$
(h_2 + h_6 - h_5) u_x^4 + 2 (h_4 - h_3) u_x^3 + 2 (2 h_1 + h_6 - h_2) u_x^2 + 2 (h_4 + h_3) u_x + h_2 + h_5 + h_6 = 0 \tag{3.11}
$$

Aus dieser Gleichung folgen mit einem geeigneten Verfahren (siehe beispielsweise [Fin90]) 4 Lösungen für u_x und damit die Lösungen

$$
\theta_x^{(1..4)} = 2 \arctan\left(u_x^{(1..4)}\right) \tag{3.12}
$$

Mit diesen Lösungen kann nachfolgend eine eindeutige Lösung für θ_y über die Gleichungen 3.7 und 3.8 ermittelt werden, die natürlich von dem berechneten θ_x abhängig sind. Der dazu benötigte Prototyp ist bereits in Anhang A.1 unter Punkt 3. vorgestellt worden.

An dieser neuen Roboterklasse und an der Lösungsherleitung wird das Konzept der Prototypgleichungen besonders deutlich: Eine allgemeine Form einer für die verschiedensten Robotergeometrien in den Matrixgleichungssystemen auftretenden, nach einer oder mehreren Gelenkvariablen auflösbaren Gleichung oder Gleichungskombination wird als Prototyp eingeführt. Zur automatischen Invertierung einer Vielzahl von Robotergeometrien benötigt man daher einen Satz möglichst leistungsfähiger Prototypen sowie eine geeignete Darstellung der im Einzelfall entstehenden Gleichungsstrukturen, um eine schnelle Erkennung lösbarer Gleichungen durchführen zu können.

3.4   Sonderfälle quadratischer Lösbarkeit

3.4.1   Beispiel

Heiß betrachtet in seiner Arbeit unter anderem die Kombination einer ebenen Gelenkgruppe mit weiteren zwei Rotationsachsen mit einem Schnittpunkt. Für diese
Fälle ermittelt er quadratische Lösungen [Hei85]. Für die am Schnittpunkt beteiligten Rotationsachsen fordert er, daß diese Achsen in der kinematischen Struktur
unmittelbar aufeinanderfolgen, d.h. die Lage des Schnittpunkts bezüglich der beteiligten Achsen ist fest.

Allerdings kann ein Schnittpunkt zweier Rotationsachsen auch konstruiert werden,
wenn zwischen den beteiligten Rotationsachsen weitere Gelenke liegen. Dies erfordert natürlich einige Einschränkungen an die DH-Parameter der beteiligten Gelenke.
Ein Beispiel für einen derartigen Schnittpunkt ist in Abbildung 3.2 gegeben. Es handelt sich um eine Robotergeometrie mit einer ebenen Gelenkgruppe, gebildet aus den
Achsen 1 – 3, gefolgt von drei Rotationsgelenken, wobei sich die Rotationsachsen
4 und 6 schneiden. Die Lage des Schnittpunkts ist von dem Winkel θ_5 abhängig,
d.h. sie ist bezüglich der beteiligten Achsen variabel.

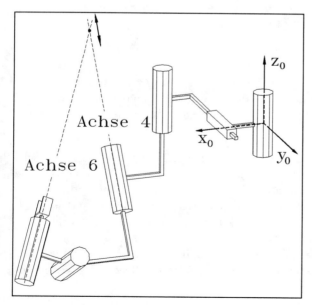

Abbildung 3.2: Robotergeometrie mit einem ortsveränder-
lichen Schnittpunkt von Rotationsachsen

Dieser Schnittpunkt erfordert die DH-Parameter

$$\alpha_4 = 90°, \quad \alpha_5 = 90°, \quad d_5 = 0$$

Die unter Fall 1 genannten Ansatzgleichungen vereinfachen sich für diese Robotergeometrie zu:

$$(n_z S_6 + o_z C_6) = s_3 C_4 \tag{3.13}$$
$$a_5 (o_z S_6 - n_z C_6) + p_z = -a_4 s_3 S_4 - c_3 d_4 - d_3 \tag{3.14}$$

Diese Gleichungen können umgeformt werden zu:

$$(n_z S_6 + o_z C_6) = s_3 C_4$$
$$(o_z S_6 - n_z C_6) = \frac{-a_4 s_3 S_4 - c_3 d_4 - d_3 - p_z}{a_5}$$

Durch Quadrieren und Addieren dieser Gleichungen ergibt sich:

$$(n_z^2 + o_z^2) S_6^2 + (n_z^2 + o_z^2) C_6^2 = s_3^2 C_4^2 + \left(\frac{-a_4 s_3 S_4 - c_3 d_4 - d_3 - p_z}{a_5} \right)^2$$

Expandieren, nachfolgendes Ersetzen von $C_4^2 = 1 - S_4^2$ und Gruppieren nach S_4 ergibt mit

$$h_1 = s_3^2 (a_4^2 - a_5^2)$$
$$h_2 = 2 a_4 s_3 (p_z + c_3 d_4 + d_3)$$
$$h_3 = (c_3 d_4 + (d_3 + p_z))^2 + a_5^2 (s_3^2 - (n_z^2 + o_z^2))$$

eine quadratische Gleichung in S_4:

$$h_1 S_4^2 + h_2 S_4 + h_3 = 0$$

Jede der beiden Lösungen dieser Gleichung führt auf 2 Lösungen von θ_4, so daß insgesamt 4 Lösungen für θ_4 vorliegen, die allerdings durch die Lösung einer quadratischen Gleichung ermittelt wurden. Es ist offensichtlich, daß die allgemeine Form des vorgeschlagenen Prototyps in diesem Fall folgendes Aussehen hat bzw. die genannten Bedingungen erfüllt:

$$a S_x + b C_x = -f C_y \tag{3.15}$$
$$h S_x + i C_x + j = k f S_y + l \tag{3.16}$$
$$-p_1 a = i \tag{3.17}$$
$$p_1 b = h \tag{3.18}$$

Diese Form und Bedingungen sind bei der Implementierung natürlich zu berücksichtigen. Wesentlich ist die Tatsache, daß die relevanten Informationen allein aus den konstanten Parametern der allgemeinen Form folgen.

Nach diesem Beispiel stellt sich die Frage, welche weiteren Abwandlungen der allgemeinen Form der Ansatzgleichungen ebenfalls zu einfacheren Lösungen führen – ggfs. über eine Zerlegung. Auf der Basis der oben genannten Arbeit von Smith und Lipkin [Smi90] sowie einer Arbeit von Kovács und Hommel [Kov90b] werden diese Fälle im folgenden Abschnitt betrachtet.

3.4.2   Zerlegung der Lösungsgleichung

Smith und Lipkin zeigten [Smi90], daß für eine Gleichung in Sinus und Kosinus einer Gelenkvariablen der Form

$$A_{11} C_x^2 + 2 A_{12} C_x S_x + A_{22} S_x^2 + 2 A_{13} C_x + 2 A_{23} S_x + A_{33} = 0 \tag{3.19}$$

deren Lösung über eine Gleichung 4. Grades nach der Substitution des Tangens des halben Winkels ermittelt werden kann, eine Degeneration dieser Ansatzgleichung genau dann vorliegt, wenn durch die kinematischen Parameter in den A_{ij} die folgende Gleichung erfüllt ist:

$$(A_{13} A_{23} (A_{22} - A_{11}) + A_{12} (A_{13}^2 - A_{23}^2))^2 = 0 \tag{3.20}$$

Diese Degeneration führt nach ihrer Aussage immer auf eine Vereinfachung der Lösung in dem Sinne, daß sie in diesen Fällen durch Lösen von quadratischen Gleichungen berechnet werden kann. An dieser Stelle soll dieses Ergebnis ausreichen; der Beweis dieses Satzes ist im o.g. Artikel skizziert.

Ein äquivalentes Kriterium haben auch Kovács und Hommel entwickelt [Kov90b]. Dort sind insbesondere die mathematischen Hintergründe sorgfältig aufgearbeitet. Über die obige Aussage hinaus wurde von diesen beiden Autoren gezeigt, daß aus der Gültigkeit der Kriteriumsgleichung sofort die Zerlegbarkeit der Ansatzgleichung und damit deren quadratische Lösbarkeit folgt.

Da der Hintergrund dieser Arbeit darin besteht, ein Prototypen-basiertes Invertierungssystem aufzubauen, ist hier natürlich die Zerlegung der Ansatzgleichung für einen bestimmten Roboter von untergeordnetem Interesse. Vielmehr muß die Frage beantwortet werden, welche Abwandlungen der Form des bereits ermittelten Prototyps

$$a S_x + b C_x + c = d (e S_y - f C_y) + g \tag{3.21}$$

$$h\,S_x + i\,C_x + j \;=\; k\,(e\,C_y + f\,S_y) + l \qquad (3.22)$$

im Falle der Zerlegbarkeit auftreten bzw. ob zur Zerlegung führende Abhängigkeiten unter den DH-Parametern immer auch aus den Parametern des obigen Prototyps abgeleitet werden können. Ziel dieser Betrachtungen ist es, ein Invertierungssystem in die Lage zu versetzen, die zur Zerlegung führenden Spezialfälle anhand der Parameter zu erkennen und eine dementsprechend einfachere Lösung erzeugen zu können. Die Überprüfung der Zerlegbarkeitsbedingung 3.20 ist dann implizit in den speziellen Formen der resultierenden Prototypen enthalten und muß daher nicht explizit durch das Invertierungssystem durchgeführt werden. Für ein dediziertes System, das nicht auf einem Computer Algebra System aufbaut, wäre dies ohnehin nicht mit vertretbarem Aufwand machbar.

Zur Ableitung der speziellen Ausprägungen des Prototyps wurden dazu alle 14 Robotergeometrien allgemeinster Struktur, die eine ebene Gelenkgruppe an erster oder zweiter Stelle in der kinematischen Kette besitzen, nach dem von Smith und Lipkin angegebenen Verfahren untersucht. Für diese Untersuchung sind die folgenden Schritte erforderlich:

1. Ermittlung der beiden Ansatzgleichungen in den entsprechenden Matrixgleichungssystemen

2. Berechnung der Ansatzgleichung, die der Form 3.19 entspricht

3. Aufstellung der Zerlegbarkeitsbedingung 3.20

4. Da der entstehende Ausdruck sehr komplex ist, wurden die folgenden Schritte mit Hilfe des Computer Algebra Systems MAPLE durchgeführt [Cha88].

   Die Zerlegbarkeitsbedingung enthält neben kinematischen Parametern auch Elemente der Handstellungsmatrix ${}^R\mathbf{T}_H$. Da die Zerlegung jedoch für jede beliebige Handstellung gelten soll, d.h. nur von den kinematischen Parametern, nicht aber von der Elementen der Handstellungsmatrix – im folgenden RTH-Elemente genannt – abhängig sein soll, ist anzunehmen, daß diese Parameter beliebige Werte annehmen können. Aus diesem Fakt folgt nach Smith und Lipkin, daß die Zerlegbarkeitsbedingung in Einzelbedingungen aufgelöst werden muß, die nicht mehr von den RTH-Elementen abhängen. Dazu wird die Zerlegbarkeitsbedingung zunächst faktorisiert. Alle Faktoren, die keine RTH-Elemente enthalten, stellen bereits kinematische Merkmale für eine Zerlegbarkeit dar. Faktoren, die nur aus RTH-Elementen bestehen, weisen auf lokale Degenerationen der Ansatzgleichung hin, die in diesem Zusammenhang allerdings keine Bedeutung haben. Die verbleibenden Faktoren, die sowohl RTH-Elemente als auch DH-Parameter enthalten, können folgendermaßen untersucht werden:

Sei beispielsweise $RTH_i = \{p_z, a_z\}$ die Menge der im Faktor i auftretenden RTH-Elemente. Dann kann der Faktor i in die Form

$$(f_{l,m}\, a_z^m + f_{l,m-1}\, a_z^{m-1} \ldots f_{l,0})\, p_z^l$$
$$+(f_{l-1,m}\, a_z^m + f_{l-1,m-1}\, a_z^{m-1} \ldots f_{l-1,0})\, p_z^{l-1}$$
$$\vdots$$
$$+(f_{1,m}\, a_z^m + f_{1,m-1}\, a_z^{m-1} \ldots f_{1,0})\, p_z$$
$$+f_{0,m}\, a_z^m + f_{0,m-1}\, a_z^{m-1} \ldots f_{0,0} \;=\; 0$$

gebracht werden, wobei l und m die maximalen Grade der Elemente aus RTH_i sind.

Es ist offensichtlich, daß $f_{rs} = 0$ für $0 \leq r \leq l$ und $0 \leq s \leq m$ zur Ermittlung der "kinematischen Nullstellen" des Faktors i gefordert werden muß. Über diese Einzelgleichungen lassen sich die kinematischen Parameter bzw. Parameterkombinationen ermitteln, die auf eine Zerlegung der Ansatzgleichung führen. Es handelt sich im wesentlichen um die Lösung eines Gleichungssystems in den darin auftretenden kinematischen Größen, wie z.B. θ_t, a_u, d_v oder α_w, die nicht bereits als Bestandteil eines Einzelfaktors bestimmt wurden.[1]

5. Die Vereinigung aller so ermittelten kinematischen Einschränkungen charakterisiert alle auf eine einfachere Lösung führenden Spezialfälle der untersuchten Robotergeometrie.

6. Für jede der Einschränkungen wird die spezielle Ausprägung des Prototyps hergeleitet. Die resultierenden Spezialprototypen müssen – soweit möglich – bei der Berechnung durch ein Invertierunssystem berücksichtigt werden.

Die Ergebnisse dieser Zerlegbarkeitsanalyse werden im folgenden bezüglich der resultierenden Prototypen ausgewertet. Die in den entsprechenden Unterabschnitten benötigten Ansatzgleichungen sind im Anhang B gegeben.

Fall 1

Die ebene Gelenkgruppe befindet sich am Anfang der kinematischen Kette. Die zugehörigen Zerlegbarkeitskriterien I – VII sind in Tabelle 3.3 aufgeführt.

---

[1]An dieser Stelle ist anzumerken, daß die Existenz weiterer Kriterien nicht ausgeschlossen werden kann, wenn abhängige Komponenten der Orientierungsmatrix zusammen in der Gleichung auftreten, also beispielsweise alle Komponenten des approach-Vektors $\vec{a}$ in der Gleichung enthalten sind. Diese Problematik wurde hier nicht näher betrachtet.

Typ der ebenen Gelenkgruppe/Kinematische Einschränkungen
Beliebig
I   : $\alpha_4 = 0 \ \vee \ a_4 = 0 \ \vee \ \alpha_5 = 0 \ \vee \ a_5 = 0$
II   : $d_5 = 0 \ \wedge \ \alpha_4 = \pi/2 \ \wedge \ \alpha_5 = \pi/2$
III : $d_5 = 0 \ \wedge \ a_5 \sin\alpha_4 = \pm a_4 \sin\alpha_5$
RRR
IV : $d_5 = 0 \ \wedge \ \alpha_3 = \pi/2 \ \wedge \ \alpha_5 = \pi/2$
RRT
V   : $d_5 = 0 \ \wedge \ \theta_3 = \pi/2 \ \wedge \ \alpha_5 = \pi/2$
VI : $d_5 = 0 \ \wedge \ \alpha_3 = 0 \ \wedge \ \alpha_5 = \pi/2$
RTR
IV : $d_5 = 0 \ \wedge \ \alpha_3 = \pi/2 \ \wedge \ \alpha_5 = \pi/2$
TRR
IV : $d_5 = 0 \ \wedge \ \alpha_3 = \pi/2 \ \wedge \ \alpha_5 = \pi/2$
RTT
VII : $d_5 = 0 \ \wedge \ \theta_3 = 0 \ \wedge \ \alpha_5 = \pi/2$
VI : $d_5 = 0 \ \wedge \ \alpha_3 = 0 \ \wedge \ \alpha_5 = \pi/2$
TRT
V   : $d_5 = 0 \ \wedge \ \theta_3 = \pi/2 \ \wedge \ \alpha_5 = \pi/2$
VI : $d_5 = 0 \ \wedge \ \alpha_3 = 0 \ \wedge \ \alpha_5 = \pi/2$
TTR
IV : $d_5 = 0 \ \wedge \ \alpha_3 = \pi/2 \ \wedge \ \alpha_5 = \pi/2$

Tabelle 3.3: Zerlegbarkeitskriterien der Ansatzgleichung für Robotergeometrien mit einer ebenen Gelenkgruppe am Anfang der kinematischen Kette

Die unter I gegebenen Einschränkungen führen direkt auf Heiß'sche Klassen; die Rotationsachsen 4 und 5 bzw. 5 und 6 schneiden sich bzw. sind zueinander parallel.

Die Einschränkung II liefert einen ortsvarianten Schnittpunkt der Achsen 4 und 6. Abhängig davon, ob das letzte Gelenk in der ebenen Gelenkgruppe ein Drehgelenk oder ein Schubgelenk ist, sind verschiedene Ansätze notwendig:

Im ersten Fall vereinfacht sich die Form des Prototyps des allgemeinen Falls zu (siehe z.B. Anhang B.1 RTR für $d_5 = 0$ und $\alpha_4 = \alpha_5 = \pi/2$):

$$a\,S_x + b\,C_x \ = \ -f\,C_y \tag{3.23}$$

$$p\,(b\,S_x - a\,C_x) + j \ = \ k\,f\,S_y + l \tag{3.24}$$

Die Identifikation kann daher durch die Kriterien

$$c = 0 \;\land\; e = 0 \;\land\; g = 0 \;\land\; h = p\,b \;\land\; i = -p\,a$$

erfolgen. Die Herleitung einer Lösung für θ_y über eine quadratische Gleichung ist bereits am Beispiel der Gleichungen 3.13 und 3.14 demonstriert worden und soll hier nicht wiederholt werden.

Der Fall einer Translationsachse als letztes Gelenk der ebenen Gelenkgruppe ist komplizierter, da die konstante Verdrehung $\overline{\theta}_3$ um diese Achse zu Ansatzgleichungen der Form

$$a\,S_x + b\,C_x = e\,S_y - f\,C_y \tag{3.25}$$
$$p\,(b\,S_x - a\,C_x) + j = k\,(e\,C_y + f\,S_y) + l \tag{3.26}$$

führt, die sich für $\overline{\theta}_3 = 0$ bzw. $\overline{\theta}_3 = \pi/2$ zu einer 3.23 und 3.24 entsprechenden Form vereinfachen (siehe z.B. Anhang B.1 RRT). Zur Verdeutlichung werden konstante Winkel $\overline{\theta}_i$ durch einen Überstrich gekennzeichnet. Die Ansatzgleichungen enstammen der Matrixgleichung

$$^{\mathrm{R}}\mathbf{T}_\mathrm{H}\,\mathbf{A}_6^{-1}\,\mathbf{A}_5^{-1} = \mathbf{A}_1\,\mathbf{A}_2\,\mathbf{A}_3\,\mathbf{A}_4$$
$$= \mathbf{E}_3\,\mathbf{A}_4$$

Für ein beliebiges $\overline{\theta}_3$ gelang es bisher jedoch nicht, eine Zerlegung dieser Gleichung zu ermitteln. Daher wurde nach Ansatzgleichungen in anderen Gleichungssystemen gesucht. Bereits in dem System

$$^{\mathrm{R}}\mathbf{T}_\mathrm{H} = \mathbf{A}_1\,\mathbf{A}_2\,\mathbf{A}_3\,\mathbf{A}_4\,\mathbf{A}_5\,\mathbf{A}_6$$

ist ein quadratischer Ansatz möglich: Das dritte und vierte Element der 2. (TRT) bzw. 3. Zeile (RRT und RTT) genügen der Form:

$$k_1 = S_5\,H + C_5\,p_1$$
$$k_2 = a_4\,H + a_5\,(C_5\,H - S_5\,p_1) + p_2$$
$$\text{wobei} \quad H = a\,S_4 + b\,C_4 \tag{3.27}$$

k_1 und k_2 sind Elemente des approach- bzw. des Positionsvektors; p_1 und p_2 sind weitere Konstante in DH-Parametern. Elementare Umformungen führen auf die Gleichungen

$$k_1 = S_5\,H + C_5\,p_1$$
$$\frac{k_2 - p_2 - a_4\,H}{a_5} = C_5\,H - S_5\,p_1$$

Es ist offensichtlich, daß das Quadrieren und nachfolgende Addieren dieser beiden Gleichungen eine quadratische Gleichung in H liefert. Für jede der beiden daraus folgenden Lösungen ergeben sich mit 3.27 zwei Lösungen für θ_4, also insgesamt 4 Lösungen[2].

Kriterium III liefert mit $d_5 = 0$ zunächst Ansatzgleichungen der Form

$$\sin \alpha_5 \left(a' S_6 + b' C_6 \right) + c = \sin \alpha_4 \left(k_{21} S_4 - k_{22} C_4 \right) + g$$
$$a_5 \left(b' S_6 - a' C_6 \right) + j = a_4 \left(k_{21} C_4 + k_{22} S_4 \right) + l$$

Aufgrund Kriterium I kann angenommen werden, daß $a_4 \neq 0$, $a_5 \neq 0$, $\sin \alpha_4 \neq 0$ und $\sin \alpha_5 \neq 0$. Aus der zweiten Teilbedingung des Kriteriums III folgt somit:

$$\frac{\sin \alpha_4}{\sin \alpha_5} = \pm \frac{a_4}{a_5} \tag{3.28}$$

Unter dieser Bedingung können die Ansatzgleichungen umgeformt werden zu:

$$\left(a' S_6 + b' C_6 \right) + \frac{c - g}{\sin \alpha_5} = \frac{\sin \alpha_4}{\sin \alpha_5} \left(k_{21} S_4 - k_{22} C_4 \right)$$
$$\left(b' S_6 - a' C_6 \right) + \frac{j - l}{a_5} = \frac{a_4}{a_5} \left(k_{21} C_4 + k_{22} S_4 \right)$$

Es ist offensichtlich, daß das Quadrieren und Addieren der beiden Gleichungen zum einen θ_4 eleminiert und zum anderen S_6^2, C_6^2 und $S_6 C_6$ nicht im Ergebnis auftreten. Es liegt somit eine quadratische Gleichung in θ_6 der schon bekannten Form

$$p_1 C_6 + p_2 S_6 = konstant$$

mit zwei von ungelösten Gelenkvariablen unabhängigen Parametern p_1 und p_2 vor.

---

[2]Dieser Rückgriff auf ein anderes Matrixgleichungssystem liefert auch für den allgemeinen Fall einen möglichen Lösungsansatz: Es ist offensichtlich, daß im o.g. System für jede Robotergeometrie mit einer ebenen Gelenkgruppe am Anfang der kinematischen Kette jeweils eine Komponente des approach-Vektors und des Positionsvektors von den Gelenkvariablen der Gelenke der ebenen Gelenkgruppe ebenso unabhängig sind, wie von θ_6. Aus diesem Grund ist es in jedem Fall möglich, eine Lösung für θ_4 aus den entsprechenden Komponentengleichungen zu berechnen, die natürlich im allgemeinen Fall vom Grad 4 ist. Die Elimination von θ_5 kann völlig analog zu obiger Herleitung erfolgen, wobei hier allerdings zwei verschiedene, funktionale Ausdrücke in θ_4 zu verwenden sind. Ohne dies an dieser Stelle näher zu untersuchen, sei hier angemerkt, daß dieser Lösungsansatz dem Autor "natürlicher" erscheint und daher einer entprechenden Zerlegbarkeitsuntersuchung unterworfen werden sollte. Am Beispiel der Geometrie TRT-RRR wurde dies exemplarisch verifiziert, wobei dieselben Zerlegbarkeitskriterien ermittelt wurden. Gleichwohl führen die in dieser Arbeit vorgeschlagenen Ansatzgleichungen auf korrekte Lösungen, da die beteiligten Gleichungen in jedem Fall definiert sind (erster Lösungsschritt) und aus einem einzigen Matrixgleichungssystem stammen (keine Abhängigkeiten).

Die Lösung ist insofern bemerkenswert, als daß die resultierende Gleichung nur 2 Lösungen für θ_6 liefert. Sie stellt einen rein quadratischen Ansatz dar. Da, wie noch zu zeigen ist, die verbleibenden Variablen ebenfalls quadratisch bzw. eindeutig gelöst werden können, liegt somit eine weitere quadratische Unterklasse dieser Robotergeometrien mit einer ebenen Gelenkgruppe vor, die mit den entsprechenden Heiß'schen Klassen gleichgestellt werden muß. Gleichwohl muß festgestellt werden, daß zwar für einfache Fälle wie $a_4 = a_5$ und $\alpha_4 = k\,\pi/2$ die Gültigkeit des Kriteriums leicht überprüft werden kann, daß dies aber bei der Angabe von Zahlenwerten für die betreffenden DH-Parameter mit einem erhöhten Aufwand in einem dedizierten Invertierungssystem verbunden ist.

Die Kriterien IV, V und VII liefern wiederum Ansatzgleichungen der durch die Gleichungen 3.23 und 3.24 gegebenen Form, wobei hier für die rechte Seite der ersten Gleichung allerdings gilt: $\ldots = -d\,f\,C_y$. In einigen Fällen gilt $e \neq 0$ und $f = 0$, so daß eine entsprechend modifizierte Lösung berechnet werden kann (siehe z.B. Anhang B.1 RTT). Die Lösung beruht jedoch in jedem Fall auf quadratischen Gleichungen.

Das Kriterium VI stellt eine weitere Besonderheit dar. Zunächst ist festzustellen, daß die linken Gleichungsseiten wegen $d_5 = 0 \,\wedge\, \alpha_5 = \pi/2$ ebenfalls der in 3.23 und 3.24 gegebenen Form genügen. Die zugehörigen rechten Seiten enthalten jedoch nach wie vor sowohl S_4 als auch C_4. Die enstehenden Gleichungen entsprechen der Form nach 3.25 und 3.26. Da das dritte Gelenk jedoch immer ein Schubgelenk ist und außerdem $\alpha_3 = 0$ gilt, ist die Rotationsachse 4 parallel zur Schubachse 3. Der konstante Offset $\overline{\theta}_3$ und die Gelenkvariable θ_4 lassen sich daher unter Verwendung der Additionstheoreme zu einer Winkelsumme zusammenfassen. Die Ansatzgleichungen vereinfachen sich dann zu der in 3.23 und 3.24 gegebenen Form in der "Variablen" $\theta_4 + \overline{\theta}_3$, wobei wiederum ein Faktor $d \neq 1$ auftritt. Man erhält somit eine quadratische Lösung in $\sin(\theta_4 + \overline{\theta}_3)$ oder $\cos(\theta_4 + \overline{\theta}_3)$. Insgesamt ergeben sich also wiederum 4 Lösungen.

Die Einführung einer weiteren Hilfsvariablen zur Identifikation der Lösung scheint hier allerdings nicht notwendig, da $\sin\overline{\theta}_3$ und $\cos\overline{\theta}_3$ gerade die Parameter e und f in der allgemeinen Form darstellen. Neben der Forderung nach $c = 0$, $g = 0$ sowie $h = p\,b \,\wedge\, i = -p\,a$ muß also des weiteren $e = \sin\beta$ und $f = \cos\beta$ mit bekanntem Winkel β gelten.

Für den Fall der ebenen Gelenkgruppe am Anfang der kinematischen Kette und mit den angegebenen Zerlegbarkeitskriterien ist gezeigt worden, daß für die überwiegende Zahl der Sonderfälle die quadratische Lösbarkeit bereits aus den Parametern der allgemeinen Ansatzgleichungen 3.5 und 3.6 abgelesen werden kann. Als problematisch erwies sich Kriterium III für den Fall, daß Längen und Winkelangaben als Zahlenwerte vorliegen (im Hinblick auf ein dediziertes Invertierungssystem ohne unterliegendem Computer Algebra System). Des weiteren wird in einigen Fällen unter Kriterium II ein weiterer Prototyp benötigt.

Fall 2.1

Vor der ebenen Gelenkgruppe befindet sich ein weiteres Rotationsgelenk; das erste Gelenk der ebenen Gelenkgruppe ist ein Rotationsgelenk. Die für diese Robotergeometrien ermittelten Kriterien sind in Tabelle 3.4 angegeben.

Typ der ebenen Gelenkgruppe/Kinematische Einschränkungen
Beliebig
VIII : $a_5 = 0 \ \lor \ \alpha_5 = 0 \ \lor \ (\alpha_1 = 0$ glob. Degeneration!$)$
RRR
IX   : $\alpha_1 = \pi/2 \ \land \ \alpha_4 = \pi/2 \ \land \ d_2 + d_3 + d_4 = 0$
X   : $\alpha_1 = \pi/2 \ \land \ \alpha_5 = \pi/2 \ \land \ d_2 + d_3 + d_4 + d_5 \cos \alpha_4 = 0$
RRT
XI   : $\alpha_1 = \pi/2 \ \land \ \theta_4 = \pi/2 \ \land \ d_2 + d_3 + a_4 = 0$
XII : $\alpha_1 = \pi/2 \ \land \ \alpha_4 = 0 \ \land \ d_2 + d_3 + a_4 \sin \theta_4 = 0$
X   : $\alpha_1 = \pi/2 \ \land \ \alpha_5 = \pi/2 \ \land \ d_2 + d_3 + a_4 \sin \theta_4 - d_5 \sin \alpha_4 \cos \theta_4 = 0$
RTR
IX   : $\alpha_1 = \pi/2 \ \land \ \alpha_4 = \pi/2 \ \land \ d_2 - d_4 = 0$
X   : $\alpha_1 = \pi/2 \ \land \ \alpha_5 = \pi/2 \ \land \ d_2 - d_4 - d_5 \cos \alpha_4 = 0$
RTT
XIII : $\alpha_1 = \pi/2 \ \land \ \theta_4 = 0 \ \land \ d_2 + a_3 + a_4 = 0$
XII : $\alpha_1 = \pi/2 \ \land \ \alpha_4 = 0 \ \land \ d_2 + a_3 + a_4 \cos \theta_4 = 0$
X   : $\alpha_1 = \pi/2 \ \land \ \alpha_5 = \pi/2 \ \land \ d_2 + a_3 + a_4 \cos \theta_4 + d_5 \sin \alpha_4 \sin \theta_4 = 0$

Tabelle 3.4: Zerlegbarkeitskriterien der Ansatzgleichung für Robotergeometrien mit ebener Gelenkgruppe an zweiter Stelle in der kinematischen Kette; die ebene Gelenkgruppe beginnt mit einem Rotationsgelenk

Die ersten beiden Bedingungen unter Kriterium VIII führen direkt auf Heiß'sche Klassen. Die dritte Bedingung führt auf eine global degenerierte Robotergeometrie, da das erste Gelenk der ebenen Gelenkgruppe ein Rotationsgelenk ist und sich in diesem Fall 4 Gelenke dauernd in zueinander parallelen Ebenen bewegen.

In allen weiteren Kriterien ist $\alpha_1 = \pi/2$ eine der Bedingungen. Aus dieser Bedingung folgt bereits, daß die linken Seiten der aus dem System

$$\mathbf{A}_1^{-1} \, {}^{\mathrm{R}}\mathbf{T}_{\mathrm{H}} = {}^1\mathbf{E}_4 \, \mathbf{A}_5 \, \mathbf{A}_6$$

gewonnenen Ansatzgleichungen in jedem Fall die Form

$$
\begin{aligned}
a \, S_1 + b \, C_1 &= \ldots \\
h \, S_1 + i \, C_1 &= \ldots
\end{aligned}
$$

besitzen (siehe Anhang B.2).

Die zweite Teilbedingung sorgt für jede der Robotergeometrien dafür, daß die aus dem Element $[r, 3]$ resultierende rechte Gleichungsseite immer der Form

$$
\begin{aligned}
a \, S_1 + b \, C_1 &= d \, (e \, S_5 + f \, C_5) \\
h \, S_1 + i \, C_1 &= \ldots
\end{aligned}
$$

genügt. Je nach Geometrie gilt: $r = 1$, $r = 2$ oder $r = 3$.

Die jeweils dritte der Teilbedingungen entfernt schließlich alle additiven Konstanten auf der rechten Seite der zweiten Ansatzgleichung, so daß sich insgesamt immer folgende Ansatzgleichungen ergeben:

$$
\begin{aligned}
a \, S_1 + b \, C_1 &= d \, (e \, S_5 + f \, C_5) \\
h \, S_1 + i \, C_1 &= k \, (f \, S_5 - e \, C_5)
\end{aligned}
$$

In einigen Fällen gilt weiterhin $e = 0$ oder $f = 0$.

Es ist offensichtlich, daß das Vorliegen eines derartigen Ansatzes immer anhand der konstanten Parameter der Ansatzgleichung identifiziert werden kann.

Für diese Gleichungskombination kann eine quadratische Lösung durch die Verwendung der Funktionen des doppelten Winkels [Bro85] ermittelt werden. Diese offenbar neue Lösungsvariante ist in der einschlägigen Literatur bisher nicht verwendet worden. Nachfolgend wird auf die in S_x und C_x (hier: $x = 1$) quadratische Lösungsgleichung des allgemeinen Falls zurückgegriffen. Mit

$$
\begin{aligned}
h_1 &= h^2 \, d^2 + a^2 \, k^2 \\
h_2 &= i^2 \, d^2 + b^2 \, k^2 \\
h_3 &= 2 \, (h \, i \, d^2 + a \, b \, k^2) \\
h_4 &= 2 \, h \, d^2 \, (j - l) + 2 \, a \, k^2 \, (c - g) \\
h_5 &= 2 \, i \, d^2 \, (j - l) + 2 \, b \, k^2 \, (c - g) \\
h_6 &= (j - l)^2 \, d^2 + (c - g)^2 \, k^2 - (f^2 + e^2) \, d^2 \, k^2
\end{aligned}
$$

ergab sich die Gleichung

$$h_1\, S_x^2 + h_2\, C_x^2 + h_3\, S_x\, C_x + h_4\, S_x + h_5\, C_x + h_6 = 0 \qquad (3.29)$$

Wegen $c = g = j = l = 0$ gilt $h_4 = 0\ \wedge\ h_5 = 0$. Damit vereinfacht sich 3.29 zu

$$h_1\, S_x^2 + h_2\, C_x^2 + h_3\, S_x\, C_x + h_6 = 0 \qquad (3.30)$$

Die Verwendung der Funktionen des doppelten Winkels [Bro85]:

$$\begin{aligned}
\sin(2\,\beta) &= 2\,\sin(\beta)\,\cos(\beta) \\
\cos(2\,\beta) &= 1 - 2\,\sin^2(\beta)
\end{aligned}$$

erlaubt die Umformungen:

$$\begin{aligned}
0 &= h_1\, S_x^2 + h_2\, C_x^2 + h_3\, S_x\, C_x + h_6 \\
&= h_1\, S_x^2 + h_2\,(1 - S_x^2) + h_3\, S_x\, C_x + h_6 \\
&= (h_1 - h_2)\, S_x^2 + h_2 + h_3\, S_x\, C_x + h_6 \\
&= (h_2 - h_1)\,(\cos(2\,\theta_x) - 1) + 2\,h_2 + h_3\,\sin(2\,\theta_x) + 2\,h_6 \\
&= (h_2 - h_1)\,\cos(2\,\theta_x) + h_1 + h_2 + h_3\,\sin(2\,\theta_x) + 2\,h_6
\end{aligned}$$

Diese Gleichung entspricht wieder der schon mehrfach aufgetretenen Form einer Gleichung in Sinus und Kosinus des Winkels $2\,\theta_x$:

$$-2\,h_6 - h_1 - h_2 = (h_2 - h_1)\,\cos(2\,\theta_x) + h_3\,\sin(2\,\theta_x)$$

und dementsprechend kann eine Doppellösung für $2\,\theta_x$ ermittelt werden. Dabei ist allerdings zu beachten, daß die Gleichung auch von $\theta_x + \pi$ erfüllt wird. Insgesamt ergeben sich daher also 4 Lösungen für θ_x.

Einige der Kriterien in Tabelle 3.4 korrespondieren zum obigen Fall des variablen Schnittpunkts zweier Rotationsachsen; es schneiden sich die Achsen 1 und 5. Ein Beispiel für eine derartige Robotergeometrie ist in Abbildung 3.3 skizziert.

Fall 2.2

In diesem Fall ist das erste Gelenk der nach einem Rotationsgelenk folgenden ebenen Gelenkgruppe ein Translationsgelenk. Für diese Robotergeometrien wurden die in Tabelle 3.5 angegebenen Kriterien für die Existenz eines quadratischen Lösungsansatzes ermittelt.

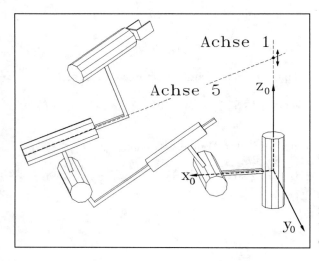

Abbildung 3.3: Robotergeometrie mit einem Schnittpunkt von Rotationsachsen über die ebene Gelenkgruppe hinweg

Die beiden Bedingungen unter XIV führen wieder auf Geometrien aus Heiß'schen Klassen. Die Bedingung XIVa führt nur für $\theta_2 = 0$ (bzw. $\theta_2 = \pi/2$ für TTR) auf einen reellen Wert von $\alpha_1 = \pi/2$. Diese Fälle führen jedoch immer auf eine globale Degeneration; wiederum bewegen sich mehr als drei Gelenke in ständig zueinander parallelen Ebenen.

Alle weiteren Kriterien für TRR, TRT und TTR führen auf eine Gleichungskombination der bereits bekannten Form:

$$a\,S_1 + b\,C_1 = d\,(e\,S_5 + f\,C_5)$$
$$h\,S_1 + i\,C_1 = k\,(f\,S_5 - e\,C_5)$$

wobei in Einzelfällen wieder entweder $e = 0$ oder $f = 0$ gelten kann. Wie schon im Fall 2.1 erhält man wiederum nur genau eine reduzierte Darstellung des Prototyps.

3.4.3 Zusammenfassung der Einschränkungen im Prototyp

Durch eine Analyse eines aus der Literatur bekannten Zerlegbarkeitskriteriums für Gleichungen 4. Grades wurden Reduktionen des allgemeinen Prototyps ermittelt, die auf Lösungen quadratischer Gleichungen führen. Die Einschränkungen an die Parameter des allgemeinen Prototyps

$$a\,S_x + b\,C_x + c = d\,(e\,S_y - f\,C_y) + g \qquad (3.31)$$
$$h\,S_x + i\,C_x + j = k\,(e\,C_y + f\,S_y) + l \qquad (3.32)$$

Typ der ebenen Gelenkgruppe/Kinematische Einschränkungen
Beliebig
XIV : $a_5 = 0 \ \lor \ \alpha_5 = 0$
XIVa : $\alpha_1 = \arccos \begin{cases} \pm \dfrac{\sqrt{-1 + \cos\theta_2^2}}{\cos\theta_2} & \text{für TRR und TRT} \\ \pm \dfrac{\cos\theta_2}{\sqrt{-1 + \cos\theta_2^2}} & \text{für TTR} \end{cases}$
TRR
XV : $\theta_2 = \pi/2 \ \land \ \alpha_5 = \pi/2 \ \land \ a_1 + d_3 + d_4 + d_5 \cos\alpha_4 = 0$
XVI : $\theta_2 = \pi/2 \ \land \ \alpha_4 = \pi/2 \ \land \ a_1 + d_3 + d_4 = 0$
XVII : $\alpha_1 = 0 \ \land \ \alpha_4 = \pi/2 \ \land \ a_1 \sin\theta_2 + d_3 + d_4 = 0$
XVIII : $\alpha_1 = 0 \ \land \ \alpha_5 = \pi/2 \ \land \ a_1 \sin\theta_2 + d_3 + d_4 + d_5 \cos\alpha4 = 0$
TRT
XV : $\theta_2 = \pi/2 \ \land \ \alpha_5 = \pi/2 \ \land \ a_1 + d_3 + a_4 \sin\theta_4 - d_5 \cos\theta_4 \sin\alpha_4 = 0$
XIX : $\theta_2 = \pi/2 \ \land \ \alpha_4 = 0 \ \land \ a_1 + d_3 + a_4 \sin\theta_4 = 0$
XX : $\theta_2 = \pi/2 \ \land \ \theta_4 = \pi/2 \ \land \ a_1 + d_3 + a_4 = 0$
XXI : $\alpha_1 = 0 \ \land \ \theta_4 = \pi/2 \ \land \ a_1 \sin\theta_2 + d_3 + a_4 = 0$
XXII : $\alpha_1 = 0 \ \land \ \alpha_4 = 0 \ \land \ a_1 \sin\theta_2 + d_3 + a_4 \sin\theta_4 = 0$
XVIII : $\alpha_1 = 0 \ \land \ \alpha_5 = \pi/2 \ \land \ a_1 \sin\theta_2 + d_3 + a_4 \sin\theta_4 - d_5 \cos\theta_4 \sin\alpha_4 = 0$
TTR
XVII : $\alpha_1 = 0 \ \land \ \alpha_4 = \pi/2 \ \land \ a_1 \cos\theta_2 + a_2 + d_4 = 0$
XVIII : $\alpha_1 = 0 \ \land \ \alpha_5 = \pi/2 \ \land \ a_1 \cos\theta_2 + a_2 + d_4 + d_5 \cos\alpha_4 = 0$
XXIII : $\theta_2 = 0 \ \land \ \alpha_5 = \pi/2 \ \land \ a_1 + a_2 + d_4 + d_5 \cos\alpha_4 = 0$
XXIV : $\theta_2 = 0 \ \land \ \alpha_4 = \pi/2 \ \land \ a_1 + a_2 + d_4 = 0$

Tabelle 3.5: Zerlegbarkeitskriterien für Robotergeometrien mit ebener Gelenkgruppe an zweiter Stelle; die ebene Gelenkgruppe beginnt mit einem Schubgelenk

sind in Tabelle 3.6 zusammengefaßt.

Ein weiterer Fall führte auf den neuen Prototyp:

$$
\begin{aligned}
k_1 &= S_x H + C_x p_1 \\
k_2 &= p_2 H + p_3 (C_x H - S_x p_1) + p_4 \\
\text{wobei } H &= p_5 S_y + p_6 C_y
\end{aligned}
$$

Für eine derartige Gleichungskombination kann eine quadratische Gleichung in H abgeleitet werden. Jede der resultierenden 2 Lösungen führt dann ihrerseits auf 2 Lösungen von θ_y.

Einschränkungen	Quadratisch in
$(c - g = 0) \; \wedge \; (e = 0 \vee f = 0) \; \wedge \; h = p\,b \; \wedge \; i = -p\,a$	S_y bzw. C_y
$\left\{ (c - g = 0) \; \wedge \; \begin{pmatrix} (e = \sin\beta \; \wedge \; f = \cos\beta) \\ (e = cos\beta \; \wedge \; f = \sin\beta) \end{pmatrix} \wedge \right.$ $\left. \wedge \; h = p\,b \; \wedge \; i = -p\,a \right\}$	$\sin(\theta_y + \beta)$ bzw. $\cos(\theta_y + \beta)$
$a = p_1\,a' \; \wedge \; b = p_1\,b' \; \wedge \; h = p_2\,b' \; \wedge \; i = -p_2\,a' \; \wedge \; \dfrac{d}{p_1} = \dfrac{k}{p_2}$	θ_x
$c - g = 0 \; \wedge \; j - l = 0$	$2\,\theta_x$

Tabelle 3.6: Quadratische Lösbarkeit durch Einschränkungen

Abschließend sei hier die Feststellung von Smith und Lipkin explizit erwähnt, daß dieser Test natürlich in analoger Form für alle Robotergeometrien angewendet werden kann, für die die Lösung einer Gelenkvariablen über eine Gleichung der Form 3.19 berechnet wird.

3.5 Lösung der verbleibenden Gelenkvariablen

Die bisherigen Überlegungen zeigten, daß durch den neuen Prototyp die Gelenkvariablen der unmittelbar vor bzw. hinter der ebenen Gelenkgruppe liegenden Gelenke gelöst werden können (θ_4 und θ_6 bzw. θ_1 und θ_5). In den folgenden Abschnitten werden die weiteren Lösungsschritte erläutert. Sie führen sukzessive auf die Lösungen der verbleibenden Gelenkvariablen. Zur Verdeutlichung werden die Transformationsmatrizen der ebenen Gelenkgruppe mit $\mathbf{E}_i$ bezeichnet. Außerdem ist anzumerken, daß die verbleibenden Gelenkvariablen ausschließlich über Gleichungen gelöst werden, in denen sie nur auf den rechten, nur DH-Parameter enthaltenden Gleichungsseiten auftreten. Die Notwendigkeit dieser Vorgehensweise wird im Kapitel 5 erläutert.

3.5.1 Rotationsanteil in der ebenen Gelenkgruppe

Unter dem Rotationsanteil ist die als Hilfsvariable zu betrachtende Winkelsumme bzw. Differenz der Gelenkvariablen der an der ebenen Gelenkgruppe beteiligten Rotationsachsen zu verstehen. Tritt nur eine Rotationsvariable in der ebenen Gelenk-gruppe auf, so wird diese in diesem Schritt gelöst.

a) Ebene Gelenkgruppe am Anfang der kinematischen Kette, d.h. θ_4 und θ_6 gelöst:

In diesem Fall wird das System

$$^{\mathrm{R}}\mathbf{T}_{\mathrm{H}}\,\mathbf{A}_6^{-1}\,\mathbf{A}_5^{-1} = \mathbf{E}_1\,\mathbf{E}_2\,\mathbf{E}_3\,\mathbf{A}_4$$

verwendet. Da θ_5 in $\mathbf{A}_5^{-1}$ nur in der 1. und 2. Spalte auftritt, liegen in der 3. Spalte der linken Seite nur bereits bekannte Ausdrücke vor. In der 3. Spalte der rechten Seite treten die Gelenkvariablen der an der ebenen Gelenkgruppe beteiligten Schubachsen nicht auf. Da θ_4 bekannt ist, enthält diese Spalte nur die Rotationsvariablen der an der ebenen Gelenkgruppe beteiligten Rotations-gelenke; ggfs. in einer Winkelsumme bzw. -differenz. Diese kann in diesem Schritt eindeutig gelöst werden. Dazu wird eine Gleichung der Form

$$
\begin{aligned}
k_1 &= a\,C_x - b\,S_x \\
k_2 &= a\,S_x + b\,C_x
\end{aligned}
$$

verwendet, deren Lösung bereits im Anhang A.1 vorgestellt wurde.

b) Rotationsgelenk vor der ebenen Gelenkgruppe, d.h. θ_1 und θ_5 gelöst:

$$\mathbf{A}_1^{-1}\,^{\mathrm{R}}\mathbf{T}_{\mathrm{H}} = \mathbf{E}_2\,\mathbf{E}_3\,\mathbf{E}_4\,\mathbf{A}_5\,\mathbf{A}_6$$

Da θ_6 in der 3. Spalte der rechten Seite nicht auftritt, gelten dieselben Bedin-gungen wie unter Fall a).

3.5.2 Verbleibende Rotationsvariablen außerhalb der ebenen Gelenkgruppe

a) Ebene Gelenkgruppe am Anfang der kinematischen Kette:

In diesem Fall tritt im System

$$^{\mathrm{R}}\mathbf{T}_{\mathrm{H}}\,\mathbf{A}_6^{-1} = \mathbf{E}_1\,\mathbf{E}_2\,\mathbf{E}_3\,\mathbf{A}_4\,\mathbf{A}_5$$

nur noch θ_5 als unbekannte Variable in den Elementen $[1\ldots3, 1\ldots3]$ auf. Dies führt auf eine eindeutige Lösung dieser Gelenkvariablen.

b) Rotationsgelenk vor der ebenen Gelenkgruppe:

$$\mathbf{A}_1^{-1}\,^R\mathbf{T}_H = \mathbf{E}_2\,\mathbf{E}_3\,\mathbf{E}_4\,\mathbf{A}_5\,\mathbf{A}_6$$

Für θ_6 gelten dieselben Bedingungen wie unter Fall a) für θ_5.

Nach diesem Schritt verbleiben nur noch die Gelenkvariablen der ebenen Gelenkgruppe.

3.5.3 Kein Translationsgelenk in der ebenen Gelenkgruppe

In dem System

$$\mathbf{A}\,^R\mathbf{T}_H\,\mathbf{B}\,\mathbf{E}_3^{-1} = \mathbf{E}_1\,\mathbf{E}_2$$

($\mathbf{A}$ und $\mathbf{B}$ sind Produkte der Inversen der restlichen Armmatrizen) tritt θ_3 in der 3.
Spalte der linken Seite nicht auf. Auf der rechten Seite treten θ_1 und θ_2 nur in den
Elementen $[1,4]$ und $[2,4]$ auf, da sie sich parallel zur x/y-Ebene bewegen. Da die
zugehörigen Rotationsachsen parallel sind, können die Gleichungen auf die Form:

$$
\begin{aligned}
k_1 &= a\,C_{12} + b\,C_1 + c \\
k_2 &= a\,S_{12} + b\,S_1 + d
\end{aligned}
$$

vereinfacht werden. Diese sind ebenfalls aus Anhang A.1 bekannt. Sie führen auf
eine Doppellösung von θ_2 und nachfolgend auf eine eindeutige Lösung von θ_1.

Die verbleibende Unbekannte θ_3 kann abschließend eindeutig gelöst werden. Insgesamt erhält man 8 mögliche Armkonfigurationen für eine kartesische Position und
Orientierung.

3.5.4 Ein Translationsgelenk in der ebenen Gelenkgruppe

In diesem Fall sind drei Anordnungen denkbar, die alle über verschiedene Ansätze
gelöst werden können: **TRR**, **RTR** und **RRT**.

TRR Aus dem zweiten Lösungsschritt ist die Winkelsumme $\theta_2 + \theta_3$ bekannt. In dem
System

$$\mathbf{A}\,^R\mathbf{T}_H\,\mathbf{B}\,\mathbf{E}_3^{-1} = \mathbf{E}_1\,\mathbf{E}_2$$

ist die 4. Spalte von θ_3 unabhängig. Die Gelenkvariable des Schubgelenks
d_1 tritt auf der rechten Seite nur im Element $[3,4]$ auf. Wegen $\alpha_{E1} = 90°$

(siehe Tabelle 3.2) tritt in den Elementen $[1, 4]$ und $[2, 4]$ nur der Kosinus von θ_2 auf. Daraus läßt sich eine Zweifachlösung von θ_2 bestimmen. Über die Winkelsumme $\theta_2 + \theta_3$ folgt θ_3 eindeutig. Abschließend ergibt sich d_1 ebenfalls eindeutig.

RTR Unter Verwendung des unter **TRR** genannten Ansatzes ergeben sich in diesem Fall für die Elemente $[1, 4]$ und $[2, 4]$ zwei Gleichungen der Form:

$$k_1 = a\,C_1 + d_2\,S_1$$
$$k_2 = a\,S_1 - d_2\,C_1$$

Neben der Gelenkvariablen θ_1 tritt auch die Gelenkvariable d_2 auf; a, k_1 und k_2 enthalten keine ungelösten Gelenkvariablen mehr. In einem solchen Fall kann eine Zweifachlösung für θ_1 ermittelt werden. Die Herleitung der Lösung ist in Kapitel 5 unter Prototyp 15 angegeben. Über die Winkeldifferenz $\theta_1 - \theta_3$ folgt θ_3 eindeutig. Abschließend ergibt sich für d_2 ebenfalls eine eindeutige Lösung.

RRT In diesem Fall wird das System

$$\mathbf{A}\,^{R}\mathbf{T}_H\,\mathbf{B} = \mathbf{E}_1\,\mathbf{E}_2\,\mathbf{E}_3$$

zur Lösung herangezogen. Die linke Seite enthält nur bereits bekannte Ausdrücke. Daher ergeben sich die Elementgleichungen $[1, 4]$ und $[2, 4]$ zu

$$k_1 = a\,C_1 + d_3\,S_{12} + C_{12}\,(\cdots)$$
$$k_2 = a\,S_1 - d_3\,C_{12} + S_{12}\,(\cdots)$$

Neben der Gelenkvariablen θ_1 tritt auch die Gelenkvariable d_3 auf; a, k_1 und k_2 sowie $(\cdots)$ enthalten keine ungelösten Gelenkvariablen mehr. In einem solchen Fall kann eine Zweifachlösung für θ_1 ermittelt werden. Die Herleitung der Lösung ist ebenfalls in Kapitel 5 unter Prototyp 20 zu finden. Über die Winkelsumme $\theta_1 + \theta_2$ folgt θ_2 eindeutig. Abschließend ergibt sich für d_3 ebenfalls eine eindeutige Lösung.

In jedem dieser Fälle ergeben sich wiederum 8 mögliche Armkonfigurationen.

3.5.5   2 Translationsgelenke in der ebenen Gelenkgruppe

Aus der Forderung nach zwei Translationsgelenken in der ebenen Gelenkgruppe folgt sofort, daß die dritte Gelenkvariable der ebenen Gelenkgruppe als einzige Variable eines Rotationsgelenks bereits im zweiten Lösungsschritt ermittelt wurde.

Die beiden Schubvariablen sind daher die letzten zu lösenden Gelenkvariablen. In diesem Fall werden die Koordinatensysteme der beiden Translationsgelenke als Bezugssystem bzw. Zielsystem gewählt. Seien $\mathbf{E}_i$ und $\mathbf{E}_j$ die Armmatrizen der beiden Translationsgelenke. Dann tritt die Gelenkvariable des ersten Schubgelenks in der Transformation

$$\mathbf{E}_{i-1}^{-1} \cdots \mathbf{A}_1^{-1}\,{}^{\mathrm{R}}\mathbf{T}_{\mathrm{H}}\,\mathbf{A}_6^{-1} \cdots \mathbf{E}_{j+1}^{-1} = \mathbf{E}_i \cdots \mathbf{E}_j$$

nur im Element [3, 4] auf, während das zweite Schubgelenk in den verbleibenden Elementen der 4. Spalte mindestens einmal auftritt, wodurch es eindeutig gelöst werden kann. Nachfolgend ergibt sich eine eindeutige Lösung für das verbleibende Schubgelenk.

Der Fall zweier Schubgelenke führt daher auf nur 4 mögliche Armkonfigurationen.

3.6   Ergebnisse

In diesem Kapitel wurde die ebene Gelenkgruppe als klassifizierendes Merkmal bezüglich des höchsten auftretenden Lösungsgrades bei der Lösung des IKP vorgestellt. Der Aufbau einer ebenen Gelenkgruppe verdeutlichte, daß die Klasse der Roboter, die eine derartige Gelenkanordnung besitzen, sehr viel umfangreicher ist, als beispielsweise die von Pieper hergeleitetete Klasse der Roboter mit einem Dreifachschnittpunkt von Rotationsachsen. Nach Kenntnis des Autors ist diese neue Roboterklasse bisher nicht bekannt. Dies ist von besonderer Bedeutung, da neben einigen eingeschränkten Roboterklassen bisher nur diese beiden großen Klassen mit einem Lösungsgrad ≤ 4 bekannt sind.

So werden zwar Robotergeometrien mit zwei Zylindergelenken von Hommel und Heiß bzw. auch von Baumeister untersucht [Hom90, Bau86]. Für die meisten der Geometrien in diesen Klassen sind jedoch weitere kinematische Einschränkungen notwendig, damit ein Lösungsansatz vom Grad ≤ 4 hergeleitet werden kann. Dies deutet jedoch wiederum auf die Zerlegung einer Lösung einer allgemeineren Robotergeometrie hin.

Es wurde gezeigt, daß alle offensichtlichen Einschränkungen an die nicht an der ebenen Gelenkgruppe beteiligten Gelenke unmittelbar auf eine quadratische Lösbarkeit nach Heiß führen. Für die verbleibenden Fälle, die nur noch Rotationsgelenke neben den Gelenken der ebenen Gelenkgruppe besitzen, konnte gezeigt werden, daß immer ein Lösungsansatz ermittelt werden kann, der sich durch einen einzigen Prototyp beschreiben läßt. Dieser allgemeine Prototyp führt auf eine Gleichung 4. Grades in einer der Gelenkvariablen.

Dieses Ergebnis ist nicht gleichbedeutend mit der Aussage, daß die allgemeinsten der Robotergeometrien dieser Klasse nicht doch mit einem quadratischen Ansatz lösbar sind. Diese Problematik des minimalen Lösungsgrads des kinematischen Gleichungssytems ist Gegenstand der Untersuchungen von Kovács (siehe beispielsweise [Kov90a]). Wohl aber ist mit dieser Arbeit gezeigt, daß keine Robotergeometrie in dieser Klasse existiert, die nicht über eine Gleichung mit einem Grad ≤ 4 gelöst werden kann.

Auf der Basis der Arbeiten von Smith und Lipkin [Smi90] sowie Kovács und Hommel [Kov90b] wurden kinematische Einschränkungen untersucht, die zu einer Zerlegung der Ansatzgleichung und damit auf einen quadratischen Lösungsansatz führen. In diesem Zusammenhang ist verdeutlicht worden, daß sich diese in der überwiegenden Zahl der Fälle auch durch eine Analyse der Gleichungsparameter der Prototypgleichung identifizieren lassen. Somit können die einfacheren Lösungen von einem Invertierungssystem auch tatsächlich ermittelt werden. Insbesondere wurde bei diesen Untersuchungen eine weitere Teilklasse entdeckt, die ebenfalls auf eine quadratische Lösung im Heiß'schen Sinne führt, die aber nicht unter den Heiß'schen Klassen zu finden ist.

Kapitel 4

Konzepte

In Kapitel 2 ist die Paul'sche Methode zur Ermittlung einer geschlossenen Lösung des inversen kinematischen Problems vorgestellt worden. Diese Methode bildet das Gerüst des in dieser Arbeit beschriebenen Systems zur automatischen Herleitung einer geschlossenen Lösung. Das Konzept des Ansatzes läßt sich zusammenfassen zu:

1. Erzeugung und systematische Umformung der kinematischen Gleichungen der zu bearbeitenden Robotergeometrie.

2. Identifikation von Gleichungen, die einem der verwendeten Prototypen entsprechen, d.h. Suche nach Gleichungen oder Gleichungskombinationen, die die Auflösung nach einer Gelenkvariablen gestatten.

3. Auflösung der gefundenen Gleichung(en) nach darin enthaltenen Gelenkvariablen.

4. Iteration der letzten beiden Schritte bis alle Variablen gelöst oder keine Gleichungen mehr zu finden sind.

Der Kern dieser Methode der Kinematik-Invertierung muß somit aus einem Satz von Prototypen bestehen. Ein solcher Satz wird in Kapitel 5 vorgestellt.

In diesem Kapitel wird die diesen Kern von Prototypen umgebende Hülle eines Invertierungssystems beschrieben. Dazu wird im ersten Abschnitt zunächst eine klare Trennung der Vorverarbeitungsmodule (Systemschale) von den eigentlichen Invertierungsmodulen (Systemkern) vorgenommen. Dies basiert im wesentlichen auf den Ausführungen zur Vereinfachung von Robotergeometrien in Abschnitt 2.5. Im darauf folgenden Abschnitt wird die für eine effiziente Lösung des IKP benötigte

Feinstruktur des Systemkerns entwickelt. Abschließend wird das vorgeschlagene Konzept mit den Konzepten anderer Kinematik-Invertierungssysteme verglichen.

4.1 Systemschale und Systemkern

Aus den bisherigen Überlegungen leiten sich einige wesentliche Anforderungen an ein symbolisches Kinematik-Invertierungssystem ab:

- Der Benutzer gibt ausschließlich eine i.allg. nicht vereinfachte Gelenktabelle der zu bearbeitenden Robotergeometrie vor.

- Diese Eingabe ist entsprechend der Ausführungen in Abschnitt 2.5 zu vereinfachen.

- Die vereinfachte Robotergeometrie stellt die eigentliche Eingabe des Invertierungssystems dar.

- Die Invertierung erfolgt auf der Basis eines festen Satzes von Prototypen.

- Nach erfolgreicher Lösungsberechnung sind die vorgenommenen Vereinfachungen rückgängig zu machen.

- Der Benutzer erhält die für seine Robotergeometrie gültige Lösung, ohne daß er die genannten Systeminterna kennen muß, d.h. ohne selbst Kinematikexperte zu sein. Tatsächlich muß er nicht einmal die Gelenktabelle erzeugen können. Die darin enthaltenen DH-Parameter können auch direkt aus einer vom Benutzer erstellten CAD-Beschreibung der Robotergeometrie erzeugt werden [Hal91, ROB90].

Die resultierenden Teilaufgaben des Invertierungssystems lassen sich somit in eine Systemschale und einen Systemkern separieren. Gegenstand dieser Arbeit ist die Entwicklung eines leistungsfähigen Systemkerns. Aus diesem Grund wird im folgenden nur kurz auf das Zusammenspiel der genannten Komponenten eingegangen. Der zweite Abschnitt behandelt die für diese Arbeit wesentliche Konzeption des Systemkerns.

Das Zusammenspiel von Systemschale und Systemkern ist in Abbildung 4.1 dargestellt. Die Systemschale erhält eine benutzerspezifizierte Gelenktabelle als Eingabe. Diese Gelenktabelle wird im ersten Schritt durch die in Abschnitt 2.5 beschriebenen Ersetzungen vereinfacht. Da die Herleitung einer Lösung unter Umständen erst durch die zusätzliche Aufspaltung einiger Armmatrizen ermöglicht wird [Hom90],

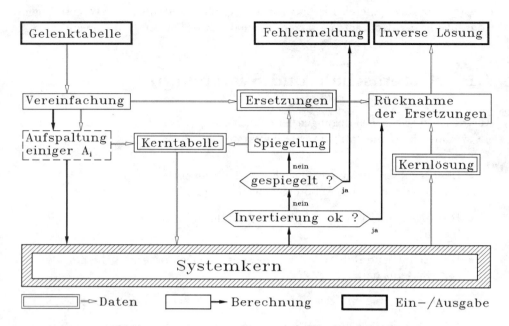

Abbildung 4.1: Systemschale eines Invertierungssystems

kann an dieser Stelle ein weiteres Modul eingesetzt werden, das in Abhängigkeit von der kinematischen Struktur der zu bearbeitenden Robotergeometrie einige der $\mathbf{A}_i$-Matrizen in einen konstanten und einen variablen Teil zerlegt. Die resultierende Gelenktabelle besitzt danach mehr als 6 Zeilen, denn es treten nun neben Translations- und Rotationsgelenken auch konstante "Gelenke" auf. Damit ergeben sich die drei Typattribute "konst.", "trans." und "rot.". Die resultierende Gelenktabelle stellt die Eingabe des Systemkerns dar und wird als Kerntabelle bezeichnet.

Für die in Abschnitt 2.1 gegebene SCARA-Geometrie erhält man unter Weglassung der weiteren Vereinfachungen beispielsweise die in Abbildung 4.2 gegebene Gelenk- tabelle mit zum Teil aufgespaltenen Armmatrizen.

Neben dieser Kerntabelle muß die Systemschale die zur Vereinfachung vorgenom- menen Ersetzungen verwalten. Dabei ist zu bemerken, daß die Aufspaltung der Armmatrizen keine Ersetzungen erforderlich macht. Sie sollte jedoch bereits hier durchgeführt werden, um die Funktion des Systemkerns auf die Berechnung der inversen Lösung für eine gegebene Kerntabelle zu beschränken.

	Typ	θ_i	d_i	a_i	α_i
1	rot.	θ_1	0	a_1	$0°$
2	rot.	θ_2	0	0	$0°$
3	konst.	$0°$	0	a_2	$180°$
4	trans.	$0°$	d_3	0	$0°$
5	rot.	θ_4	0	0	$0°$
6	konst.	$0°$	0	0	$-90°$
7	rot.	θ_5	0	0	$90°$
8	rot.	θ_6	d_6	0	0

Abbildung 4.2: Gelenktabelle mit konstanten "Gelenken"

Nach erfolgreicher Bearbeitung der Kerntabelle durch den Systemkern bekommt die Systemschale die Kernlösung als Ergebnis. Die Systemschale muß nun die dokumentierten Ersetzungen rückgängig machen, um die Lösung der ursprünglichen Robotergeometrie zu erzeugen.

Sollte eine Lösungsermittlung nicht möglich sein, so wird die durch die Kerntabelle beschriebene Robotergeometrie gespiegelt. Dabei werden weitere Ersetzungen notwendig, die ebenfalls zur Erzeugung der endgültigen Lösung rückgängig gemacht werden müssen. Die resultierende Kerntabelle bildet die Eingabe eines erneuten Invertierungslaufs im Systemkern. Nach erfolgreicher Lösung erzeugt die Systemschale die für den Benutzer bestimmte Ausgabe durch Umkehrung der Ersetzungen. Sollte jedoch auch dieser Lauf fehlschlagen, so ist mit den zur Verfügung stehenden Mitteln eine Invertierung nicht möglich.

Die Verwendung des gespiegelten Roboters zur Lösungsermittlung kann auch auf andere Weise erreicht werden. Einerseits könnte der Systemkern selbst die Spiegelung explizit vornehmen, falls eine Lösung der gegebenen Kerntabelle nicht ermittelt werden konnte. Dies würde jedoch die klare Abgrenzung der durch die Systemschale vorzunehmenden Ersetzungen von der Invertierung der durch die Kerntabelle gegebenen Robotergeometrie verwischen. Die Modularisierung (Vorverarbeitung in der Systemschale und Invertierung im Systemkern) würde dadurch zerstört.

Andererseits kann die Spiegelung auch implizit im Systemkern durch eine Vergrößerung des Gleichungssatzes erfolgen. Zusätzlich zu den bereits im Abschnitt 2.3 genannten Matrixgleichungen werden zu diesem Zweck weitere Gleichungen auf der Basis der Invertierung der Hand-Basis-Transformation berechnet:

$$^{R}\mathbf{T}_{H}^{-1} = \mathbf{A}_6^{-1}\,\mathbf{A}_5^{-1}\,\mathbf{A}_4^{-1}\,\mathbf{A}_3^{-1}\,\mathbf{A}_2^{-1}\,\mathbf{A}_1^{-1}$$

Diese Matrixgleichung wird ebenfalls systematisch durch die Multiplikation mit den Armmatrizen umgeformt. Dies entspricht einer Verdoppelung des zur Kinematik-Invertierung herangezogenen Satzes von Einzelgleichungen. 75% dieser zusätzlichen Gleichungen sind jedoch bereits vorhanden, da für die Invertierung einer homogenen Transformationsmatrix gilt:

$$
\begin{bmatrix} x_1 & y_1 & z_1 & p_1 \\ x_2 & y_2 & z_2 & p_2 \\ x_3 & y_3 & z_3 & p_3 \\ 0 & 0 & 0 & 1 \end{bmatrix}^{-1} = \begin{bmatrix} x_1 & x_2 & x_3 & -\vec{x}\cdot\vec{p} \\ y_1 & y_2 & y_3 & -\vec{y}\cdot\vec{p} \\ z_1 & z_2 & z_3 & -\vec{z}\cdot\vec{p} \\ 0 & 0 & 0 & 1 \end{bmatrix}
$$

Für jede der verwendeten Matrixgleichungen treten die Einzelgleichungen des Orientierungsteils in der invertierten Matrixgleichung nochmals auf. Einzig die Einzelgleichungen des Positionsvektors liefern neue Gleichungen. Diese implizite Benutzung der aus der Spiegelung resultierenden Gleichungen im Systemkern kann daher auf diese neuen Positionsgleichungen beschränkt werden. Dies wäre eine wirkliche Alternative zu der hier gewählten Trennung der Spiegelung vom Systemkern, die in einer Weiterentwicklung des Systemkerns durchaus bedacht werden sollte.

An dieser Stelle sei nochmals angemerkt, daß das Ziel dieser Arbeit darin besteht, ein leistungsfähiges Konzept für den Systemkern zu definieren. Im folgenden wird daher davon ausgegangen, daß eine gültige Kerntabelle eines nicht global degenerierten Roboters vorliegt. Auf die Implementierung der Systemschale wird nicht weiter eingegangen. Allerdings sei angemerkt, daß die Frage der automatischen Aufspaltung der Armmatrizen von hohem Interesse ist. Zwar verwendet bereits Heiß diese Aufspaltung zur Herleitung der Lösungen für einige Roboterklassen. Eine allgemeine Theorie, für welche Robotergeometrien diese Aufspaltung überhaupt notwendig ist, und falls ja, welche der $\mathbf{A}_i$ zu zerlegen sind, ist dem Autor nicht bekannt.

4.2 Funktionsweise des Systemkerns

Aus der von Paul beschriebenen Methode leitet sich die prinzipielle Arbeitsweise des Systemkerns ab. Programm- und Datenfluß sind in Abbildung 4.3 skizziert.

Auf der Basis der Kerntabelle sind in einem ersten Arbeitsschritt die aus der Matrixgleichung

$$
{}^{\mathrm{R}}\mathbf{T}_{\mathrm{H}} = \mathbf{A}_1 \, \mathbf{A}_2 \, \mathbf{A}_3 \, \mathbf{A}_4 \cdots \mathbf{A}_{n-1} \, \mathbf{A}_n
$$

und durch systematische Umformung

$$
\mathbf{A}_j^{-1} \cdots \mathbf{A}_1^{-1} \, {}^{\mathrm{R}}\mathbf{T}_{\mathrm{H}} \, \mathbf{A}_n^{-1} \cdots \mathbf{A}_i^{-1} = \mathbf{A}_{j+1} \cdots \mathbf{A}_{i-1}
$$

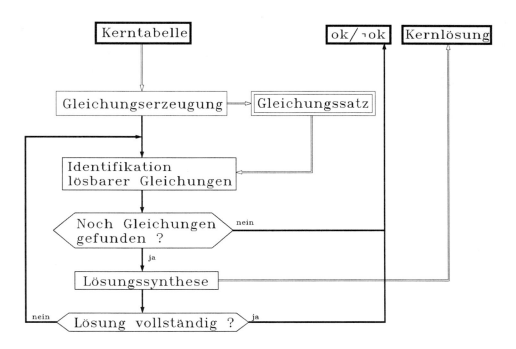

Abbildung 4.3: Grobkonzept des Systemkerns

folgenden Matrixgleichungen zu erzeugen. Komponentenweises Gleichsetzen liefert die Gleichungsdatenbasis des Verfahrens.

In den nachfolgenden, zu iterierenden Verfahrensschritten wird zunächst die Identifikation lösbarer Gleichungen durchgeführt. Dabei gilt es, die zur Invertierung herangezogenen Prototypgleichungen sukzessive mit den Gleichungen in der Datenbasis zu vergleichen, um die mit diesen Prototypen lösbaren Gleichungen zu identifizieren. Ist diese Suche ergebnislos, so ist die Berechnung der geschlossenen Lösung mit der verwendeten Gleichungsdatenbasis und den verwendeten Prototypen nicht möglich.

Ist eine nach einer Gelenkvariablen auflösbare Gleichung oder eine Kombination solcher Gleichungen gefunden, so muß eine symbolische Lösungssynthese durchgeführt werden. Dazu sind die identifizierten Gleichungen i.allg. umzuformen, denn neben der zu lösenden Gelenkvariablen treten weitere Parameter auf, die zumindest zum Teil auch als Parameter der Lösung des Prototyps auftreten. Für $a \cos\theta - b \sin\theta = 0$ müssen beispielsweise die Parameter a und b aus der entsprechenden Gleichung der

Datenbasis extrahiert werden, um die Lösungen $\theta = \mathrm{atan2}(a,b) + k\,\pi,\ k \in \{0,1\}$ symbolisch erzeugen zu können.

Eine so berechnete Einzellösung einer Gelenkvariablen wird der "Kernlösung" hinzugefügt. Sind noch weitere ungelöste Gelenkvariablen vorhanden, so wird der beschriebene Prozeß wiederholt, wobei berücksichtigt werden muß, daß die bereits gelösten Gelenkvariablen nun nur noch parametrisch in den Gleichungen der Datenbasis vorliegen. Die Struktur dieser Gleichungen bleibt jedoch während des gesamten Verfahrens unverändert.

Diese Iteration schreitet solange fort, bis keine Gleichung oder Gleichungskombination mehr gefunden werden kann, die die Auflösung nach einer Gelenkvariablen mit den verfügbaren Mitteln zuläßt oder bis für alle Gelenkvariablen eine Lösung ermittelt werden konnte. Dieses Ergebnis bildet in Verbindung mit der berechneten Kernlösung die Ausgabe des Systemkerns.

In den nächsten Abschnitten werden die wesentlichen und hier nur informal beschriebenen Komponenten des Systemkerns im Detail erläutert: Die Gleichungserzeugung wird insbesondere unter dem Aspekt, welche Gleichungen die Datenbasis bilden und wie diese Gleichungen effizient erzeugt werden können, betrachtet. Anschließend wird ein Vorschlag zur effizienten Ermittlung lösbarer Gleichungen aufgrund von Gleichungsmerkmalen erläutert, der die speziellen Eigenschaften des Prototypenkonzepts berücksichtigt. Abschließend wird nochmals kurz auf die Lösungssynthese eingegangen.

4.2.1   Festlegung und Erzeugung des Gleichungssatzes

Während Paul zur Invertierung nur die Matrixgleichungen

$$
\begin{aligned}
{}^{\mathrm{R}}\mathbf{T}_{\mathrm{H}} &= \mathbf{A}_1\,\mathbf{A}_2\,\mathbf{A}_3\,\mathbf{A}_4 \cdots \mathbf{A}_{n-1}\,\mathbf{A}_n \\
\mathbf{A}_1^{-1}\,{}^{\mathrm{R}}\mathbf{T}_{\mathrm{H}} &= \mathbf{A}_2\,\mathbf{A}_3\,\mathbf{A}_4 \cdots \mathbf{A}_{n-1}\,\mathbf{A}_n \\
\mathbf{A}_2^{-1}\,\mathbf{A}_1^{-1}\,{}^{\mathrm{R}}\mathbf{T}_{\mathrm{H}} &= \mathbf{A}_3\,\mathbf{A}_4 \cdots \mathbf{A}_{n-1}\,\mathbf{A}_n \\
&\ \ \vdots \\
\mathbf{A}_{n-2}^{-1}\,\mathbf{A}_{n-3}^{-1} \cdots \mathbf{A}_1^{-1}\,{}^{\mathrm{R}}\mathbf{T}_{\mathrm{H}} &= \mathbf{A}_{n-1}\,\mathbf{A}_n \\
\mathbf{A}_{n-1}^{-1}\,\mathbf{A}_{n-2}^{-1}\,\mathbf{A}_{n-3}^{-1} \cdots \mathbf{A}_1^{-1}\,{}^{\mathrm{R}}\mathbf{T}_{\mathrm{H}} &= \mathbf{A}_n
\end{aligned}
$$

vorschlägt [Pau81], werden in dem hier beschriebenen System zusätzlich die Matrixgleichungen

$$
\begin{aligned}
{}^{R}\mathbf{T}_H \, \mathbf{A}_n^{-1} &= \mathbf{A}_1 \, \mathbf{A}_2 \, \mathbf{A}_3 \cdots \mathbf{A}_{n-3} \, \mathbf{A}_{n-2} \, \mathbf{A}_{n-1} \\
{}^{R}\mathbf{T}_H \, \mathbf{A}_n^{-1} \, \mathbf{A}_{n-1}^{-1} &= \mathbf{A}_1 \, \mathbf{A}_2 \, \mathbf{A}_3 \cdots \mathbf{A}_{n-3} \, \mathbf{A}_{n-2} \\
{}^{R}\mathbf{T}_H \, \mathbf{A}_n^{-1} \, \mathbf{A}_{n-1}^{-1} \, \mathbf{A}_{n-2}^{-1} &= \mathbf{A}_1 \, \mathbf{A}_2 \, \mathbf{A}_3 \cdots \mathbf{A}_{n-3} \\
&\vdots \\
{}^{R}\mathbf{T}_H \, \mathbf{A}_n^{-1} \, \mathbf{A}_{n-1}^{-1} \cdots \mathbf{A}_3^{-1} \, \mathbf{A}_2^{-1} &= \mathbf{A}_1
\end{aligned}
$$

und die Matrixgleichungen

$$
\begin{aligned}
\mathbf{A}_1^{-1} \, {}^{R}\mathbf{T}_H \, \mathbf{A}_n^{-1} &= \mathbf{A}_2 \, \mathbf{A}_3 \cdots \mathbf{A}_{i+1} \cdots \mathbf{A}_{j-1} \cdots \mathbf{A}_{n-2} \, \mathbf{A}_{n-1} \\
\mathbf{A}_1^{-1} \, {}^{R}\mathbf{T}_H \, \mathbf{A}_n^{-1} \, \mathbf{A}_{n-1}^{-1} &= \mathbf{A}_2 \, \mathbf{A}_3 \cdots \mathbf{A}_{i+1} \cdots \mathbf{A}_{j-1} \cdots \mathbf{A}_{n-2} \\
\mathbf{A}_2^{-1} \, \mathbf{A}_1^{-1} \, {}^{R}\mathbf{T}_H \, \mathbf{A}_n^{-1} \, \mathbf{A}_{n-1}^{-1} &= \mathbf{A}_3 \cdots \mathbf{A}_{i+1} \cdots \mathbf{A}_{j-1} \cdots \mathbf{A}_{n-2} \\
&\vdots \\
\mathbf{A}_i^{-1} \cdots \mathbf{A}_1^{-1} \, {}^{R}\mathbf{T}_H \, \mathbf{A}_n^{-1} \cdots \mathbf{A}_j^{-1} &= \mathbf{A}_{i+1} \cdots \mathbf{A}_{j-1}
\end{aligned}
$$

verwendet. Die Ausweitung des Gleichungssatzes ergab sich aus der Arbeit mit
einem PC-Prototyp des hier vorgeschlagenen Systems [Haa89, Rie90], der nur auf
den beiden erstgenannten Gleichungssätzen arbeitet.

Alle diese Systeme lassen sich sehr einfach durch die Indizes der ersten und letzten
Matrix des Produkts der linken Seiten charakterisieren[1]. Die verwendeten Matrixgleichungen lassen sich so in Gruppen aufteilen:

$$
\begin{aligned}
\text{RTH} &: & {}^{R}\mathbf{T}_H &= \prod_{k=1}^{n} \mathbf{A}_k \\[2mm]
\text{T}(i,0) &: & \left(\prod_{k=1}^{i} \mathbf{A}_k \right)^{-1} {}^{R}\mathbf{T}_H &= \prod_{l=i+1}^{n} \mathbf{A}_l & 0 < i < n \\[2mm]
\text{F}(0,j) &: & {}^{R}\mathbf{T}_H \left(\prod_{k=j}^{n} \mathbf{A}_k \right)^{-1} &= \prod_{l=1}^{j-1} \mathbf{A}_l & 1 < j \le n \\[2mm]
\text{G}(i,j) &: & \left(\prod_{k=1}^{i} \mathbf{A}_k \right)^{-1} {}^{R}\mathbf{T}_H \left(\prod_{l=j}^{n} \mathbf{A}_l \right)^{-1} &= \prod_{m=i+1}^{j-1} \mathbf{A}_m & 0 < i < j-1 < n
\end{aligned}
$$

Im folgenden werden die aus diesen Matrixgleichungen durch komponentenweises
Gleichsetzen erzeugten Elementgleichungen als RTH-Gleichungen, T-Gleichungen,
F-Gleichungen und G-Gleichungen   bezeichnet. Zur Auswahl einer bestimmten

---

[1]Zur Indizierung der Matrixgleichungen können ebenso die Indizes der rechten und linken Rand-
matrizen der rechten Gleichungsseiten benutzt werden. In der vorliegenden Implementierung von
SKIP wird jedoch die hier verwendete Indizierung benutzt.

Gleichung kann eine weitere Indizierung vorgenommen werden. Beispielsweise bezeichnet F$(0,3)$ $[1,4]$ die durch Gleichsetzen der Matrixelemente des 4. Elements in der 1. Zeile des Systems

$$^R\mathbf{T}_H \, \mathbf{A}_n^{-1} \, \mathbf{A}_{n-1}^{-1} \cdots \mathbf{A}_3^{-1} = \mathbf{A}_1 \, \mathbf{A}_2$$

erhaltene Gleichung. In der weiteren Bearbeitung ist ferner die Unterscheidung der Ausdrücke auf den linken und rechten Gleichungsseiten notwendig. Daher werden die Komponenten des links des Gleichheitszeichens stehenden Matrixprodukts als RTHL-Komponenten, TL$(i,0)$-Komponenten, FL$(0,j)$-Komponenten und GL(i,j)-Komponenten bezeichnet sowie die der rechten Seiten als RTHR-, TR$(i,0)$-, FR$(0,j)$- und GR(i,j)-Komponenten.

Im Anhang D.2 ist eine Auflistung dieser Gleichungsdatenbasis für die schon mehrfach genannte SCARA-Geometrie gegeben.

4.2.2   Identifikation lösbarer Gleichungen

In der beschriebenen Gleichungsdatenbasis sind Gleichungen zu suchen, die der Form eines der Prototypen entsprechen müssen. Findet man eine derartige Gleichungskombination, so ist die Lösung durch die zum korrespondierenden Prototyp gehörige Lösung bekannt. Dem Beispiel im Anhang A.1 kann man entnehmen, daß die zu suchenden Gleichungen oftmals sehr einfachen Kriterien genügen, wie 'nur eine Gelenkvariable enthalten' oder 'Auftreten einer Gelenkvariablen in einer Gleichung sowohl in einer Winkelsumme als auch einzeln'. Des weiteren kann man dem Vergleich dieses Beispiels und der kompletten Gleichungsdatenbasis im Anhang D.2 entnehmen, daß nur ein Bruchteil der in der Datenbasis vorhandenen Gleichungen tatsächlich zur Berechnung der Lösung verwendet wurde.

Aus diesen Überlegungen folgt unmittelbar, daß eine direkte Suche nach Gleichungen, die einem der Prototypen entsprechen, in den in weiten Teilen sehr komplexen Gleichungen der Datenbasis zu einem unvertretbar hohen Aufwand führen wird. Ohne weitere Informationen über die Struktur der Gleichungen müßte zu diesem Zweck jede der Elementgleichungen zunächst in ihre Bestandteile zerlegt werden, um feststellen zu können, ob sie mit einem der Prototypen in strukturelle Übereinstimmung gebracht werden kann. Dies hätte also eine Analyse jeder einzelnen Gleichung bezüglich jedes Prototyps zur Folge, die zudem für jeden Iterationsschritt zu wiederholen wäre.

Andererseits wurde bereits festgestellt, daß die Gleichungen der Datenbasis während der Iterationen zur Lösungsermittlung nicht verändert werden. Lediglich die Anzahl der in den Iterationsschritten in ihnen noch auftretenden, ungelösten Gelenkvariablen erniedrigt sich durch die sukzessive Vergrößerung der Menge gelöster Gelenkvariablen. Des weiteren ist auch der Satz der anzuwendenden Prototypen im voraus bekannt und damit auch die zur Identifikation dieser Prototypen aus den Gleichungen der Datenbasis zu extrahierenden Informationen.

Aus den genannten Gründen ist es naheliegend, eine Analyse der Gleichungen einmalig vor der iterativen Berechnung der Lösung durchzuführen. Diese Analyse muß für jede der Gleichungen die für die Identifikation der verwendeten Prototypen relevanten Merkmale extrahieren. Die Zusammenfassung der extrahierten Gleichungsmerkmale in einer Merkmalsdatenbasis liefert einen deutlich komprimierten Suchraum für die Identifikation lösbarer Gleichungen. Die Einträge werden als Merkmalsvektoren und die Elemente dieser Vektoren als Merkmale bezeichnet.

Implizit werden auch die verwendeten Prototypgleichungen zur Implementierung dieser Analyse unterworfen. Das Ergebnis sind Prototyp-spezifische Suchmasken: Ein Teil der Merkmale ist für die einzelnen Prototypen irrelevant (z.B. die Indizes der auftretenden Gelenkvariablen). Die verbleibenden Merkmale tragen jedoch gerade die Merkmalskombinationen, die eine Gleichung erfüllen muß, damit sie der Form des jeweiligen Prototyps entspricht.

Mit diesem Konzept kann die Suche nach lösbaren Gleichungen auf den Vergleich der Gleichungsmerkmale mit den Prototyp-spezifischen Merkmalsmasken reduziert werden. Die konkrete Realisierung dieser Suche wird im Kapitel 6 erläutert.

Aufgrund der sehr speziellen Struktur der in der Datenbasis auftretenden Gleichungen und den zur Lösung verwendeten Prototypen, haben sich u.a. die folgenden Gleichungsmerkmale als sinnvoll erwiesen:

- Gleichungsreferenz
  Diese dient als Referenz auf die korrespondierende Gleichung in der Datenbasis. Entspricht der Merkmalsvektor einer Gleichung der Suchmaske eines Prototypen, wird über diese Referenz auf die zugehörige Gleichung in der Gleichungsdatenbasis zugegriffen.

- Anzahl der auftretenden Gelenkvariablen
  Diese Größe ist für viele der Prototypen ein sehr wesentliches Merkmal, da lösbare Gleichungen oft nur eine oder zwei Variablen enthalten.

- Anzahl des Auftretens der Variablen in Sinus- und Kosinustermen
  Einige der z.B. auch von Paul und Heiß verwendeten Prototypen besitzen nur in Sinus- bzw. nur in Kosinustermen auftretende Gelenkvariablen.

- Anzahl der Gelenkvariablen, die nur ein einziges Mal in der Gleichung auftreten.
  Diese Information ist für einige der in dieser Arbeit neu vorgestellten Prototypen von Bedeutung.

Der in SKIP verwendete Satz von Gleichungsmerkmalen wird im Kapitel 6 vorgestellt, da die Bedeutung der einzelnen Merkmale erst nach der Erläuterung der verwendeten Prototypen in Kapitel 5 verständlich wird.

Betrachtet man nochmals das Beispiel in Anhang A.1, so wird deutlich, daß in einigen Fällen durchaus mehrere Gleichungen gefunden werden können, die alle ein und derselben Suchmaske genügen. Zur endgültigen Auswahl der in diesem Fall zur Lösung zu verwendenden Gleichung bietet sich eine Heuristik an, die numerisch problematische Lösungen vermeidet. Dazu zählen zum einen Lösungen, die einen Term erfordern, der eine zuvor gelöste Variable im Nenner besitzt. Zum anderen sollte aber auch die Anzahl der in der Lösung auftretenden Terme soweit wie möglich begrenzt werden. Auf die konkrete Realisierung einer solchen Heuristik wird ebenfalls im Kapitel 6 eingegangen.

4.2.3   Bemerkungen zur Lösungssynthese

Liegt eine zur Lösung entsprechend einem Prototypen ausgewählte Gleichung(skombination) aus der Gleichungsdatenbasis vor, müssen die durch den Prototyp gegebenen konstanten Gleichungsparameter aus dieser Gleichung(skombination) extrahiert werden. Da die anzustrebende Struktur der Gleichung bereits durch den Prototyp festgelegt ist, kann diese Parameterextraktion durch einfache Formelmanipulationsschritte erfolgen. Eine geeignet gewählte interne Repräsentation der Gleichungen der Datenbasis kann diesen Prozeß stark unterstützen. Darauf wird ebenfalls im Kapitel 6 ausführlich eingegangen.

An dieser Stelle sei außerdem festgehalten, daß für einige der Prototypen erst mit einer erfolgreichen Parameterextraktion die Lösbarkeit der gefundenen Gleichung(en) feststeht. Auch dieser Punkt wird zu einem späteren Zeitpunkt verdeutlicht.

4.2.4   Resultierende Feinstruktur des Systemkerns

Aus den nunmehr genauer spezifizierten Einzelschritten des Systemkerns kann die Feinstruktur eines auf der Anwendung von Prototypgleichungen basierenden Kinematik-Invertierungssystems abgeleitet werden. Sie ist in Abbildung 4.4 dargestellt.

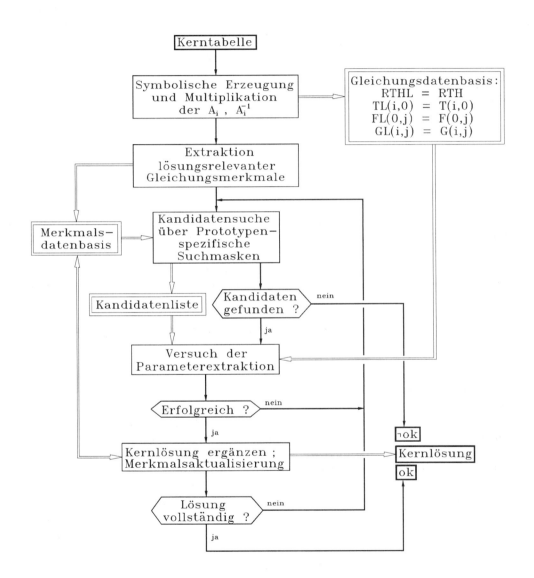

Abbildung 4.4: Feinstruktur des Systemkerns

Auf der Basis der in der Kerntabelle vorliegenden DH-Parameter werden zunächst die Armmatrizen $\mathbf{A}_i$ und die Inversen dieser Matrizen $\mathbf{A}_i^{-1}$ erzeugt. Da die Inverse einer homogenen Koordiantentransformationsmatrix direkt angegeben werden kann, beschränkt sich dieser Schritt auf das reine Einsetzen der DH-Parameter.

Unter Berücksichtigung der mehrfach zu verwendenden Teilprodukte (Zwischenspeicherung !)

$$\prod_{m=i}^{j} \mathbf{A}_m$$

und

$$\left(\prod_{k=i}^{j} \mathbf{A}_k \right)^{-1}$$

kann nun die über die Matrixgleichungen RTH, T$(0,j)$, F$(i,0)$ und G(i,j) zu ermittelnde Gleichungsdatenbasis erzeugt werden. Nach der Multiplikation der beteiligten Teilprodukte und der Umwandlung der entstehenden Elemente in eine geeignete interne Darstellung (siehe Kapitel 6), werden dazu die korrespondierenden Elemente der Matrizen gleichgesetzt und als Elementgleichungen in der Gleichungsdatenbasis abgelegt.

Daran schließt sich die Extraktion der lösungsrelevanten Gleichungsmerkmale für jede Gleichung der Datenbasis an. Diese werden in der Merkmalsdatenbasis abgelegt.

Nach diesen vorbereitenden Verfahrensschritten kann nun der eigentliche Lösungsprozeß beginnen. Auf der Basis der für einen Prototyp vorliegen Merkmalsmaske werden nun alle Referenzen auf entsprechende Gleichungen durch eine maskierte Suche in der Merkmalsdatenbasis extrahiert. Im allgemeinen können mit dieser Suche durchaus mehrere "Lösungskandidaten" für einen Prototyp gefunden werden. Für diesen Fall wird eine einfache Heuristik verwendet, um die "besten" Kandidaten zuerst zur Lösung heranzuziehen. Dazu kann beispielsweise über die Anzahl der zu einem Verfahrenszeitpunkt in einer Gleichung auftretenden variablen und konstanten Terme ein Maß für die Komplexität einer Gleichung bezüglich der späteren numerischen Auswertung der Lösung festgelegt werden. An dieser Stelle sei angemerkt, daß durch diese Vorgehensweise natürlich nur lokal optimale Lösungen erzeugt werden. Die Existenz einer global optimalen Lösung, die durch die Erzeugung und Bewertung aller möglichen Lösungen ermittelt werden kann, ist damit nicht ausgeschlossen.

Nachdem auf diese Weise eine Referenz auf eine potentiell lösbare Gleichung ermittelt wurde, sind nun die zur symbolischen Lösungserzeugung notwendigen Parameter

aus der referenzierten Gleichung der Gleichungsdatenbasis zu extrahieren. Bei erfolgreicher Extraktion, d.h. auch die extrahierten Parameter genügen den Anforderungen des Prototyps, wird die durch Einsetzen dieser Parameter in die a priori bekannte
Lösung des aktuellen Prototyps enstandene Lösung in dem Datenfeld "Kernlösung"
abgelegt.

Werden für einen Prototyp keine Kandidaten gefunden oder schlägt die Parameterextraktion für alle Kandidaten eines Prototyps fehl, so wird mit der Kandidatensuche
für den nächsten Prototyp fortgefahren. Erst wenn diese Umstände auch für alle
weiteren Prototypen gelten, wird die Invertierung abgebrochen.

Ein erfolgreicher Iterationsschritt dieses Verfahrens wird durch die notwendige Aktualisierung der Merkmalsdatenbasis abgeschlossen. Diese Aktualisierung kann insbesondere das komplette Streichen eines Merkmalsvektors aus der Merkmalsdatenbasis bedeuten, wenn in einer Gleichung keine ungelösten Gelenkvariablen mehr
auftreten. Mit fortschreitendem Verfahren reduziert sich daher der Suchaufwand
beträchtlich; ein weiterer deutlicher Vorteil gegenüber der direkten Suche in der
sehr komplexen Gleichungsdatenbasis.

Diese Einzelschritte werden solange wiederholt, bis alle Gelenkvariablen gelöst sind
bzw. bis keine weiteren Kandidaten mehr gefunden werden können. Die bis zu
diesem Zeitpunkt berechnete Kernlösung in Verbindung mit einer Erfolgsmeldung
wird an die Systemschale gereicht.

Einige Details sind bis zu diesem Zeitpunkt offen geblieben:

- Welche Prototypen sind in welcher Reihenfolge zu verwenden ?

- Welche konkreten Gleichungsmerkmale sollten benutzt werden?

- Wie können die Elementgleichungen vorteilhaft repräsentiert werden?

- Wie sieht die Heuristik zur Auswahl einer lokal optimalen Lösung aus?

Die Prototypen bilden den entscheidenden Grundstock eines derartigen Invertierungssystems. Aus diesem Grund wird im nächsten Kapitel ausführlich auf den
verwendeten Satz von Prototypgleichungen eingegangen. Des weiteren wird gezeigt,
daß einige der in der Literatur für vergleichbare Systeme vorgeschlagenen Prototypen problematisch sind, da sie bei einer wie oben skizzierten "blinden" Anwendung
auf falsche Lösungen führen können. Durch eine in dieser Form offensichtlich noch
nicht durchgeführten, systematischen Untersuchung dieser Fälle wird ein modifi-
zierter Satz von Prototypen erarbeitet, in dem derartige Probleme nicht auftreten.

Nach dieser Festlegung der zu verwendenden Prototypen können direkt die zur Suche notwendigen Gleichungsmerkmale angegeben werden.

Die beiden letzten Fragen sind sehr stark von der für die Implementierung verwendeten Programmiersprache abhängig. Im Kapitel 6 wird gezeigt, daß Prolog einige Merkmale besitzt, die gerade die oben geschilderte Vorgehensweise in besonderer Weise unterstützen. Darauf aufbauend wird eine problemorientierte Gleichungsdarstellung vorgeschlagen. Des weiteren wird erläutert, wie eine sehr effiziente Suche nach Lösungskandidaten realisiert werden kann.

4.3   Konzepte anderer Invertierungssysteme

Neben dem in Braunschweig realisierten System gibt es weltweit einige andere Ansätze zur automatisierten Lösung des IKP. In diesem Abschnitt wird jedoch nur auf die im Vergleich zu dieser Arbeit interessanten Ansätze eingegangen. Weitere Ansätze, wie der von Ahlers zur Berechnung der inversen Kinematik in Modultechnik [Ahl88], der Ansatz von Pritchow, Koch und Bauder über ein hybrides symbolisch-numerisches, auf der Basis der von Woernle vorgeschlagenen Methode der charakteristischen Gelenkpaare arbeitendes System [Woe87, Pri89] oder auch der von Schorn beschriebene Ansatz zur Berechnung von Lösungsansätzen auf der Basis der von Heiß erarbeiteten quadratisch lösbaren Roboterklassen [Sch85, Hei85], werden hier nicht berücksichtigt.

Bereits 1986 wurde von Halperin ein System zur automatischen Invertierung der kinematischen Gleichungen entwickelt, das jedoch erst 1990 international bekannt wurde [Hal91]. Dieses System entspricht dem Prinzip nach den obigen Überlegungen. Insbesondere wird auch dort eine einfache Merkmalsextraktion zur Reduktion des Suchraums vorgeschlagen. Nach Angaben des Autors besitzt dieses System sowohl bezüglich des berücksichtigten Gleichungssatzes als auch bezüglich der verwendeten Prototypgleichungen im Vergleich zu SKIP nur einen sehr eingeschränkten Leistungsumfang [Hal].

Auf der Basis des Computer Algebra Systems MACSYMA wurde die von Paul vorgeschlagene Methode von Hintenaus implementiert [Hin87]. Bezüglich der zur Ermittlung von Lösungen verwendeten Prototypen baut dieses System nur auf den von Paul angegebenen Prototypen auf. Damit liegt auch hier nur eine sehr eingeschränkte Leistungsfähigkeit vor.

Ein wesentlich umfangreicherer Satz von Prototypgleichungen wird in dem von Herrera-Bendezu, Mu und Cain entwickelten System SRAST verwendet [Her88].

Auch dieses System folgt dem oben skizzierten Verfahren. Allerdings wird keine Merkmalsextraktion vorgenommen. Die Suche nach Gleichungen, die den zugrundeliegenden Prototypen entsprechen, wird direkt durch einen Vergleich mit den komplexen Gleichungen der Gleichungsdatenbasis durchgeführt. Durch diese Vorgehensweise ergaben sich zunächst sehr hohe Laufzeiten. Durch einige Änderungen und den Übergang auf eine leistungsfähigere Hardware wurden mittlerweile jedoch Invertierungszeiten von einigen wenigen Minuten erreicht. Für aufwendigere, nicht-orthogonale Robotergeometrien treten, bedingt durch die Arbeit auf dem komplexen Gleichungssatz, allerdings Probleme auf [Cai].

Der erste Prototyp des Systems SKIP wurde 1989 fertiggestellt [Haa89, Rie89]. Es handelt sich um ein PC-basiertes System, das in wesentlichen Teilen dem obigen Konzept entspricht. Allerdings arbeitet auch dieses System nur auf einem eingeschränkten Gleichungssatz. Ebenso wird dort nur ein sehr kleiner Teil der im nächsten Abschnitt vorgeschlagenen Prototypen verwendet.

Ein weiteres PC-basiertes System wurde von Tsai und Chiou vorgestellt [Tsa89]. Es folgt ebenfalls dem hier beschriebenen Konzept. Die verwendeten Prototypgleichungen entsprechen den von Paul sowie von Herrera-Bendezu, Mu und Cain vorgeschlagenen Prototypen; allerdings finden auch in diesem System die o.g. problematischen Prototypen Verwendung. Das System benutzt ebenfalls eine Merkmalsextraktion. Es ist hervorzuheben, daß es neben der Lösung des DKP und des IKP auch die Jacobi Matrix sowie ein dynamisches Modell der bearbeiteten Robotergeometrie berechnet.

Ein System mit einer völlig anderen Konzeption wird zur Zeit von Kovács und Hommel entwickelt [Kov91, Kov90c]. Dieses System ROCKY-X versucht zunächst auf der Basis eines sehr umfangreichen Gleichungssatzes und einiger weniger Prototypen eine Lösung zu ermitteln. Schlägt dieser Ansatz fehl, so wird ein reduzierter, numerisch spezialisierter Gleichungssatz als Eingabe des Buchberger-Algorithmus zur Ermittlung einer Standard-Basis für dieses reduzierte Gleichungssystem verwendet. Nach erfolgreicher Berechnung des Lösungsgrads einer der Gelenkvariablen wird wiederum mit dem Prototypenansatz versucht, weitere Lösungen zu ermitteln. Der Vorteil dieses Systems liegt darin, daß für jeden nicht-degenerierten, 6-achsigen Roboter eine Aussage über den kleinstmöglichen Lösungsgrad erfolgt und damit auch eine Aussage über die Gesamtzahl aller möglichen Lösungen. Dieses System benötigt allerdings eine Invertierungszeit von im besten Fall 20 Minuten auf einem VAX-Cluster. Über maximale Laufzeiten sind keine Angaben gemacht.

Ein weiterer Ansatz zur automatischen Invertierung wurde von Mehner vorgelegt [Meh90]. Er verwendet einige wenige Prototypen, die sich dadurch auszeichnen, daß sie aus einer Analyse der durch die Multiplikation der Armmatrizen entstehenden Gleichungen hervorgehen und die sich somit zumindest teilweise von den in allen

anderen Systemen verwendeten Prototypen abheben. Das dem System zugrundeliegende Invertierungsprinzip geht auf einen Vorschlag von Paul und Zhang zurück
und weicht ebenfalls deutlich von dem hier vorgeschlagenen Konzept ab. Die von
Mehner getroffene Aussage, daß mit seinem System alle quadratisch lösbaren Robotergeometrien auch tatsächlich gelöst werden können, kann jedoch durch einfache
Beispiele widerlegt werden.

Diese Aufzählung macht deutlich, daß eine ganze Reihe von automatischen Invertierungssystemen vorgeschlagen wurden und daß viele dieser Systeme mit hoher
Wahrscheinlichkeit parallel ohne Kenntnis der jeweils anderen Arbeiten entwickelt
wurden. Prinzipiell liegen drei verschiedene Konzepte vor:

1. Direkter Lösungsversuch in den sehr komplexen Ausgangsgleichungen

2. Lösungsversuch auf der Basis von Gleichungsmerkmalen

3. Verwendung von Methoden der Computer Algebra u.U. motiviert durch spezielle Fragestellungen und angereichert durch eigene Entwicklungen

Der hier vorgestellte Ansatz zeichnet sich insbesondere durch den außerordent-
lich umfangreichen Satz von Prototypgleichungen aus. Dieser ist Gegenstand der
Ausführungen im nächsten Kapitel.

Kapitel 5

Prototypgleichungen

In diesem Kapitel wird ein Satz aus der Literatur bekannter Prototypen in Verbindung mit weiteren, neu entwickelten Prototypen vorgestellt. Zur Auswahl der in einem Invertierungssystem einzusetzenden Prototypen werden alle Prototypen insbesondere unter dem Aspekt der Lösungskorrektheit sowie auch unter dem Aspekt der Notwendigkeit ihres Einsatzes untersucht.

Die aus der Literatur bekannten Prototypen sind im Anhang C.1 angegeben. Der erste Abschnitt dieses Kapitels stellt die neu entwickelten Prototypen vor und gibt eine ausführliche Beschreibung der Ableitung der Lösungen in komplizierten Fällen. Im zweiten Abschnitt wird die Notwendigkeit des Einsatzes für alle Prototypen diskutiert. Des weiteren wird in diesem Abschnitt untersucht, inwieweit die Korrektheit der Lösungen, die aus den einzelnen Prototypen resultieren, überhaupt garantiert werden kann. Dabei wird sich zeigen, daß einige der in bisherigen Invertierungssystemen verwendeten Prototypen problematisch bezüglich der Lösungskorrektheit sind. Diese Probleme waren der Anlaß für die Entwicklung einiger der nachfolgend erläuterten, neuen Prototypen. Abschließend wird ein Vorschlag für die in einem Invertierungssystem anzuwendenden Prototypen unterbreitet, der auch einen Vorschlag für die Reihenfolge der Anwendung enthält.

5.1 Neu entwickelte Prototypgleichungen

Wie auch im Anhang C.1, stellt die in diesem Abschnitt gewählte Reihenfolge der Prototypen weder einen Vorschlag für die Reihenfolge noch eine Aussage über die Notwendigkeit der Anwendung in einem Invertierungssystem dar. Derartige Überlegungen sind Gegenstand des Abschnitts 5.2.

5.1.1   Der Prototyp 13

Dieser Prototyp leitet sich aus der von Hommel und Heiß vorgeschlagenen Distanz-
betrachtung ab [Hom90] (auch [Bau86]). Sie findet Verwendung bei Robotergeometrien, die zwei Zylindergelenke besitzen, zwischen deren Achsen sich ein weiteres
Rotationsgelenk befindet, das keinen Versatz entlang seiner Rotationsachse aufweist
($d_i = 0$). Betrachtet werden eine Komponente des Kreuzprodukts zwischen $\vec{a}$ und
$\vec{p}$ sowie die dritte, nicht am Kreuzprodukt beteiligte Komponente von $\vec{a}$. Die angegebene Form läßt sich aus einer allgemeinen Robotergeometrie mit o.g. Merkmalen
ableiten. Eine solche Robotergeometrie ist in Abbildung 5.1 gegeben. Die für den
Ansatz von Hommel und Heiß vorgeschlagenen Gleichungen entstammen dem Matrixgleichungssystem

$$\mathbf{A}_1^{-1}\,{}^R\mathbf{T}_H = \mathbf{A}_2\,\mathbf{A}_3\,\mathbf{A}_4\,\mathbf{A}_5\,\mathbf{A}_6$$

und haben in diesem speziellen Fall die Struktur:

Approach-Vektor:

$$
\begin{aligned}
[1,3]: &\qquad\qquad C_1\,a_x + S_1\,a_y &=& C_2\,S_4\,s_{t4} - S_2\,(-c_{t3}\,C_4\,s_{t4} - s_{t3}\,c_{t4}) \\
[2,3]: &\quad -S_1\,c_{t1}\,a_x + C_1\,c_{t1}\,a_y + s_{t1}\,a_z &=& S_2\,S_4\,s_{t4} + C_2\,(-c_{t3}\,C_4\,s_{t4} - s_{t3}\,c_{t4}) \\
[3,3]: &\quad S_1\,s_{t1}\,a_x - C_1\,s_{t1}\,a_y + c_{t1}\,a_z &=& -s_{t3}\,C_4\,s_{t4} + c_{t3}\,c_{t4}
\end{aligned}
$$

Erste und zweite Komponente des Positionsvektors:

$$
\begin{aligned}
[1,4]: \qquad C_1\,p_x + S_1\,p_y - a_1 &= C_2\,(C_4\,a_4 + S_4\,s_{t4}\,D_6 + a_3) \\
&\quad -S_2\,(c_{t3}\,(S_4\,a_4 - C_4\,s_{t4}\,D_6) \\
&\quad -s_{t3}\,c_{t4}\,D_6) \\[2mm]
[2,4]: \quad -S_1\,c_{t1}\,p_x + C_1\,c_{t1}\,p_y + s_{t1}\,p_z &= S_2\,(C_4\,a_4 + S_4\,s_{t4}\,D_6 + a_3) \\
&\quad +C_2\,(c_{t3}\,(S_4\,a_4 - C_4\,s_{t4}\,D_6) \\
&\quad -s_{t3}\,c_{t4}\,D_6)
\end{aligned}
$$

c_{ti} und s_{ti} bezeichnen $\cos t_i$ bzw. $\sin t_i$, wobei t_i dem DH-Parameter α_i entspricht
(siehe Gelenktabelle in Abbildung 5.1).

Damit errechnet sich die 3. Komponente des Kreuzprodukts zwischen $\vec{a}$ und $\vec{p}$

$$(\vec{a} \times \vec{p})\,[3] = [2,4]\,[1,3] - [1,4]\,[2,3]$$

zu:

$$
\begin{aligned}
&C_1\,(a_x\,s_{t1}\,p_z + c_{t1}\,a_y\,a_1 - s_{t1}\,a_z\,p_x) + S_1\,(a_y\,s_{t1}\,p_z - c_{t1}\,a_x\,a_1 - s_{t1}\,a_z\,p_y) \\
&\quad +c_{t1}\,(a_x\,p_y - a_y\,p_x) + s_{t1}\,a_z\,a_1 \\
&= C_4\,(s_{t3}\,c_{t4}\,a_4 + c_{t3}\,s_{t4}\,a_3) + s_{t4}\,c_{t3}\,a_4 + s_{t3}\,c_{t4}\,a_3 \qquad\qquad (5.1)
\end{aligned}
$$

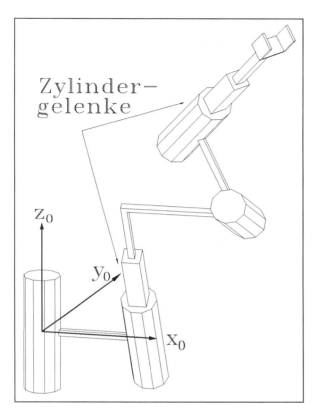

Zylinder−
gelenke

Z_0

Y_0

X_0

	Typ	θ_i	d_i	a_i	α_i
1	rot.	θ_1	0	a_1	t_1
2	rot.	θ_2	0	0	0
3	trans.	0	D_3	a_3	t_3
4	rot.	θ_4	0	a_4	t_4
5	rot.	θ_5	0	0	0
6	trans.	0	D_6	0	0

Abbildung 5.1: Beispiel einer Robotergeometrie für Prototyp 13

Sowohl die Elementgleichung [3, 3] als auch Gleichung 5.1 enthalten neben S_1 und C_1 nur einen C_4-Term. Auflösen beider Gleichungen nach diesem Term und anschließendes gleichsetzen liefert eine Prototyp 6 entsprechende Gleichung. Damit ergeben sich mit

$$h_1 = \frac{s_{t1}\,a_y}{s_{t3}\,s_{t4}} - \frac{-a_x\,s_{t1}\,p_z - c_{t1}\,a_y\,a_1 + s_{t1}\,a_z\,p_x}{-c_{t3}\,s_{t4}\,a_3 - s_{t3}\,c_{t4}\,a_4}$$

$$h_2 = -\frac{s_{t1}\,a_x}{s_{t3}\,s_{t4}} - \frac{c_{t1}\,a_x\,a_1 - a_y\,s_{t1}\,p_z + s_{t1}\,a_z\,p_y}{-c_{t3}\,s_{t4}\,a_3 - s_{t3}\,c_{t4}\,a_4}$$

$$h_3 = \frac{-s_{t1}\,a_z\,a_1 + a_y\,c_{t1}\,p_x + s_{t4}\,c_{t3}\,a_4 - c_{t1}\,a_x\,p_y + s_{t3}\,c_{t4}\,a_3}{-c_{t3}\,s_{t4}\,a_3 - s_{t3}\,c_{t4}\,a_4} - \frac{-c_{t1}\,a_z + c_{t3}\,c_{t4}}{s_{t3}\,s_{t4}}$$

zwei Lösungen für θ_1:

$$\theta_1^{(1,2)} = \operatorname{atan2}\left(h_3, \pm\sqrt{h_1^2 + h_2^2 - h_3^2}\right) - \operatorname{atan2}(h_1, h_2)$$

Befindet sich das Rotationsgelenk ohne Versatz an dritter statt an vierter Stelle in der kinematischen Kette, so erhält man die obigen Gleichungen durch Spiegelung der Robotergeometrie.

Diese Lösungen sind für $s_{t3} = 0$ bzw. $s_{t4} = 0$ nicht definiert. Für diese Fälle folgt aber bereits eine Doppellösung für θ_1 aus [3, 3]. Der zweite auftretende Nenner beschreibt eine kinematische Abhängigkeit unter der Voraussetzung, daß $s_{t3} \neq 0$ und $s_{t4} \neq 0$: Die Lösungen sind daher ebenfalls nicht definiert, falls gilt

$$\frac{c_{t3}}{c_{t4}} = \frac{s_{t3}\,a_4}{s_{t4}\,a_3}$$

Diese Beziehung gilt allerdings nur für sehr spezielle Robotergeometrien.

Die obigen Gleichungen machen bereits deutlich, daß dieser Prototyp bezüglich der Anzahl der Parameter sehr viel komplizierter ist als die im Anhang gegebenen Prototypen. Es wird sich zeigen, daß dieser Prototyp auch der komplizierteste aller hier vorgeschlagenen Prototypen ist. Er wird in Prototyp-basierten Invertierungssystemen nicht verwendet. Erste Erfahrungen über die Möglichkeiten und Grenzen stehen also noch aus.

5.1.2   Der Prototyp 14

Dieser Prototyp dient der Lösung von Variablen von Schubgelenken im allgemeineren Fall. Da eine nicht global degenerierte Robotergeometrie maximal 3 Schubgelenke besitzt [Hei85], läßt sich zeigen, daß in diesem Fall ein Matrixgleichungssystem gefunden werden kann, das in den Positionsgleichungen 2 Gleichungen besitzt, die – unter Vernachlässigung der Variablen der verbleibenden 3 Rotationsgelenke – Linearkombinationen von zwei Schubvariablen sind:

$$c = a\,D_i + b\,D_j \qquad (5.2)$$
$$f = d\,D_i + e\,D_j \qquad (5.3)$$

Diese Gleichungen lassen sich auch als Matrixgleichung schreiben:

$$\begin{bmatrix} a & b \\ d & e \end{bmatrix} \begin{bmatrix} D_i \\ D_j \end{bmatrix} = \begin{bmatrix} c \\ f \end{bmatrix}$$

Daraus folgt:

$$\begin{bmatrix} D_i \\ D_j \end{bmatrix} = \frac{1}{ae - bd} \begin{bmatrix} e & -b \\ -d & a \end{bmatrix} \begin{bmatrix} c \\ f \end{bmatrix}$$

und damit die Lösungen:

$$D_i \;=\; \frac{1}{ae-bd}\,(ce-bf) \tag{5.4}$$

$$D_j \;=\; \frac{1}{ae-bd}\,(af-cd) \tag{5.5}$$

Diese Lösungen sind für $ae-bd=0$ nicht definiert. Diese Singularität tritt auf, wenn die D_i und D_j entsprechenden Schubachsen für ausgezeichnete Konfigurationen parallel werden. Zum Erreichen des erforderlichen Gesamtausschubs gibt es in diesem Fall eine lineare Abhängigkeit der Schubvariablen, d.h. unendlich viele Lösungen. Eine Lösung kann durch Beibehalten des Wertes einer der beteiligten Variablen und Berechnung der anderen Variablen aus einer der o.g. Gleichungen erfolgen oder durch gleichmäßige Änderung beider Ausschübe.

Gilt diese Singularität in jedem Fall, d.h. für beliebige Zielkonfigurationen, so ist die Robotergeometrie global positionsdegeneriert.

5.1.3   Der Prototyp 15

Dieser Prototyp wurde, wie die beiden folgenden, aufgrund von problematischen Lösungen für einige der Prototypen 0 – 12 hergeleitet (siehe Abschnitt 5.2). Kürzlich wurde dieser Prototyp auch von Mehner vorgeschlagen [Meh90]. Die Verwendung in dem dort vorgestellten Verfahren ist jedoch durch Strukturüberlegungen für die in den betrachteten Matrixgleichungssystemen prinzipiell möglichen Gleichungen motiviert.

Gegenüber dem von der Struktur her identisch aufgebauten Prototyp 2 zeichnet sich dieser Prototyp durch das Auftreten weiterer ungelöster Variablen neben der zu lösenden Variablen in den definierenden Gleichungen aus. Der Prototyp ist gegeben durch:

$$k_1 \;=\; a\,C_x - b\,S_x \tag{5.6}$$

$$k_2 \;=\; a\,S_x + b\,C_x \tag{5.7}$$

$$\wedge \;\; ((a = f(q_{i_1}, \ldots, q_{i_r})) \wedge (b \text{ konstant})$$

$$\vee \;\; (b = f(q_{i_1}, \ldots, q_{i_r}) \wedge (a \text{ konstant}))$$

Die Lösungen errechnen sich in beiden Fällen durch Auflösen nach dem funktionalen Term und anschließendem Gleichsetzen. Dies führt auf eine Prototyp 6 entsprechende Gleichung. Sei zunächst a der konstante Faktor. Dann besitzt dieser Prototyp die Lösungen:

$$\theta_x^{(1,2)} = \operatorname{atan2}\left(a, \pm\sqrt{k_1^2 + k_2^2 - a^2}\right) - \operatorname{atan2}\left(k_1, k_2\right) \tag{5.8}$$

Ist b der konstante Faktor, dann besitzt er die Lösungen:

$$\theta_x^{(1,2)} = \text{atan2}\left(b, \pm\sqrt{k_1^2 + k_2^2 - b^2}\right) - \text{atan2}\left(k_2, -k_1\right) \tag{5.9}$$

Der Fall, daß $f(q_{i_1}, \ldots, q_{i_r})$ konstant ist, wird bereits durch Prototyp 2 behandelt. Sollte der konstante Faktor verschwinden, kann eine einfachere Lösung der Form

$$\begin{align}
\theta_x^{(1)} &= \text{atan2}(k_1, k_2) \tag{5.10} \\
\theta_x^{(2)} &= \theta_x^{(1)} + \pi \tag{5.11}
\end{align}$$

berechnet werden.

Der Fall $k_i = 0$ kann nicht eintreten. Dies wird durch die Ausführungen in Abschnitt 5.2 bzw. in Anhang C.2 deutlich gemacht.

5.1.4   Der Prototyp 16

Dieser Prototyp ist gegeben durch:

$$\begin{align}
k_1 &= a\,C_x - b\,S_x + c\,S_x \tag{5.12} \\
k_2 &= a\,S_x + b\,C_x - c\,C_x \tag{5.13} \\
k_3 &= d + p_2\,f_j \tag{5.14} \\
\wedge\ & (a = f_i(q_{i_1}, \ldots, q_{i_r})) \tag{5.15} \\
\wedge\ & (c = f_j\,p_1 = f_j(q_{j_1}, \ldots, q_{j_s})\,p_1) \tag{5.16} \\
\wedge\ & (b\ \text{konstant})
\end{align}$$

Die Lösung errechnet sich durch Isolieren des funktionalen Terms f_j in der dritten Gleichung. Einsetzen in die ersten beiden Gleichungen sowie nachfolgendes Auflösen nach dem funktionalem Term f_i führt durch Gleichsetzen auf die Lösungen:

$$h_1 = b - \frac{p_1}{p_2}\,(k_3 - d)$$

$$\theta_x^{(1,2)} = \text{atan2}\left(h_1, \pm\sqrt{k_1^2 + k_2^2 - h_1^2}\right) - \text{atan2}(k_2, -k_1) \tag{5.17}$$

Es ist zu beachten, daß dieser Prototyp für den Spezialfall $p_1 = 0$ auf den Prototyp 15 führt. Es ist offensichtlich, das sich die Lösungen entsprechen. Für $p_2 = 0$ kann keine Lösung ermittelt werden.

5.1.5 Der Prototyp 17

Dieser Prototyp ist gegeben durch:

$$k_1 = a\,C_x + b\,S_x \tag{5.18}$$

$$k_2 = p_1\,(b\,C_x - a\,S_x) + c\,p_2 \tag{5.19}$$

$$k_3 = -p_2\,(b\,C_x - a\,S_x) + c\,p_1 \tag{5.20}$$

$$\wedge\ \ p_1^2 + p_2^2 = 1$$

$$\wedge\ \ \left(\begin{array}{l}(b = f_i(q_{i_1},\ldots,q_{i_r}))\ \wedge\\(c = f_j(q_{j_1},\ldots,q_{j_s}))\ \wedge\\(a\ \ \text{konstant})\end{array}\right.$$

$$\left.\begin{array}{l}(a = f_i(q_{i_1},\ldots,q_{i_r}))\ \wedge\\\vee\ (c = f_j(q_{j_1},\ldots,q_{j_s}))\ \wedge\\(b\ \ \text{konstant})\end{array}\right)$$

Aufgrund der ersten Bedingung gilt: $p_1 \neq 0\ \vee\ p_2 \neq 0$. Ist einer dieser Parameter Null, so liegt in beiden Fällen für zwei der drei Gleichungen der einfachere Prototyp 15 vor. Für die hier angegebenen Lösungen wird daher $p_1 \neq 0 \wedge p_2 \neq 0$ angenommen. Zur Berechnung der Lösung werden zunächst die Gleichungen 5.19 und 5.20 nach c aufgelöst. Anschließendes Gleichsetzen und geringe Umformungen führen auf eine Gleichung in C_x und S_x. In Verbindung mit 5.18 liegt ein Prototyp 15 entsprechender Ansatz vor und somit können zwei Lösungen für θ_x abgeleitet werden:

$$\theta_x^{(1,2)} = \text{atan2}\left(a, \pm\sqrt{k_1^2 + (p_1\,k_2 - p_2\,k_3)^2 - a^2}\right) - \text{atan2}\,(k_1, -(p_1\,k_2 - p_2\,k_3)) \tag{5.21}$$

beziehungsweise

$$\theta_x^{(1,2)} = \text{atan2}\left(b, \pm\sqrt{k_1^2 + (p_1\,k_2 - p_2\,k_3)^2 - b^2}\right) - \text{atan2}\,((p_1\,k_2 - p_2\,k_3), k_1) \tag{5.22}$$

für a bzw. b konstant.

5.1.6 Der Prototyp 18

Dieser Prototyp setzt sich aus drei Einzelgleichungen zusammen. Aufgrund der Herleitung der Lösungen, die im wesentlichen dem Quadrieren und Addieren der Einzelgleichungen entspricht, kann dieser Prototyp nur auf die Gleichungen der Positionsspalte angewendet werden. Eine Anwendung auf die Gleichungen von Zeilen oder Spalten der Rotationsuntermatrix würde zu der trivialen Gleichung $0 = 0$ führen.

$$a\,C_x + b\,S_x + k_1 = C_y(k_3\,C_z + k_2) + k_4\,S_y \qquad (5.23)$$

$$c = S_y(k_3\,C_z + k_2) - k_4\,C_y \qquad (5.24)$$

$$b\,C_x - a\,S_x = k_3\,S_z + k_5 \qquad (5.25)$$

Dieser Prototyp ist in den bisherigen Invertierungsversuchen immer als Einstiegsprototyp verwendet worden, d.h. es lagen noch keine gelösten Gelenkvariablen vor. Des weiteren ist dieser Prototyp speziell darauf zugeschnitten, Lösungsansätze für Robotergeometrien mit drei sich schneidenden Handachsen zu ermitteln. Daher lassen sich folgende Aussagen ableiten: Aufgrund des einzelnen Auftretens nur einer Variablen auf einer Seite der Gleichungen (θ_x) und der Tatsache, daß es sich um Gleichungen der Positionsspalte handelt, die für ein einzelnes $\mathbf{A}_i$ oder $\mathbf{A}_i^{-1}$ nicht die obige Form besitzen, kann es sich nur um ein Produkt einer dieser Einzeltransformationen mit $^R\mathbf{T}_H$ handeln. Das Produkt $^R\mathbf{T}_H\,\mathbf{A}_6^{-1}$ scheidet aufgrund der vollbesetzten Matrix $^R\mathbf{T}_H$ ebenfalls aus. Es kommt demzufolge nur das Produkt $\mathbf{A}_1^{-1}\,{}^R\mathbf{T}_H$ in Frage. Daher müssen a, b und c Elemente von $\vec{p}$ der Matrix $^R\mathbf{T}_H$ sein. Des weiteren läßt sich folgern, daß k_i, $i = 1, \cdots, 5$ kinematische Parameter, d.h. Längen a_j oder Versatzgrößen d_j sein müssen.

Durch die in Abschnitt 2.5 beschriebene Vereinfachung der Gelenktabelle sind die möglichen Variationen in der Form dieses Prototyps, die bei Verwendung von $\alpha_i = \pm\pi$ oder $\alpha_i = -\pi/2$ auftreten können, eliminiert worden. In Abhängigkeit von der konkreten Robotergeometrie können allerdings einige der kinematischen Parameter k_i zu Null werden. Dieses Verschwinden führt letztlich auch zu den verschiedenen Lösungen für diesen Prototyp. Während in [Rie91] noch von einer Unterscheidbarkeit der Lösungen abhängig von k_1 und k_2 ausgegangen wurde, führte eine weitergehende Betrachtung – angeregt durch [Smi90] – zu der folgenden, vollständigen Unterscheidung:

1. Für $\underline{k_3 = 0}$ ist 5.25 vom Prototyp 5 und daher könnten $\theta_x^{(1)}$ und $\theta_x^{(2)}$ entsprechend der dort angegebenen Lösung erzeugt werden.

   Aus den obigen Ausführungen zur Anwendung dieses Prototyps als Einstieg in die Invertierung und der damit verbundenen Einschränkung auf die Positionsspalte des Systems $\mathbf{A}_1^{-1}\,{}^R\mathbf{T}_H = \mathbf{A}_2\,\mathbf{A}_3\,\mathbf{A}_4\,\mathbf{A}_5\,\mathbf{A}_6$ läßt sich folgern, daß für $k_3 = 0$ eine global degenerierte Robotergeometrie (4-fach Schnittpunkt von Rotationsgelenken) vorliegt. Im folgenden sei deshalb $k_3 \neq 0$.

2. Für $\underline{k_1 = 0}$ führt das Quadrieren und Addieren der obigen Gleichungen auf:

$$a^2 + b^2 + c^2 = k_2^2 + k_3^2 + k_4^2 + k_5^2 + 2\,k_3\,k_2\,C_z + 2\,k_3\,k_5\,S_z$$
$$= k_2^2 + k_3^2 + k_4^2 + k_5^2 + 2\,k_3\,(k_2\,C_z + k_5\,S_z)$$

Diese Gleichung ist vom Prototyp 5 und besitzt somit die Lösungen:

$$\theta_z^{(1,2)} = \text{atan2}\left(h, \pm\sqrt{k_2^2 + k_5^2 - h^2}\right) - \text{atan2}\left(k_2, k_5\right) \qquad (5.26)$$

wobei h durch $h = \left(a^2 + b^2 + c^2 - k_2^2 - k_3^2 - k_4^2 - k_5^2\right)/2k_3$ gegeben ist.

Diese Lösung ist für k_2 und k_5 gleichzeitig Null nicht definiert; die obige Gleichung reduziert sich auf:

$$a^2 + b^2 + c^2 = k_3^2 + k_4^2$$

Das Quadrieren und Addieren der Elemente der Positionsspalte bedeutet geometrisch: Berechnung des Quadrats der Länge des Vektors $\vec{p}$. Für $k_2 = k_5 = 0$ ist dieser Wert unabhängig von jeder Gelenkvariablen, d.h. der Effektor kann nur auf einer Kugel mit festem Radius bewegt werden. Die Robotergeometrie ist daher global positionsdegeneriert und unterliegt damit nicht den Betrachtungen dieser Arbeit.

Der Fall h und $k_2^2 + k_5^2 - h^2$ gleichzeitig Null führt auf $k_2^2 + k_5^2 = 0$, also wieder auf $k_2 = k_5 = 0$. Der Fall $k_4 = 0$ hat keinen Einfluß auf die Lösung.

Mit bekanntem θ_z und $k_1 = 0$ kann anschließend mit 5.24 eine Doppellösung für θ_y bestimmt werden und abschließend eine eindeutige Lösung für θ_x aus 5.23 und 5.25. Insgesamt erhält man somit 4 Lösungen in Abhängigkeit von der Zielposition.

3. Für $k_2 = 0$ wird die dritte Gleichung zur Herleitung einer Lösung zunächst etwas umgeformt. Die Gleichungen haben dann die Form:

$$a\,C_x + b\,S_x + k_1 \;=\; C_y\left(k_3\,C_z\right) + k_4\,S_y \qquad (5.27)$$

$$c \;=\; S_y\left(k_3\,C_z\right) - k_4\,C_y \qquad (5.28)$$

$$b\,C_x - a\,S_x - k_5 \;=\; k_3\,S_z \qquad (5.29)$$

Quadrieren und Addieren der drei Gleichungen liefert:

$$a^2 + b^2 + c^2 + k_1^2 + k_5^2 + \left(2\,a\,k_1 - 2\,b\,k_5\right)C_x + \left(2\,b\,k_1 + 2\,a\,k_5\right))\,S_x = k_3^2 + k_4^2$$

Diese Gleichung ist vom Prototyp 5 und mit

$$h_1 \;=\; \left(k_3^2 + k_4^2 - a^2 - b^2 - c^2 - k_1^2 - k_5^2\right)/2 \qquad (5.30)$$

$$h_2 \;=\; a\,k_1 - b\,k_5 \qquad (5.31)$$

$$h_3 \;=\; b\,k_1 + a\,k_5 d \qquad (5.32)$$

erhält man die Lösungen:

$$\theta_x^{(1,2)} = \text{atan2}\left(h_1, \pm\sqrt{h_2^2 + h_3^2 - h_1^2}\right) - \text{atan2}\left(h_2, h_3\right) \qquad (5.33)$$

Diese Lösung ist für h_2 und h_3 gleichzeitig Null nicht definiert. In diesem Fall liefert Quadrieren und Addieren von 5.31 und 5.32 die Gleichung:

$$(a^2 + b^2)(k_1^2 + k_5^2) = 0$$

Im Fall $a = b = 0$ liegt eine lokale Degeneration vor, θ_x kann beliebig gewählt werden. Der Fall $k_1 = k_5 = 0$ führt auf die unter 2. abgeleitete Positionsdegeneriertheit der Robotergeometrie. Die Lösung ist auch für h_1 und $h_2^2 + h_3^2 - h_1^2$ gleichzeitig Null nicht definiert. Dies führt jedoch aufgrund von $h_1 = 0$ auf den obigen Fall $h_2^2 + h_3^2 = 0$. Der Fall $k_4 = 0$ hat keinen Einfluß auf die Lösung.

Mit gelöstem θ_x und $k_2 = 0$ erhält man aus 5.25 eine Doppellösung für θ_z. 5.23 und 5.24 liefern anschließend eine eindeutige Lösung für θ_y. Insgesamt ergeben sich daher 4 Lösungen.

4. Für $\underline{k_5 = 0}$ werden die drei Gleichungen

$$
\begin{aligned}
a\,C_x + b\,S_x + k_1 &= C_y\,(k_3\,C_z + k_2) + k_4\,S_y & (5.34) \\
c &= S_y\,(k_3\,C_z + k_2) - k_4\,C_y & (5.35) \\
b\,C_x - a\,S_x &= k_3\,S_z & (5.36)
\end{aligned}
$$

wiederum quadriert und anschließend addiert. Dies führt auf die Gleichung:

$$a^2 + b^2 + c^2 + k_1^2 + 2\,k_1\,(a\,C_x + b\,S_x) = k_2^2 + k_3^2 + k_4^2 + 2\,k_2\,k_3\,C_z$$

Diese Gleichung läßt sich mit $H = k_2^2 + k_3^2 + k_4^2 - a^2 - b^2 - c^2 - k_1^2$ umformen zu

$$a\,C_x + b\,S_x = \frac{2\,k_2\,k_3\,C_z + H}{2\,k_1} \qquad (5.37)$$

Diese Gleichung wird nun abermals quadriert und mit der ebenfalls quadrierten Gleichung 5.36 addiert:

$$
\begin{aligned}
a^2 + b^2 &= \frac{4\,k_2^2\,k_3^2\,C_z^2 + k_3^2\,S_z^2 + H^2 + 4\,k_2\,k_3\,H\,C_z}{4\,k_1^2} \\
&= \frac{4\,k_2^2\,k_3^2\,C_z^2 + k_3^2 - k_3^2\,C_z^2 + H^2 + 4\,k_2\,k_3\,H\,C_z}{4\,k_1^2}
\end{aligned}
$$

Da für den Fall $k_1 = 0$ bereits eine andere Lösungsvariante angegeben wurde, kann hier angenommen werden $k_1 \neq 0$. Mit

$$
\begin{aligned}
h_1 &= 4\,k_2^2\,k_3^2 - k_3^2 \\
h_2 &= 4\,k_2\,k_3\,H \\
h_3 &= H^2 + k_3^2 - 4\,k_1^2\,(a^2 + b^2)
\end{aligned}
$$

erhält man eine in C_z quadratische Gleichung:

$$0 = h_1\, C_z^2 + h_2\, C_z + h_3$$

Für C_z errechnen sich daraus die Lösungen

$$C_z^{(1,2)} = \frac{-h_2 \pm \sqrt{h_2^2 - 4\,h_1\,h_3}}{2\,h_1} \tag{5.38}$$

woraus sich wiederum 4 Lösungen für θ_z ergeben:

$$\theta_z^{(1,2)} = \operatorname{atan2}(\pm\sqrt{1 - C_z^{(1)^2}}, C_z^{(1)}) \tag{5.39}$$

$$\theta_z^{(3,4)} = \operatorname{atan2}(\pm\sqrt{1 - C_z^{(2)^2}}, C_z^{(2)}) \tag{5.40}$$

Mit diesen Lösungen kann aus den Gleichungen 5.37 und 5.36 eine eindeutige Lösung für θ_x bestimmt werden. Aus 5.34 und 5.35 folgt abschließend θ_y eindeutig.

Für $h_1 = 0$ kann eine einfachere Lösung ermittelt werden.

Abschließend sei angemerkt, daß diese Form der Lösungsermittlung von Craig auf der Basis der Arbeit von Pieper vorgeschlagen wurde [Cra86, Pie68].

5. Für $k_i \neq 0$ $(i = 1, \cdots, 5)$ oder $k_4 = 0$ liefert Quadrieren und Addieren von 5.23 und 5.24:

$$(a\,C_x + b\,S_x + k_1)^2 + c^2 = (k_3\,C_z + k_2)^2 + k_4^2$$

Mit $C_z = \pm\sqrt{1 - S_z^2}$ aus 5.25 führt dies zu einer Gleichung in θ_x. Expandieren und nachfolgendes Isolieren der verbleibenden Quadratwurzel ergibt:

$$h_1 + h_2\,C_x + h_3\,S_x = 2\,k_2\left(\pm\sqrt{k_3^2 - (b\,C_x - a\,S_x - k_5)^2}\right) \tag{5.41}$$

mit

$$\begin{aligned}
h_1 &= a^2 + b^2 + c^2 + k_1^2 - k_2^2 - k_3^2 - k_4^2 + k_5^2 \\
h_2 &= 2\,a\,k_1 - 2\,b\,k_5 \\
h_3 &= 2\,b\,k_1 + 2\,a\,k_5
\end{aligned}$$

Quadrieren dieser Gleichung und die Substitution des Tangens des halben Winkels (siehe Gleichung 3.10 auf Seite 47) führt auf eine Gleichung vom Grad 4 in u_x:

$$\begin{aligned}
0 = {}& (h_2^2 - 4\,k_2^2\,k_5^2 - 4\,k_2^2\,k_3^2 - 4\,k_2^2\,b - 2\,h_2\,h_1 + h_1^2)\,u_x^4 \\
&+ (4\,h_3\,h_1 - 8\,k_2^2\,a - 4\,h_2\,h_3)\,u_x^3 \\
&+ (-2\,h_2^2 - 8\,k_2^2\,k_5^2 + 4\,h_3^2 + 2\,h_1^2 - 8\,k_2^2\,k_3^2)\,u_x^2 \\
&+ (-8\,k_2^2\,a + 4\,h_2\,h_3 + 4\,h_3\,h_1)\,u_x \\
&- 4\,k_2^2\,k_5^2 + 2\,h_2\,h_1 + h_1^2 - 4\,k_2^2\,k_3^2 + 4\,k_2^2\,b + h_2^2
\end{aligned}$$

	1.Variable	Grad	2.Variable	Grad	3.Variable	Grad
$k_1 = 0$	$\theta_z^{(1,2)}$	2	$\theta_y^{(1,2)}$	2	$\theta_x^{(1)}$	1
$k_2 = 0$	$\theta_x^{(1,2)}$	2	$\theta_z^{(1,2)}$	2	$\theta_y^{(1)}$	1
$k_3 = 0$	$\theta_x^{(1,2)}$	2	$\theta_y^{(1)}$	1	$\theta_z^{(1,2)}$	2
$k_5 = 0$	$\theta_z^{(1..4)}$	2	$\theta_x^{(1)}$	1	$\theta_y^{(1)}$	1
$k_4 = 0$ $k_i \neq 0$	$\theta_x^{(1..4)}$	4	$\theta_z^{(1)}$	1	$\theta_y^{(1)}$	1

Tabelle 5.1: Lösungsvarianten für den Prototyp 18

Diese Gleichung ist für die gegebenen Koeffizienten mit einem geeigneten Modul zur Berechnung aller korrekten Lösungen zu bearbeiten (siehe z.B. [Fin90]). Die symbolische Invertierung sollte an diesem Punkt enden.

Nachfolgend kann eine eindeutige Lösung für θ_z wie folgt berechnet werden: Quadrieren und Addieren von 5.23, 5.24 und 5.25 ergibt:

$$(a\,C_x + b\,S_x + k_1)^2 + c^2 + (b\,C_x - a\,S_x - k_5)^2$$
$$= (k_3\,C_z + k_2)^2 + k_4^2 + k_3^2\,S_z^2$$

Aus dieser Gleichung und aus 5.25 erhält man:

$$C_z = \frac{(a\,C_x + b\,S_x + k_1)^2 + c^2 + (b\,C_x - a\,S_x - k_5)^2 - k_2^2 - k_3^2 - k_4^2}{k_3}$$
$$S_z = \frac{(b\,C_x - a\,S_x - k_5)}{k_3}$$

Da $k_3 \neq 0$, folgt damit sofort die Lösung.

Aus 5.23 und 5.24 errechnet sich eine eindeutige Lösung für θ_y. Insgesamt ergeben sich demzufolge wieder 4 verschiedene Lösungen für die drei beteiligten Gelenkvariablen.

Die Ergebnisse für den Prototyp 18 sind in Tabelle 5.1 zusammengefaßt. Der dort angegebene Grad bezieht sich auf den Grad der zu lösenden Gleichungen – ggfs. nach einer Dekomposition ($k_5 = 0$) – und nicht auf die Anzahl der verschiedenen Lösungen der Gelenkvariablen. Diese kann der hochgestellten Indizierung entnommen werden.

5.1.7   Die Prototypen 19a und 19b

Diese Prototypen wurden bereits in Kapitel 3 zur Lösung der Robotergeometrien mit einer ebenen Gelenkgruppe behandelt. Daher werden hier nur noch einmal die Formen der definierenden Gleichungen angegeben werden. Die Lösungen finden sich in Kapitel 3.

Prototyp 19a:

$$a\,S_x + b\,C_x + c \;=\; d\,(e\,S_y - f\,C_y) + g \qquad (5.42)$$
$$h\,S_x + i\,C_x + j \;=\; k\,(e\,C_y + f\,S_y) + l \qquad (5.43)$$

Prototyp 19b:

$$k_1 \;=\; S_x\,H + C_x\,p_1 \qquad (5.44)$$
$$k_2 \;=\; p_2\,H + p_3\,(C_x\,H - S_x\,p_1) + p_4 \qquad (5.45)$$
$$\text{wobei}\quad H \;=\; p_5\,S_y + p_6\,C_y$$

5.1.8   Der Prototyp 20

Dieser Prototyp zeichnet sich dadurch aus, daß hier sowohl eine Rotationsvariable als auch eine Schubvariable in den Gleichungen auftritt. Der Prototyp ist gegeben durch die Gleichungen

$$k_1 \;=\; a\,S_x + b\,C_x + c\,D_y \qquad (5.46)$$
$$k_2 \;=\; d\,S_x + e\,C_x + f\,D_y \qquad (5.47)$$

Es wird gefordert, daß weder die Schubvariable noch die Rotationsvariable verschwinden sowie zusätzlich, daß a und d bzw. b und e nicht gleichzeitig den Wert Null besitzen.

Unter diesen Bedingungen kann durch das Isolieren von D_y in beiden Gleichungen und anschließendem Gleichsetzen eine Prototyp 6 entsprechende Gleichung gewonnen werden:

$$f\,k_1 - c\,k_2 = (b\,f - c\,e)\,C_x + (a\,f - c\,d)\,S_x$$

Man erhält mit

$$h_1 \;=\; f\,k_1 - c\,k_2$$
$$h_2 \;=\; b\,f - c\,e$$
$$h_3 \;=\; a\,f - c\,d$$

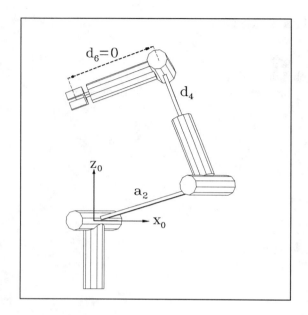

	Typ	θ_i	d_i	a_i	α_i
1	rot.	θ_1	0	0	90°
2	rot.	θ_2	0	a_2	0°
3	rot.	θ_3	0	0	−90°
4	rot.	θ_4	d_4	0	90°
5	rot.	θ_5	0	0	−90°
6	rot.	θ_6	0	0	0

Abbildung 5.2: Beispiel einer einfachen Gelenkarm-Geometrie

die Doppellösung

$$\theta_x^{(1,2)} = \operatorname{atan2}(h_1, \pm\sqrt{h_2^2 + h_3^2 - h_1^2}) - \operatorname{atan2}(h_2, h_3) \qquad (5.48)$$

Dieser Lösungsansatz wird in ähnlicher Form auch von Heiß verwendet [Hei85].

5.2 Prototypen für ein Invertierungssystem

Die meisten Vorschläge zur Invertierung auf der Basis von Prototypen gehen nicht auf die möglichen Anwendungsfälle der Prototypen in Bezug auf die aus den Matrixsystemen resultierenden Gleichungsseiten ein. Im folgenden bezeichne *linke Gleichungsseite* eine durch Multiplikation der $^R\mathbf{T}_H$-Matrix mit inversen Armmatrizen entstehende Gleichungsseite und *kinematische Gleichungsseite* die entsprechende, durch Multiplikation von Armmatrizen entstehende Gleichungsseite.

Die meisten der vorgenannten Prototypen enthalten nur auf einer Gleichungsseite Gelenkvariablen. Die entsprechende Seite kann demzufolge sowohl auf der linken Gleichungsseite als auch auf der kinematischen Seite einer Gleichung eines Matrixgleichungssystems vorliegen. Im ersten Fall kann die Anwendung des Prototyps zu falschen Lösungen führen, wie am Beispiel der Robotergeometrie in Abbildung 5.2

deutlich wird. Nach der korrekten Berechnung von θ_1, θ_2 und θ_3 stehen für die Berechnung von θ_4 mehrere Gleichungen zur Anwendung des Prototyps 5 zur Auswahl, wovon jedoch einige auf in jedem Fall nicht definierte Lösungen führen. Ein Beispiel dafür ist im System

$$\mathbf{A}_4^{-1} \cdots \mathbf{A}_1^{-1}\, {}^{\mathrm{R}}\mathbf{T}_{\mathrm{H}} = \mathbf{A}_5 \cdots \mathbf{A}_6$$

durch die Gleichungen 59 und 60 gegeben:

[59] : $(C_1 C_{23} S_4 + C_4 S_1)\, A_x + (C_{23} S_1 S_4 - C_1 C_4)\, A_y + S_{23} S_4\, A_z \;=\; 0$
[60] : $(C_1 C_{23} S_4 + C_4 S_1)\, P_x + (C_{23} S_1 S_4 - C_1 C_4)\, P_y + S_4\,(P_z S_{23} - a_2 C_3) \;=\; 0$

Expandieren und Gruppieren nach C_4 und S_4 führt auf:

[59'] : $(C_{23}\,(A_x C_1 + A_y S_1) + A_z S_{23})\, S_4 - (A_y C_1 - A_x S_1)\, C_4 = \; 0$
[60'] : $((P_x C_1 + P_y S_1)\, C_{23} + P_z S_{23} - a_2 C_3)\, S_4 - (P_y C_1 - P_x S_1)\, C_4 = \; 0$

Während aus Gleichung 59 mit Prototyp 5 eine korrekte Lösung für θ_4 erzeugt werden kann, führt Gleichung 60 auf eine nicht definierte Lösung. Dies hat einen anschaulichen Grund: Die gegebene Robotergeometrie ist ein typischer Vertreter einer Robotergeometrie mit 3 Hauptachsen zur Positionierung und 3 Nebenachsen (Handachsen) zur Orientierungseinstellung. $\theta_1 - \theta_3$ konnten bereits ausschließlich über den Positionsvektor gelöst werden. Verwendet man nun Gleichung 60, so wird auch eine nur der Orientierungseinstellung dienende Gelenkvariable ausschließlich über die vorgegebene Position bestimmt. Dies widerspricht jedoch der Tatsache, daß die 3 Hauptachsen zur Positionierung ausreichend sind.

Diese Aussagen können formal aus dem vorangehenden Matrixgleichungssystem

$$\mathbf{A}_3^{-1} \cdots \mathbf{A}_1^{-1}\, {}^{\mathrm{R}}\mathbf{T}_{\mathrm{H}} \;=\; \mathbf{A}_4 \cdots \mathbf{A}_6$$

mit den Gleichungen

[39] : $C_{23}\,(A_x C_1 + A_y S_1) + A_z S_{23} \;=\; -C_4 S_5$
[40] : $(P_x C_1 + P_y S_1)\, C_{23} + P_z S_{23} - a_2 C_3 \;=\; 0$
[43] : $A_y C_1 - A_x S_1 \;=\; -S_4 S_5$
[44] : $P_y C_1 - P_x S_1 \;=\; 0$

abgeleitet werden. Gleichung 39 und 43 liefern einen korrekten Ansatz zur Lösung von θ_4 entsprechend Prototyp 15. Außerdem wird deutlich, daß die Faktoren von S_4 und C_4 in [59'] nicht zu Null vereinfacht werden können. [40] und [44] zeigen demgegenüber sofort, daß dies in [60'] möglich ist, da die enthaltenen Variablen bereits gelöst sind und daher die Gleichungen [40] und [44] für jede Stellung erfüllt sein müssen.

Daraus folgt, daß das korrekte Vorliegen eines Prototyps i.allg. nur garantiert werden kann, wenn die kinematische Gleichungsseite der variablen Seite eines Prototyps entspricht. Da auf dieser Gleichungsseite nur kinematische Parameter, die nie zu Null vereinfachen, oder aber Sinus- und Kosinusterme von Gelenkvariablen auftreten, die jedoch nur für bestimmte Stellungen zu Null werden, kann eine problematische Situation, wie die obige, nicht auftreten.

Aus den genannten Gründen ist daher die Anwendung von Prototypen, die variable Terme nur auf einer Seite der definierenden Gleichungen besitzen, auf die kinematische Gleichungsseite zu beschränken. Eine Ausnahme bildet nur der erste Lösungsschritt, da in diesem Fall noch keine Gelenkvariablen gelöst sind und somit keine verdeckten Abhängigkeiten vorliegen können.

Des weiteren muß im Einzelfall diskutiert werden, ob für einen Prototyp, der auf die linke Gleichungsseite anwendbar ist, eine Ersatzform abgeleitet werden kann, die eine korrekte Anwendung auf der kinematischen Gleichungsseite erlaubt, oder ob der Prototyp aufgrund struktureller Überlegungen in jedem Fall nur auf die kinematische Gleichungsseite anwendbar ist. Dies gilt insbesondere auch für die Prototypen 18 und 19, die auf beiden Gleichungsseiten variable Terme enthalten.

5.2.1   Einzelbetrachtung der Prototypen

Auf der Basis der bisherigen Erfahrungen kann der Prototyp 0 ohne Funktionalitätsverlust in seiner Anwendung auf die kinematische Gleichungsseite beschränkt werden. Der Prototyp 1 ist ein Spezialfall des nachfolgend diskutierten Prototyps 2. Aus den dort genannten Gründen kann auch seine Anwendung auf die kinematische Gleichungsseite beschränkt werden.

Der Prototyp 2 findet häufig Anwendung auf der linken Gleichungsseite. Durch die Betrachtungen für den Prototyp 6 wird jedoch deutlich werden, daß es sich um einen Spezialfall der dortigen Ausführungen handelt. Er kann in dieser Form bestehen bleiben. Allerdings sollte auch er nur Anwendung auf Gleichungen finden, die die Rotationsvariable auf der kinematischen Gleichungsseite besitzen.

Die Prototypen 3, 4 und 5 stellen ebenfalls Spezialfälle des Prototyps 6 dar. Alle diese Formen können zu Problemen führen. Für Prototyp 5 wurden diese Probleme bereits am obigen Beispiel verdeutlicht. Im Anhang C.2 wird für den Prototyp 6 exemplarisch an zwei möglichen Situationen gezeigt, wie Ersatzformen zur Anwendung auf der kinematischen Gleichungsseite systematisch erarbeitet werden können. Die dortigen Ergebnisse sind der Grund für die Einführung der Prototypen 15, 16 und 17. Diese Prototypen sind zur ausschließlichen Verwendung auf der kinematischen Gleichungsseite konzipiert. Durch diese Ersatzformen können die Prototypen 1 – 4 und 6 in der Anwendung auf die kinematische Gleichungsseite begrenzt werden; wieder mit der Ausnahme des ersten Lösungsschritts. Ihre korrekte Anwendung auf die linke Gleichungsseite wird durch die neuen Prototypen 15, 16 und 17 abgedeckt. Es entsteht somit kein Funktionalitätsverlust. Prototyp 5 kann auf der kinematischen Gleichungsseite keine Anwendung finden (siehe C.1).

Die Verwendung des Prototyps 7 ist nicht erforderlich: Die Struktur der Gleichungen sowohl in 7a als auch in 7b läßt eine Anwendung nur auf Gleichungen zu, die die variablen Terme auf der kinematischen Gleichungsseite besitzen, da auf der linken Gleichungsseite die Produkte $S_x\,S_y$ und $C_x\,S_y$ nicht auftreten können, da außer im Fall paralleler Gelenkachsen bedingt durch die Handstellungsmatrix Sinus- und Kosinusterme auf dieser Gleichungsseite nur paarweise auftreten können. Dann folgt jedoch unmittelbar, daß die Gleichungen in 7a und die ersten beiden Gleichungen in 7b immer einen Spezialfall des Prototyps 15 darstellen und demzufolge mit diesem Prototyp eine Doppellösung für θ_x ermittelt werden kann. Aus 7b erhält man anschließend eine eindeutige Lösung für θ_y.

Der Prototyp 8 kann sowohl auf der linken als auch auf der kinematischen Gleichungsseite in der genannten Form nur auftreten, wenn eine der Variablen eine Winkelsumme darstellt, die die zweite Variable als Summand besitzt. Dieser Fall wird jedoch durch Prototyp 9 behandelt. Der Prototyp 8 ist daher für ein Invertierungssystem ohne Bedeutung.

Der Prototyp 9 kann in der genannten Form nur auf der kinematischen Gleichungsseite auftreten. Dies hat seinen Grund in der Struktur der Terme in dem Produkt zweier Armmatrizen für aufeinanderfolgende Gelenke mit parallelen Gelenkachsen. Dieses Produkt hat die Struktur:

$$\mathbf{A}_i\,\mathbf{A}_j = \begin{bmatrix} C_{ij} & -c_j\,S_{ij} & s_j\,S_{ij} & a_j\,C_{ij} + a_i\,C_i \\ S_{ij} & c_j\,C_{ij} & -s_j\,C_{ij} & a_j\,S_{ij} + a_i\,S_i \\ 0 & s_j & c_j & D_i + D_j \\ 0 & 0 & 0 & 1 \end{bmatrix} \tag{5.49}$$

Im Falle der Invertierung dagegen besitzt es die Struktur:

$$\mathbf{A}_j^{-1}\,\mathbf{A}_i^{-1} = \begin{bmatrix} C_{ij} & S_{ij} & 0 & -a_i\,C_j - a_j \\ -c_j\,S_{ij} & c_j\,C_{ij} & s_j & a_i\,c_j\,S_j - s_j\,(D_i + D_j) \\ s_j\,S_{ij} & -s_j\,C_{ij} & c_j & -a_i\,s_j\,S_j - c_j\,(D_i + D_j) \\ 0 & 0 & 0 & 1 \end{bmatrix} \tag{5.50}$$

Es wird sofort deutlich, daß die Form der variablen Terme im Prototyp 9 nur auf der kinematischen Gleichungsseite auftreten können. Die linke Gleichungsseite enthält immer sowohl den Sinus- als auch den Kosinusterm der Gelenkvariablensumme und kann damit nicht dem Prototyp 9 entsprechen. Für den Prototyp 9 ist somit die Einschränkung der Anwendung auf die kinematische Gleichungsseite implizit gegeben. Zur Vereinfachung der Suchstrategie kann diese Information jedoch explizit genutzt werden.

Aus den Ausführungen zu Prototyp 9 ergibt sich sofort die Aussage, daß die variablen Terme des Prototyps 10 sowohl auf der linken als auch auf der kinematischen Gleichungsseite in der genannten Form auftreten können. In allen bisher aufgetretenen Fällen konnte festgestellt werden, daß mit dem Auftreten einer Prototyp 10 entsprechenden Gleichungskombination in den linken Seiten einer Matrixgleichung immer auch ein Auftreten einer äquivalenten Gleichung auf der kinematischen Seite einer anderen Matrixgleichung verbunden war. Aus diesem Grund sollte die Anwendung des Prototyps 10 auf die kinematische Gleichungsseite beschränkt werden und dort im speziellen auf die allein in Frage kommende Positionsspalte.

Aus den bei der Behandlung des Prototyps 9 erläuterten Gründen, kann auch der Prototyp 11 nur auf der kinematischen Seite zweier Gleichungen zur Anwendung kommen, da er allein auftretende Kosinusterme einer Winkelsumme beinhaltet. Durch eine andere Klammerung wird jedoch deutlich, daß die definierenden Gleichungen des Prototyps 11 dem Prototyp 15 entsprechen:

$$d = (a\,C_{yz} + b\,C_y)\,C_x - c\,S_x$$
$$e = (a\,C_{yz} + b\,C_y)\,S_x + c\,C_x$$

Eine weitere Benutzung dieses Prototyps ist daher nicht erforderlich.

Für den Prototyp 12 wurde von Laloni gezeigt, daß dieser Prototyp nur eine Untermenge der mit dem neuen Prototyp 18 lösbaren Robotergeometrien lösen kann [Lal90]. Dieser Prototyp ist daher aufgrund seiner eingeschränkten Funktionalität gegenüber Prototyp 18 nicht notwendig.

Der auf Hommel und Heiß zurückgehende Prototyp 13 ist ein typischer Einstiegsprototyp für die inverse Lösung einer Robotergeometrie, d.h. er kann nur angewendet werden, wenn noch keine weiteren Gelenkvariablen gelöst sind. Demzufolge kann auch nicht der Fall eintreten, daß die linken Gleichungsseiten durch bereits gelöste Terme zu Null vereinfacht werden können. Damit steht die Definiertheit dieses Ansatzes in jedem Fall fest. Sollte sich im Laufe weiterer Entwicklungen herausstellen, daß die obige Voraussetzung nicht zutrifft, so muß auch für diesen Prototyp ein äquivalenter Prototyp, der nur auf der kinematischen Gleichungsseite definiert ist, ermittelt werden.

Für den Prototyp 14 ist unmittelbar klar, daß aufgrund seiner speziellen Struktur das Vorliegen zweier Gleichungen auf der linken Gleichungsseite, die die Linearkombination zweier Schubvariablen darstellen, immer einen hohen Anteil an bereits gelösten Variablen im Invertierungsprozeß voraussetzt. Aus diesem Grund tritt eine derartige Gleichungskombination als Lösungsansatz in allen bisher untersuchten Fällen immer sowohl auf der kinematischen als auch auf der linken Gleichungsseite auf. Der Prototyp 14 kann also in der Anwendung auf die kinematische Gleichungsseite beschränkt werden, ohne daß dadurch ein Funktionalitätsverlust eintritt.

Zu den Prototypen 15, 16 und 17 ist oben bereits Stellung genommen worden.

Der Prototyp 18 wurde bereits bei den Erläuterungen zu Prototyp 12 erwähnt. An dieser Stelle soll nur noch einmal ein Ergebnis von Laloni aufgeführt werden, der die Rückführung dieses Prototyps auf die folgende unproblematische aber äquivalente Form zur Anwendung auf der kinematischen Gleichungsseite hergeleitet hat [Lal90]:

$$a = C_x(C_y(C_z\,k_3 + k_2) - S_y\,k_4 - k_1) - S_x(C_z\,k_3 - k_5) \tag{5.51}$$

$$b = S_x(C_y(C_z\,k_3 + k_2) - S_y\,k_4 - k_1) + C_x(C_z\,k_3 - k_5) \tag{5.52}$$

$$c = C_y(S_z\,k_3 + k_2) + S_y\,k_4 \tag{5.53}$$

Die für Prototyp 18 angegebenen Lösungen gelten natürlich weiterhin.

Der Prototyp 19 stellt ebenfalls einen typischen Einstiegsprototyp dar. Daher kann er zunächst in dieser Form verwendet werden. Seine Anwendung in späteren Verfahrensschritten bedarf aber, wie auch die Anwendung von 13 in späteren Schritten des Verfahrens, einer expliziten Korrektheitsüberprüfung.

Aufgrund seiner Definition sollte der Prototyp 20 auf Gleichungen angewendet werden, die die variablen Terme auf der kinematischen Gleichungsseite besitzen. Da er neben einer Rotationsvariablen auch eine Schubvariable enthält, kann die Suche nach diesem Prototyp entsprechenden Gleichungen auf die Elemente der Positionsspalte beschränkt werden.

Auf der Basis der obigen Überlegungen ergibt sich damit ein Vorschlag für den zu verwendenen Prototypensatz (siehe Tabelle 5.2).

Um Abhängigkeiten im Fall von Prototypen zu vermeiden, die sich aus mehr als einer Gleichung zusammensetzen, empfiehlt es sich, Prototypen jeweils nur in einem Matrixgleichungssystem zu suchen. Dies wird besonders anschaulich für den Prototyp 14, der letzlich zwei lineare Gleichungen in noch nicht gelösten Schubvariablen benötigt. Werden diese Gleichungen unterschiedlichen Gleichungssystemen entnommen, so kann eine lineare Abhängigkeit nicht ausgeschlossen werden und müßte demzufolge explizit getestet werden. Aufgrund des damit verbundenen Aufwands ist es naheliegend, diese Gleichungen nur in einem Gleichungssystem zu suchen.

Reihenfolge	Prototyp	Einsatz	Bemerkungen	Neu
1	0	$\vec{p}$	Schub eindeutig	Nein
2	14	$\vec{p}$	Schub eindeutig	Ja
3	1, 2	Ganze Matrix	Eindeutige Lösung	Nein
4	3, 4	Ganze Matrix	Eindeutige Lösung	Nein
5	6	Ganze Matrix	Doppellösung	Nein
6	9, 10	$\vec{p}$	Doppellösung	Nein
7	15, 16, 17	Ganze Matrix	Doppellösungen	Ja
8	20	$\vec{p}$	Doppellösung	Ja
9	18	$\vec{p}$	Ggfs. Lösung 4. Grades	Ja
10	19	$\vec{p}$ und $\vec{a}$	I.a. Ansatz 4. Grades	Ja
11	13	Ganze Matrix	Doppellösung	Ja

Tabelle 5.2: Prototypen in einem Invertierungssystem

Abschließend sei angemerkt, daß entscheidende Prototypen Neuentwicklungen sind. Besondere Beachtung verdient auch die vorgeschlagene Anwendung vieler Prototypen auf die kinematische Gleichungsseite, um implizite Abhängigkeiten der Lösungen zu vermeiden. Bei uneingeschränkter Anwendung auf beide Seiten der Gleichungen sind viele der genannten Invertierungssysteme nur in der Lage, Lösungen unter Verwendung einer Untermenge der vorgeschlagenen Prototypen zu berechnen. Es existieren jedoch Robotergeometrien, für die die so berechneten Lösungen einer näheren Überprüfung nicht standhalten.

Kapitel 6

Implementierung

In den vorhergehenden Kapiteln wurden die theoretischen Grundlagen und Ideen für ein symbolisches Kinematik-Invertierungsprogramm erläutert. Dabei sind einige Fragen unbeantwortet geblieben:

- Welche interne Repräsentation der Gleichungen ist zu wählen, um eine efffiziente und mit wenig Fallunterscheidungen arbeitende Invertierung zu erhalten?

- Welche konkreten Gleichungsmerkmale sind zu verwenden, um die Identifikation lösbarer Gleichungen weitgehend unabhängig von einer Analyse der komplexen trigonometrischen Gleichungen durchführen zu können?

- Welche Suchmasken sind zur Auswahl von Lösungskandidaten für die verschiedenen Prototypen zu verwenden?

Die Beantwortung dieser Fragen ist zum Teil mit der zur Implementierung ausgewählten Programmiersprache verbunden. Daher wurden in Kapitel 4 nur die Prinzipien des in Prolog realisierten Systems SKIP beschrieben.

In diesem Kapitel werden zunächst die Grundzüge der Programmiersprache Prolog an einfachen Beispielen demonstriert. Mit diesen Beispielen soll insbesondere die Eignung von Prolog für die Realisierung des skizzierten Invertierungssystems verdeutlicht werden. Daran schließen sich die Beschreibung der internen Gleichungsdarstellung sowie des Aufbaus der in SKIP verwendeten Merkmalsvektoren an. Daraus lassen sich die Suchmasken für die zur Lösung verwendeten Prototypgleichungen ableiten. Des weiteren wird die Auswahlstrategie für den Fall mehrerer Lösungskandidaten für einen Prototyp beschrieben. Abschließend wird kurz auf die Extraktion der zur Lösungserzeugung benötigten Parameter aus den trigonometrischen Gleichungen der Gleichungsdatenbasis und auf die Benutzerschnittstelle des Systems eingegangen.

6.1   Auswahl von Prolog

Zur Vereinfachung der Implementierung des beschriebenen Systems wird eine Programmiersprache benötigt, die sowohl den Umgang mit symbolischen Größen (zur Erzeugung und Handhabung des Gleichungsmaterials) als auch den flexiblen Aufbau von Datenbanken (Gleichungs- und Merkmalsdatenbasen) sowie den maskierten Zugriff auf diese Datenbanken erlaubt. Dabei sollte die Bearbeitung dieser "Anfragen" im wesentlichen selbstständig durch das zugrundeliegende Programmiersystem geschehen. Auf der anderen Seite spielen numerische Kalkulationen bei der Problemstellung eine untergeordnete Rolle.

Die aus diesen Punkten erwachsenden Anforderungen werden in besonderer Weise durch Prolog erfüllt. Diese Sprache bildete bereits die Basis für die Entwicklung eines ersten Prototyps des Systems SKIP [Rie89]. Aufgrund guter Erfahrungen mit diesem in Turbo-Prolog [Bor86] realisierten, PC-basierten System wurde das hier vorgestellte System unter Quintus-Prolog [Qui87] auf einer Sun-Sparcstation 1 implementiert. Es ist zu beachten, daß dieses System nicht auf einer Portierung des PC-Systems basiert, sondern eine Neuimplementierung darstellt, die durch eine Änderung der Gleichungsrepräsentation sowie eine inhaltliche Modifikation der Merkmalsdatenbasis motiviert wurde [Lal90].

Die Vorzüge von Prolog sollen an einem einfachen Beispiel verdeutlicht werden, das zugleich eine Einführung in die Konzepte der Sprache geben soll. Diese Einführung kann allerdings nur die Idee von Prolog widerspiegeln. Zur weiteren Information sei auf das kompakte Lehrbuch von Cordes et al. hingewiesen [Cor88], an dem sich auch die folgenden Ausführungen orientieren.

Ein Prologprogramm besteht aus einer Menge von Klauseln, die sich in Fakten und Regeln unterteilen lassen. Zur Bearbeitung eines Problemkreises bildet diese Klauselmenge die Wissensbasis. Die Fakten erlauben Aussagen über die im Problemkreis auftretenden Objekte während die Regeln die Ableitung weiterer Fakten aus den bereits bekannten Fakten gestatten. Dies soll durch ein stark vereinfachtes Beispiel aus dem Bereich der Kandidatensuche in SKIP verdeutlicht werden:

```
/* FAKTEN */
   merkmal(13, 2, [[θ₁, 3, 2], [θ₄, 1, 0]]).
   merkmal(24, 1, [[θ₁, 0, 2]]).
```

```
merkmal(38,2,[[θ₁,3,2],[θ₃,0,2]]).
merkmal(56,1,[[θ₁,3,0]]).

/* Das Faktum merkmal enthalte einfache Merkmale einer Gleichung:  */
/* Zunächst die Nummer der Gleichung, dann die Anzahl der auf-      */
/* tretenden Variablen sowie eine Liste von Listen, deren Elemente */
/* die Variable und deren Vorkommen in Sinus und Kosinus bilden.   */

/* REGELN */

gleichung_lösbar(X)  :- merkmal(X,1,_).

/* Eine Gleichung X ist lösbar, wenn sie nur eine Variable enthält.*/
```

Vor dem ":-" befindet sich der Kopf der Regel. Rechts davon befindet sich der Rumpf. X bezeichnet eine Programmvariable des Prologsystems, wobei in Prolog die Konvention der Großschreibung des ersten Buchstabens einer Variable gilt. merkmal und gleichung_lösbar werden als Prädikate bezeichnet. Existieren mehrere Klauseln eines Prädikats, so wird dies als Prologroutine bezeichnet.

Dieses sehr simple Prologprogramm kann nun in das Prologsystem interaktiv eingegeben oder durch ein Standardprädikat des Prologsystems aus einer Datei eingelesen und ausgewertet werden. Danach ist dem System das spezifizierte Wissen bekannt und es kann eine Anfrage an das System erfolgen. Dazu wird nach dem Prompt des Systems (hier: ?-) zum Beispiel eingegeben:

$$?- \text{merkmal}(X,1,\_).$$

Dies entspricht der Frage: Welche Gleichung besitzt nur eine Variable? Dabei bedeutet '_', daß an dieser Stelle in den betreffenden Fakten ein beliebiger Ausdruck vorliegen kann.

Zum "Beweis" dieser Anfrage versucht das Prologsystem zunächst, das erste Fakt mit der Anfrage in Übereinstimmung zu bringen. Dies scheitert jedoch wegen $1 \neq 2$. Demzufolge geht das Prologsystem zum nächsten Fakt über. Die Übereinstimmung kann erreicht werden, indem X mit 24 "unifiziert" wird. Die resultierende Anfrage stimmt mit dem zweiten Faktum überein. Daher wird das Ergebnis

$$X = 24$$

ausgegeben. Anschließend kann das Prologsystem aufgefordert werden, nach weiteren Alternativen zu suchen. Durch mehrfaches Backtracking wird die weitere Lösung X = 56 gefunden.

Auf ähnliche Weise kann mit der oben angegebenen Regel auch direkt die Lösbarkeit einer Gleichung durch die Anfrage

$$?- \text{gleichung\_lösbar(13)}.$$

erfragt werden. Zum Beweis dieser Anfrage ist der Rumpf der Regel zu beweisen. Intern wird nun merkmal(13,1,_) zur Anfrage. Ein Vergleich mit den gegebenen Fakten liefert ein negatives Ergebnis – ein fail –, das seinerseits zum Scheitern der ursprünglichen Anfrage führt. Das System antwortet daher mit no.

Mit diesem Beispiel sind die wesentlichen Komponenten eines Prologsystems bereits eingeführt: Wissensbasis bestehend aus Fakten und Regeln, Systemanfragen, 'Beweis' der Anfrage durch Unifikation und Backtracking.

Regeln können selbstverständlich auch komplexerer Natur sein. Ein Beispiel hierfür ist durch die Regel zum Aufruf von SKIP unter Prolog gegeben:

```
%***********************************************************************
% SKIP
%
% skip(LINKTABLE,PARALLEL,SOLUTION_SIDES,SOLUTION_ORDER,
%       SOLUTION_RULES,PROTOKOLL,DEBUG,REDUNDANT)
% +LINKTABLE : Liste der Gelenktabelleneintraege
% +PARALLEL  : Liste der Parameter zur Untersuchung paralleler Achsen
% +SOLUTION_S: Liste der Gleichungsseiten (links = l oder rechts = r)
% +SOLUTION_O: Liste der Loesungsreihenfolge (T-,F-,G-Gleichungen)
% +SOLUTION_R: Liste der zu verwendenden Prototypen
% +PROTOKOLL : Liste der zu protokollierenden Daten
% +DEBUG     : Liste der zu debuggenden Daten
% +REDUNDANT : Flag fuer redundante Gleichungen
%
%***********************************************************************
skip(LINKTABLE,PARALLEL,SOLUTION_SIDES,SOL_ORDER,
                SOLUTION_RULES,PROTOKOLL,DEBUG,REDUNDANT):-
  retract_all,                        % Init. dynam. Datenbasen
  init_protokoll(PROTOKOLL),          % Init. der Protokollierung
  init_debug(DEBUG),                  % Init. der Debugfunktionen
```

```
init_linktable(LINKTABLE),        % Sichern der Gelenktabelle
init_solution_sides(SOLUTION_SIDES), % Sichern der Gl.-seiten
init_solution_order(SOL_ORDER),   % Sichern der Gl.-Reihenfolge
init_solution_rules(SOLUTION_RULES), % Sichern der Gl.-Reihenfolge


parallel_axes(PARALLEL),          % PAR. ACHSEN untersuchen
generate_all_basic_equations,     % GRUNDGLEICHUNGEN erzeugen
generate_all_tfg_equations,       % TFG-Gleichungen   erzeugen
initialise_analysis_data,         % ANALYSEDATEN       erzeugen
find_solution,                    % LOESUNG            suchen
write_protokoll,                  % PROTOKOLL          schreiben


end_debug,                        % Debugfunktionen beenden
!.

skip(_,_,_,_,_,_,_,_):-
  !,
  format('\n\nInternal SKIP error !!\n\n',[]).
```

Besteht der Rumpf einer Klausel aus mehreren durch Kommata getrennten Bedingungen

$$kopf(\ldots) \quad :- \quad \begin{aligned} &bedingung\_1(\ldots), \\ &bedingung\_2(\ldots), \\ &\ldots, \\ &bedingung\_n(\ldots). \end{aligned}$$

so bedeutet dies: kopf gilt, wenn bedingung_1(...) gilt *und* bedingung_2(...) gilt *und* usw., d.h. wenn die Gültigkeit der Bedingungen durch das Prologsystem bewiesen werden kann. Entscheidend ist, daß sie in der Reihenfolge ihres Auftretens bearbeitet werden. Da sie eine Konjunktion darstellen, führt das erste Scheitern einer Bedingung bereits zum Scheitern der gesamten Regel.

Die Abarbeitung eines Prologprogramms stellt somit einen auf dem Prädikatenkalkül basierenden, logischen Beweis bzw. das Widerlegen einer einzigen Anfrage dar. Die Ein- und Ausgaben des Programms erfolgen durch Seiteneffekte einiger Prädikate. Beispiel hierfür sind das Einlesen einer Gelenktabelle oder die Ausgabe der Gleichungen in eine Protokolldatei.

Im obigen Beispiel lautet die Anfrage skip(...). Die Übergabe einiger Systemparameter dient einer zweifachen Verwendung des Systems: Einerseits kann es über

eine einfache Benutzeroberfläche gestartet werden, andererseits besteht auch die
Möglichkeit des Starts durch eine Eingabe auf Kommandozeilenebene.

Die zweite Klausel der Routine **skip** gibt eine Fehlermeldung für den Fall aus, daß
der normale Ablauf von SKIP nicht zum Ziel geführt hat, d.h. die erste Klausel
konnte nicht bewiesen werden ($\rightarrow$ Backtracking), was wiederum bedeutet, daß eins
der aufgerufenen Prädikate gescheitert ist. Da der Ablauf des Invertierungsalgorith-
mus deterministisch und terminierend ist, weist dies entweder auf einen Implemen-
tierungsfehler oder auf einen Eingabefehler hin.

Bei einem System wie SKIP sind die Fakten, beipielsweise die Gleichungen oder die
Gleichungsmerkmale, jedoch nicht von vornherein bekannt. Sie werden erst zur Lauf-
zeit erzeugt. Die gängigen Prologdialekte stellen für diesen Zweck Standardprädikate
für das Einfügen und Löschen von Klauseln zur Veränderung der Wissensbasis zur
Verfügung. Damit können die zur Invertierung benötigten Zwischenergebnisse in die
Wissensbasis aufgenommen werden. Zu diesem Komplex der Wissensbasisprädikate
ist auch das für SKIP sehr wesentliche Prädikat **setof** (Quintus Prolog) zu zählen.
Es gestaltet die Suche nach Klauseln, insbesondere nach Fakten, mit bestimmten
Eigenschaften sehr komfortabel. So können mit der Anfrage

$$?- \texttt{setof((NR),(L)}\hat{}\ \texttt{merkmal(NR,1,L),GLEICHUNGSLISTE)}.$$

alle Nummern derjenigen Gleichungen in der Gleichungsliste gesammelt werden,
in denen nur eine Gelenkvariable auftritt. **setof** ist somit ein ideales Prädikat
für die Suche nach lösbaren Gleichungen über die Merkmalsdatenbasis[1]. Es wird
bei diesem Prädikat versucht, das angegebene Ziel, in unserem Fall **merkmal(...)**,
durch Backtracking so oft wie möglich zu beweisen und die jeweiligen Instantiie-
rungen der gegebenen Variablen **NR** in einer durch eine Variable spezifizierten Liste
(**GLEICHUNGSLISTE**) zu sammeln.

Dieses Beispiel macht deutlich, daß in verschiedenen Prologdialekten durchaus auch
verschiedene Prädikatbezeichnungen verwendet werden. Darüber hinaus besitzen
diese Prädikate in einigen Fällen auch eine andere Funktionalität. Ohne auf Details
einzugehen, muß daher angemerkt werden, daß das verwendete Quintus Prolog einige Spracherweiterungen besitzt, die in anderen Dialekten möglicherweise andere
Bezeichnungen tragen oder auch gar nicht existieren. Des weiteren steht dem An-
wender unter Quintus Prolog eine sehr umfangreiche Bibliothek zur Verfügung, die
ebenfalls Unterschiede zu anderen Dialekten aufweist. Die folgenden Ausführungen
und insbesondere die Beispiele basieren auf Quintus Prolog. Eine Verwendung der

---

[1] In einigen Prolog-Dialekten steht für diese Suche das Prädikat **findall** zur Verfügung. Die
Anfrage lautet dann: **findall(NR,merkmal(NR,1,_),GLEICHUNGSLISTE)**.

Ansätze unter anderen Dialekten ist daher unter Umständen nur durch umfangreiche Anpassungen möglich.

Nachdem die Vorzüge von Prolog bezüglich der Implementierung des Invertierungssystems in diesem Abschnitt ausführlich dargelegt sind, ist jedoch auch ein Hinweis auf zumindest einen Nachteil von Prolog angebracht. Das in den vorangehenden Kapiteln beschriebene Konzept des angestrebten Invertierungssystems zeigt deutlich, daß im Grunde eine streng sequentielle, teilweise iterierte Abarbeitung der verschiedenen Verfahrensschritte notwendig ist. Dieses Konzept kann natürlich besser in einer imperativen Implementierungssprache umgesetzt werden. In Prolog muß die sequentielle Abarbeitung durch gezielte Definition der Regeln erzwungen werden. Es geht also in weiten Teilen nicht mehr um den Beweis einer Anfrage als vielmehr um das Durchlaufen einer bestimmten Folge von Regeln. Dies steht natürlich im Widerspruch zur ursprünglichen Philosophie von Prolog.

Aufgrund der dargestellten Vorzüge aber auch aufgrund der sehr umfangreichen Bibliotheken sowie den in Quintus Prolog vorhandenen Spracherweiterungen, scheint eine Implementierung unter diesem Prologdialekt dennoch gerechtfertigt. Gleichwohl sei ausdrücklich bemerkt, daß durchaus auch andere Sprachen zur Implementierung verwendbar sind. Unter Umständen ist der dann zu betreibende Aufwand zur Realisierung der benötigten symbolischen Verarbeitung sehr hoch. Dies ist jedoch gegen den Vorzug einer möglicherweise effizienteren Programmierung des eigentlichen Verfahrens aufzurechnen.

6.2   Interne Repräsentation von Gleichungen

Nach der Initialisierung der beteiligten dynamischen Datenbasen (siehe obige Startklausel) werden auf der Basis einer eingelesenen Gelenktabelle zunächst die Armmatrizen durch Einsetzen erzeugt (Zeilennummern sind zur einfacheren Dokumentation hinzugefügt):

```
1 build_a_ia_matrix_equations(NR,S_TH,C_TH,C_AL,S_AL,DI,AI):-
2     multiply_list([C_TH],[S_AL],C_TH_S_AL),   % cos(theta)*sin(alpha)
3     multiply_list([C_TH],[C_AL],C_TH_C_AL),   % cos(theta)*cos(alpha)
4     multiply_list([S_TH],[S_AL],S_TH_S_AL),   % sin(theta)*sin(alpha)
5     multiply_list([S_TH],[C_AL],S_TH_C_AL),   % sin(theta)*cos(alpha)
6     multiply_list([[int(-1)]],S_TH_C_AL,MINUS_S_TH_C_A),
7     multiply_list([[int(-1)]],C_TH_S_AL,MINUS_C_TH_S_AL),
8     multiply_list([[int(-1)]],[AI],MINUS_AI),       % -ai
```

```
 9      multiply_list([[int(-1)]],[DI],MINUS_DI),      % -di
10      multiply_list([AI],[C_TH],AI_C_TH),            % ai*cos(theta)
11      multiply_list([AI],[S_TH],AI_S_TH),            % ai*sin(theta)
12      multiply_list(MINUS_DI,[C_AL],MINUS_DI_C_AL),  % -di*cos(alpha)
13      multiply_list(MINUS_DI, [S_AL],MINUS_DI_S_AL),% -di*sin(alpha)
14      save_basic_equations('+',NR,
15      [C_TH],           MINUS_S_TH_C_AL, S_TH_S_AL,        AI_C_TH,
16      [S_TH],           C_TH_C_AL,       MINUS_C_TH_S_AL,  AI_S_TH,
17      [[int(0)]],       [S_AL],          [C_AL],           [DI]    ),
18      save_basic_equations('-',NR,
19      [C_TH],           [S_TH],          [[int(0)]],       MINUS_AI,
20      MINUS_S_TH_C_AL,TH_C_AL,           [S_AL],           MINUS_DI_S_AL,
21      S_TH_S_AL,        MINUS_C_TH_S_AL, [C_AL],           MINUS_DI_C_AL ).

22 save_basic_equations(TYP,NR,M11,M12,M13,M14,M21,M22,M23,M24,
                                            M31,M32,M33,M34):-
23      assertz(basic_equation(TYP,NR,NR,[M11,M12,M13,M14,
                                 M21,M22,M23,M24,M31,M32,M33,M34])).
```

Die Klauseln dienen der Erzeugung und dem Abspeichern der Armmatrizen und ihrer Inversen im Datenbankfakt basic_equation. build_a_ia_matrix_equations bekommt zu diesem Zweck die Nummer der Matrix und die zuvor ermittelten Sinus- und Kosinusterme von θ_i und α_i sowie die DH-Parameter d_i und a_i des zugehörigen Gelenks. Aus diesen Termen werden durch das der Multiplikation und Vereinfachung von Termen dienende multiply_list die Bestandteile von $\mathbf{A}_i$ und $\mathbf{A}_i^{-1}$ erzeugt (Zeilen 2 –13). Durch das in 22 und 23 definierte save_basic_equations werden diese Bestandteile in Listenform mit Typkennzeichen (+ für Armmatrizen, − für inverse Armmatrizen) und Nummer der Matrix als weiteres Fakt basic_equation durch assertz abgelegt. Diese Fakten dienen auch der Aufnahme von Teilprodukten bei der späteren Multiplikation der Armmatrizen bzw. der Inversen. In den Zeilen 15 – 17 bzw. 19 – 21 finden sich die Elemente von $\mathbf{A}_i$ bzw. $\mathbf{A}_i^{-1}$, die zeilenweise in Listenform übergeben werden.

Auf der Basis dieser Matrizen werden die in Kapitel 4 genannten Transformations- gleichungen durch symbolische Matrixmultiplikation erzeugt. Dabei werden die an- fallenden Matrixteilprodukte als Fakten basic_equation zwischengespeichert, um sie bei erneutem Bedarf direkt verwenden zu können. Damit reduziert sich der erforderliche Rechenzeitbedarf erheblich. Sind alle für die Invertierung vom Be- nutzer gewünschten Matrixgleichungssysteme erzeugt, so werden diese als Fakten tfg_equations in Listenform abgelegt. Die Gleichungen liegen also nur implizit als Elemente dieser Matrixlisten vor.

Da bei der Multiplikation der in diesem Kontext auftretenden homogenen Transformationsmatrizen nach vollständiger Expandierung nur Summen von Produkten auftreten, kann ein Element einer Produktmatrix sehr einfach durch eine Liste von Produkttermen repräsentiert werden. Die Produktterme ihrerseits können als Liste von Faktoren dargestellt werden [Lal90]. Die in einem Produktterm auftretenden Faktoren sind

- der Sinus einer Gelenkvariable oder eines Parameters, dargestellt als si(STRING) oder

- der Kosinus einer Gelenkvariable oder eines Parameters, dargestellt als co(STRING) oder

- eine Schubvariable oder ein Parameter, dargestellt als var(STRING) oder

- eine Konstante, dargestellt als int(REAL)

Zusätzlich wird vereinbart, daß die in einem Produkt auftretenden int-Terme zu einem einzigen zusammengefaßt werden, der an den Anfang der jeweiligen Faktoren gestellt werden muß. Dies bedeutet gleichzeitig, daß mindestens einer der Faktoren int(1) bzw. int(-1) auftritt, wenn keine weitere Konstante vorkommt und das Vorzeichen des Produkts positiv bzw. negativ ist. Damit ergibt sich die Darstellung eines Elements einer Produktmatrix und damit einer rechten bzw. einer kinematischen Gleichungsseite zu einer Liste von Listen:

Gleichung	$\rightarrow$	**Gleichungsseite = Gleichungsseite**
Gleichungsseite	$\rightarrow$	**[Summandenliste]**
Summandenliste	$\rightarrow$	**Produkt | Summandenliste , Produkt**
Produkt	$\rightarrow$	**[int(REAL),Faktorliste]**
Faktorliste	$\rightarrow$	**Faktor | Faktor , Faktorliste**
Faktor	$\rightarrow$	**si(STRING) | co(STRING) | var(STRING)**

Für den in Anhang D.1 protokollierten Stanford Manipulator wird das Element $[1, 4]$ des Matrixprodukts $\mathbf{A}_1\,\mathbf{A}_2\,\mathbf{A}_3\,\mathbf{A}_4\,\mathbf{A}_5\,\mathbf{A}_6$ beispielsweise durch die Liste

```
[[ int(1),var(d3),co(w1),si(w2)],[int(-1),si(w1),var(d2)]]
```

repräsentiert.

Diese Darstellung hat sich als vorteilhaft erwiesen, da das zur Implementierung verwendete Quintus Prolog einige Prädikate zur Bearbeitung von Listen bzw. Mengen anbietet, mittels derer einfache Umformungen direkt durchgeführt werden können.

Beispielsweise kann mit dem Prädikat **del_element** ein Term aus einer Liste entfernt werden, wodurch ein Ausklammern sehr leicht realisierbar ist. Zwei Mengen können mit dem Prädikat **seteq** auf Gleichheit getestet werden.

Ein weiterer Vorteil dieser Darstellung besteht darin, daß die zur Matrixmultiplikation erforderlichen mathematischen Operationen zur Verknüpfung der Matrixelemente (Addieren und Multiplizieren) so ausgelegt werden können, daß die Operanden in obiger Repräsentation übergeben werden und das Ergebnis wiederum den obigen Spezifikationen genügt (siehe `multiply_list` am Anfang des Abschnitts). Für die Erzeugung des Gleichungsmaterials wird daher kein algebraischer Gleichungsvereinfacher benötigt; die Normierung (Expansion; Vereinfachung bei Multiplikation mit 0 oder 1; Zusammenfassen der Konstanten) wird durch die in diesem Sinne 'aktiven' mathematischen Operatorprädikate vorgenommen.

Allerdings kann auf diese Weise keine Anwendung der Additionstheoreme zur Zusammenfassung von Gelenkvariablen zu Summen erfolgen, da sonst eine Kopplung der aktiven Operatoren erforderlich wäre, womit die angestrebte Modularität des Systems verletzt würde. Aus diesem Grund wurde ein spezielles Modul implementiert, welches die Parallelität von Gelenkachsen in orthogonalen Teilketten feststellt. In diesen Teilketten dürfen nur ganzzahlige Vielfache von $\pi/2$ auftreten, damit die Parallelität von Gelenkachsen erkannt werden kann. Auf der Basis dieser Kenntnis können dann bereits bei der Erzeugung der Gleichungen die entsprechenden Additionstheoreme angewendet werden. Die entstehenden Winkelsummen werden zusätzlich zu den Gelenkvariablen als Hilfsvariablen eingeführt, da einige der vorgeschlagenen Prototypgleichungen nur in Verbindung mit Winkelsummen anwendbar sind.

Im Falle nicht-orthogonaler Teilketten, d.h. einige der α_i bzw. der konstanten θ_i besitzen einen Wert von beispielsweise 30°, ist dies bisher nicht möglich.

Der Zusammenhang von parallelen Achsen und der Anwendung der Additionstheoreme ist detailliert u.a. von Laloni beschrieben worden [Lal90]. Eine vollständig automatisierte Erkennung paralleler Achslagen sollte in einer späteren Version implementiert werden. Dies kann beispielsweise auf der Basis der Arbeit von Schorn geschehen [Sch88].

6.3 Gleichungsmerkmale

Ein wesentliches Konzept des beschriebenen Invertierungsverfahrens stellt die Identifikation von lösbaren Gleichungen auf der Basis von vor dem Lösungsprozeß extrahierten Gleichungsmerkmalen dar. Entsprechend der zur Verwendung vorgesehenen Prototypen sind daher Merkmale zu spezifizieren, die eine Erkennung der Zugehörigkeit der Gleichungen zu den Prototypen gestatten. Die in der aktuellen SKIP-Version für jede Gleichung des Gleichungssatzes extrahierten Gleichungsmerkmale sind:

- Die Anzahl der insgesamt in der Gleichung auftretenden Gelenkvariablen

- Die Anzahl der Produktterme mit einer, zwei, drei oder mehr als drei Gelenkvariablen

- Für jede der in der Gleichung vorkommenden Gelenkvariablen:
  Bei einer Rotationsvariable:

  - Anzahl der Kosinus-Terme
  - Anzahl der Sinus-Terme

  Bei einer Schubvariable:

  - Anzahl der Vorkommen in der Gleichung

- Listen der in den einzelnen Produkttermen auftretenden Gelenkvariablen

- Anzahl der bereits gelösten Variablen (in späteren Verfahrensschritten)

- Heuristischer Komplexitätswert der gesamten Gleichung

- Informationen über die Herkunft der Gleichung

Diese Merkmale werden für die linke und die kinematische Seite einer Elementgleichung eines Matrixgleichungssystems getrennt in je einem Merkmalsfakt abgelegt. Dies ist bei der Suche nach lösbaren Gleichungen von Vorteil, da für fast alle Prototypen die Variablen nur auf der kinematischen Gleichungsseite auftreten. Ein Merkmalsfakt `analyse_data` setzt sich im einzelnen zusammen aus:

```
analyse_data(Identifikationsnummer der Gleichung
          Kennzeichnung der Gleichungsseite (links oder rechts),
          Art der Herkunft (Matrixgleichung T, F oder G),
          Index 1 der Matrixgleichung (siehe 4.2.1),
          Index 2 der Matrixgleichung,
          Nummer der Gleichung in der Matrix (1,...,12),
          Anzahl der Variablen in der Gleichung,
```

Anzahl der Produktterme mit nur einer Variablen,
Anzahl der Produktterme mit zwei Variablen,
Anzahl der Produktterme mit drei Variablen,
Anzahl der Produktterme mit mehr als drei Variablen,
Liste der Gelenkvariablen mit Einträgen der Form:
   [Rotationsvariable, Sinusterme, Kosinusterme] **bzw.**
   [Schubvariable, Anzahl der Vorkommen, −1],
Liste von Listen der Variablen jedes Produktterms,
Anzahl der Terme in bereits gelösten Variablen,
Komplexitätswert).

An dieser Stelle sei erwähnt, daß diese Gleichungsmerkmale für einen aus den Prototypen 0, 1, 2, 3, 4, 5, 6, 8, 9, 10, 18 bestehenden Prototypensatz aufgestellt wurden, da die weiteren Prototypen zum Implementierungszeitpunkt noch nicht bekannt waren. Dies wirft allerdings nur in Einzelfällen geringe Probleme auf. Prinzipiell sind die den Prototypen zugehörigen Lösungsmodule in getrennten Routinen implementiert, so daß das Hinzufügen weiterer Prototypen ohne Schwierigkeiten möglich ist.

Der heuristische Komplexitätswert ist zur Zeit sehr einfach festgelegt. Die Komplexität einer Gleichungsseite ergibt sich zur Initialisierung aus der Anzahl der Vorkommen von Schub- und Rotationsvariablen; für jedes Vorkommen wird der Wert um 60 erhöht:

```
complexity_value([],0):- !.

complexity_value([(_,SC,CC)|REST],COMPLEXITY):-

    !,
   ( CC >= 0 -> C1 is SC*60,
               C2 is CC*60,
               complexity_value(REST,C3),
               COMPLEXITY is C1+C2+C3
   | CC < 0  -> C1 is SC*60,
               complexity_value(REST,C2),
               COMPLEXITY is C1+C2
   ).
```

Die Eingabe dieser Routine ist die in dem jeweiligen Merkmalsvektor enthaltene Variablenliste: [(_,SC,CC)|REST]. Der Unterstrich zeigt, daß die konkrete Gelenkvariable keine Rolle spielt. Von Bedeutung sind nur die Anzahlen der in Sinus- und

Kosinustermen bzw. der als Schubvariablen auftretenden Gelenkvariablen. Dabei wird die Liste in der Form [*erstes Element* | *Listenrest*] übergeben. Die Routine bindet den errechneten Komplexitätswert an die Variable COMPLEXITY. Die erste Klausel der Routine besagt, daß für eine leere Liste die Komplexität 0 gilt. Dies wird im wesentlichen als Abbruchbedingung der Rekursion in der zweiten Klausel benötigt, wenn der REST der Liste leer ist. Die zweite Klausel enthält eine bedingte Verzweigung der Form:

(Bedingung 1 − > Rumpf 1 | Bedingung 2 − > Rumpf 2)

Diese Verzweigung besagt: Wenn die Bedingung 1 gilt, dann beweise Rumpf 1 andernfalls wenn die Bedingung 2 gilt, dann beweise Rumpf 2.

Dabei wird unterschieden, ob im aktuellen Listenelement eine Schubvariable vorliegt, d.h. CC < 0. In diesem Fall enthält SC die Anzahl der Vorkommen, wobei jedes Vorkommen mit dem Wert 60 zur Gesamtkomplexität beiträgt. Für Rotationsvariablen trägt ebenfalls jedes Auftreten mit einem Wert von 60 zur Gesamtkomplexität bei.

Damit liegt ein sehr einfaches heuristisches Maß für die Komplexität einer Gleichung vor: Je mehr Variablen auftreten, d.h. je länger die Gleichung desto höher ist auch ihre Komplexität. Im folgenden wird noch deutlich, daß diese Komplexität lediglich dazu dient, die Liste der für einen Prototyp gefundenen Gleichungen nach den Gleichungslängen zu ordnen, d.h. Gleichungen mit möglichst wenig Termen für die Lösung zu bevorzugen. Sie dient nicht dazu, genau eine aus mehreren möglichen Gleichungen zur Lösung auszuwählen.

Die so berechnete Komplexität stellt die Initialisierung dar. Nachdem Gelenkvariablen gelöst wurden, ist dieser Wert für jedes Fakt analyse_data zu aktualisieren, da sich die Anzahl der ungelösten Gelenkvariablen verringert hat. Im Extremfall treten keine ungelösten Gelenkvariablen mehr auf, so daß der Eintrag gelöscht werden kann. Bei dieser Aktualisierung wird die Gewichtung der gelösten Variablen halbiert, d.h. jedes Vorkommen einer bereits gelösten Variablen wird mit einem Faktor 30 gewichtet. Die Anzahl der Vorkommen ungelöster Gelenkvariablen werden nach wie vor mit dem Faktor 60 gewichtet. Die Addition der beiden resultierenden Werte liefert den aktualisierten Komplexitätswert der Gleichungsseite.

6.4   Suche nach lösbaren Gleichungen

Welche konkreten Ausprägungen eines Merkmalsvektors entsprechen nun einer über
den Prototyp i lösbaren Gleichung? Diese Frage ist gleichbedeutend mit: Welche
Suchkriterien müssen zur Anwendung des Prädikats setof verwendet werden, um
alle Referenzen auf Gleichungen zu erhalten, die aufgrund ihrer Struktur überhaupt
mittels Prototyp i lösbar sein können. Diese Gleichungsreferenzen in Verbindung
mit den zugehörigen Gleichungen wurden im Kapitel 4 als *Kandidaten* bezeichnet.

Die über die Suchkriterien gefundenen Gleichungsreferenzen verweisen allerdings
nicht für alle Prototypen auf eine auch tatsächlich über den entsprechenden Prototyp lösbare Gleichung. Die Suchkriterien stellen nur notwendige Bedingungen für
das Vorliegen einer Gleichung, die dem jeweiligen Prototyp entspricht, dar. Allerdings existieren darüber hinaus keine weiteren Kandidaten, die ihrer Form nach
dem gesuchten Prototyp entsprechen. In Fällen, in denen das Auffinden von Gleichungen, die nicht dem gewünschten Prototyp entsprechen, nicht ausgeschlossen
werden kann, muß daher durch die Extraktion der Gleichungsparameter, die durch
den Prototyp gegeben sind, definitiv festgestellt werden, ob die aufgefundene Glei-
chung(skombinationen) zur Lösung über den jeweiligen Prototyp herangezogen werden kann. Auf diese Problematik wird in Abschnitt 6.5 noch einmal eingegangen.

Der Vorteil der Kandidatensuche in der Merkmalsdatenbasis liegt darin begründet,
daß nur ein Bruchteil der Gleichungen – vor allem in den ersten Verfahrensschritten – wirklich über die Prototypen lösbar sind und die Suche nach entsprechenden
Kandidaten ohne aufwendige Formelmanipulation möglich ist.

In diesem Abschnitt wird exemplarisch für drei Prototypen gezeigt, welche Suchkriterien in der aktuellen Implementierung verwendet werden. Es ist zu beachten, daß
nach den expandierten Formen der in Kapitel 5 vorgestellten Prototypen zu suchen
ist.

6.4.1   Suche nach Kandidaten für Prototyp 2

Für den Prototyp 2 wird die folgende Routine zum Auffinden aller Lösungskandidaten verwendet:

```
1 collect_all_candidates(SIDE,TYP,C_LIST) : —
2 ( SIDE   = r —> OTHER_SIDE = l
3 | SIDE   = l —> OTHER_SIDE = r
4 ),
```

```
5    setof(  (C,T,I1,I2,N1,N2),
6      (OFFSET,A1,A2,SIDE,OTHER_SIDE,S,V1,W1,W2,TL1,TL2,C1,C2,S1,S2)^
7      (       analyse_data(A1,SIDE,T,I1,I2,N1,
                     1,S,0,0,0,[(V1,W1,W2)],TL1,S1,C1),
8              analyse_data(A2,SIDE,T,I1,I2,N2,
                     1,S,0,0,0,[(V1,W2,W1)],TL2,S2,C2),
9              \+ analyse_data(A1,OTHER_SIDE,T,I1,I2,N1,_,_,_,_,_,_,_,_,_),
10             \+ analyse_data(A2,OTHER_SIDE,T,I1,I2,N2,_,_,_,_,_,_,_,_,_),
11             is_type(TYP,T),
12             W1 > 0,
13             W2 > 0,
14             ( T = 'RTH-Matrix' -> OFFSET is 0
15             | T = 'T-Matrix' -> OFFSET is 1
16             | T = 'F-Matrix' -> OFFSET is 2
17             | T = 'G-Matrix' -> OFFSET is 3
18             ),
19             C is C1 + C2 + OFFSET
20     ),
21     C_LIST),
22   !.
```

Das Prädikat collect_all_candidates ermittelt sämtliche Kandidaten für Lösungen über den Prototyp 2. Ein Kandidat besteht in diesem Fall aus einem Gleichungspaar, das aufgrund seiner Variablenverteilung der Struktur von Prototyp 2 entspricht. Zum Aufruf ist dabei durch SIDE die Gleichungsseite zu benennen, auf der die Variablen auftreten sollen. Des weiteren ist mit TYP eine Liste der Matrixgleichungssysteme zu spezifizieren, in denen die Kandidaten gesucht werden sollen. Elemente dieser Liste können RTH, T, F oder G sein entsprechend den so benannten Matrixgleichungen. An die Variable C_LIST wird als Ergebnis eine Liste der gefundenen Kandidaten gebunden.

In Zeile 2 und 3 wird die Variable OTHER_SIDE eingeführt, die abhängig von der zur Suche spezifizierten Seite SIDE gesetzt wird, um die jeweils andere Seite der betrachteten Gleichung zu bezeichnen. In Zeile 5 beginnt der Aufruf des Prädikats setof. Das erste Argument des Aufrufs legt die Form der Listeneinträge der Ergebnisliste von setof fest. Die Einträge in diese Liste haben in diesem Fall das Format:

(Komplexitätswert des Kandidaten (C),
Typ der Matrixgleichung aus dem die Gleichungen stammen (T),
Erster und zweiter Index zur Spezifikation der Matrixgleichung (I1,I2),
Nummern der Gleichungen in dieser Matrix (N1,N2))

In Zeile 6 werden weitere Variablen eingeführt, die zum Durchsuchen der Merkmalsdatenbasis benötigt werden, die aber nicht Bestandteil der Ergebnisliste von `setof` werden. Sie müssen dem Quintus Prolog System aus programmtechnischen Gründen bekannt gemacht werden. Die Zeilen 7 und 8 enthalten die Suchmasken für die Kandidatsuche in der Merkmalsdatenbasis. Die Variablen `A1` und `A2` werden für den in den Zeilen 9 und 10 stattfindenden Tests, ob die entsprechenden anderen Gleichungsseiten keine Variablen enthalten, benötigt. Als Kandidat kommen nur die Einträge der Merkmalsdatenbasis in Frage, die eine `SIDE` entsprechende Gleichungsseite repräsentieren. Die Einträge `T, I1, I2, N1` bzw. `T, I1, I2, N2` identifizieren die zugehörigen Gleichungen der Gleichungsdatenbasis `tfg_equations` und werden zum Aufbau der Ergebnisliste benötigt. Durch diese Einträge wird zudem gefordert, daß die Kandidaten nicht verschiedenen Matrixgleichungssystemen entstammen dürfen. Es handelt sich um Prologvariablen, die erst während der Suche gebunden werden.

Gleichungen, die dem Prototyp 2 entprechen, dürfen nur eine Variable besitzen; dies wird durch den Eintrag `1` gefordert. Des weiteren dürfen in diesen Gleichungen nur Produktterme mit maximal einer Variablen auftreten; dies ist durch die Einträge `S,0,0,0` ausgedrückt. Die Liste der auftretenden Variablen darf nur einen Eintrag enthalten. Der Eintrag in der Merkmalsdatenbasis muß daher `[(V1,W1,W2)]` lauten, wobei `W1` und `W2` größer als Null sein müssen. Diese zusätzliche Bedingung wird im Anschluß an die Suchmasken angegeben (Zeilen 12 und 13). Aufgrund der in beiden Gleichungen des Prototyps 2 auftretenden Parameter a und b und der expandierten Gleichungsrepäsentation müssen für die zweite Gleichung eines Kandidatenpaares die Anzahlen der Vorkommen in Sinus- und Kosinustermen gerade vertauscht vorliegen. Die Variablen `TL1, TL2, S1` und `S2` haben bei diesem Prototyp keine weitere Bedeutung. Als letzter Eintrag wird der Komplexitätswert der jeweiligen Gleichung extrahiert. Das Prädikat `setof` sortiert implizit die Einträge der Ergebnisliste `C_LIST` in der Reihenfolge der in den Elementen dieser Liste auftretenden Einträge, in diesem Fall nach aufsteigender Komplexität.

In den Zeilen 9 und 10 wird versucht, über `analyse_data` auf die Merkmalsvektoren der anderen Gleichungsseite zuzugreifen. Da für den Prototyp 2 auf dieser Seite keine Variablen auftreten dürfen, muß der Aufruf zum Scheitern führen, d.h. es darf kein entsprechender Eintrag vorliegen. Durch \+ ($\hat{=}$ not) wird dieses `fail` negiert. Zur Identifikation der richtigen Gleichungsseiten finden sich in diesen Aufrufen die in Zeile 7 und 8 verwendeten und dort gebundenen Prologvariablen, die nun die Herkunft der aktuell in Bearbeitung befindlichen Gleichungsseiten bezeichnen, wieder.

Durch die in den Zeilen 11 bis 13 folgenden Zusatzbedingungen wird zunächst sichergestellt, daß die Herkunft der Gleichungen dem durch `TYP` angegebenen Matrixgleichungstyp entsprechen. `is_typ` überprüft, ob `T` Element der angegebenen Typliste ist. Des weiteren muß, wie oben erwähnt, die Anzahl der Sinus- und Kosinusterme der allein auftretenden Variablen größer als Null sein.

In den Zeilen 14 – 18 wird ein vom Typ T abhängiger offset des Komplexitätswerts berechnet. Dies stellt ein zusätzliches Sortierkriterium für die Reihenfolge von Kandidaten gleicher Längenkomplexität in der Kandidatenliste C_LIST dar; Kandidaten aus der kinematischen Matrixgrundgleichung werden zuerst auftreten, Kandidaten aus den G-Gleichungen zuletzt. Aus den Komplexitäten der Gleichungen des Kandidatenpaares und diesem offset wird abschließend eine Gesamtkomplexität des Gleichungspaares durch einfache Summation errechnet.

Alle auf diese Weise durch setof ermittelten Kandidatenpaare werden als Listeneinträge in der Liste C_LIST abgelegt. Diese Liste bildet die Eingabe für eine Routine zur Extraktion der durch den Prototyp 2 festgelegten Gleichungsparameter, die zur Erzeugung der Lösung benötigt werden. Sie wird in Abschnitt 6.5 erläutert. Es ist unmittelbar klar, daß die Zugehörigkeit eines Kandidaten zum Prototyp 2 erst nach einer erfolgreichen Parameterextraktion sichergestellt ist.

6.4.2 Suche nach Kandidaten für Prototyp 15

Zur Verdeutlichung der Suchroutine dient das folgende Beispiel für eine Gleichungskombination, die die Berechnung einer Lösung für θ_x mittels Prototyp 15 gestattet. Seien θ_y und θ_z noch ungelöst:

$$
\begin{aligned}
k_1 &= a\,C_x - C_y\,S_x + S_z\,S_x - b\,S_x \\
&= a\,C_x - (C_y - S_z + b)\,S_x \\
k_2 &= a\,S_x + C_y\,C_x - S_z\,C_x + b\,C_x \\
&= a\,S_x + (C_y - S_z + b)\,C_x
\end{aligned}
$$

Die auftretenden Parameter können selbstverständlich auch Summen sein, so daß eine weitere Expansion möglich ist. Die zu lösende Gelenkvariable tritt dann mehrfach in Kosinus- und Sinustermen auf.

Die folgende Routine führt die Suche nach Kandidaten des Prototyps 15 durch.

```
1   collect_all_candidates(SIDE,TP,C_LIST) :-
2     ( SIDE = l -> OTHER_SIDE = r
3     | SIDE = r -> OTHER_SIDE = l
4     ),
5     setof( (C,TYP,ID1,ID2,NR1,NR2,VAR),
```

```
6           (OFFSET,ANR1,ANR2,SIDE,OTHER_SIDE,X,Y,
                ANZ,SING,DOUB,TRIP,MULT,LT1,LP,B1,C1,LT2,B2,C2)^
7           (analyse_data(ANR1,SIDE,TYP,ID1,ID2,NR1,
                            ANZ,SING,DOUB,TRIP,MULT,LT1,LP,B1,C1),
8            analyse_data(ANR2,SIDE,TYP,ID1,ID2,NR2,
                            ANZ,SING,DOUB,TRIP,MULT,LT2,LP,B2,C2),
9            NR1 =\= NR2,
10           \+ analyse_data(ANR1,OTHER_SIDE,TYP,ID1,ID2,NR1,
                            _,_,_,_,_,_,_,_,_),
11           \+ analyse_data(ANR2,OTHER_SIDE,TYP,ID1,ID2,NR2,
                            _,_,_,_,_,_,_,_,_),
12           is_type(TP,TYP),
13           (DOUB>0;TRIP>0;MULT>0),
14           ( SING = 0 -> ( ( member((VAR,X,0),LT1),
15                             member((VAR,0,X),LT2),
16                             X =:= SING + DOUB + TRIP + MULT
17                           );
18                           ( member((VAR,0,X),LT1),
19                             member((VAR,X,0),LT2),
20                             X =:= SING + DOUB + TRIP + MULT
21                           ) )
22           | SING > 0 -> member((VAR,X,Y),LT1),
23                         member((VAR,Y,X),LT2),
24                         X>0,Y>0,
25                         member([VAR],LP),
26                         X+Y =:= SING + DOUB + TRIP + MULT
27           ),
28           ( T = 'RTH-Matrix' -> OFFSET is 0
29           | T = 'T-Matrix' -> OFFSET is 1
30           | T = 'F-Matrix' -> OFFSET is 2
31           | T = 'G-Matrix' -> OFFSET is 3
32           ),
33           C is C1 + C2 + OFFSET
33           ),
34           C_LIST),
35  !.
```

Der Aufbau aller `collect_all_candidates`-Routinen ist prinzipiell identisch. Zunächst wird die Form der Kandidatenliste spezifiziert (Zeile 5). Nach der Angabe der weiteren Prologvariablen in Zeile 6 folgt in 7 und 8 die Bildung aller Gleichungspaare, die

1. aus derselben Matrixgleichung von der gewünschten Seite stammen (`TYP`, `ID1`, `ID2`, `SIDE`) und

2. dieselbe Anzahl Gelenkvariablen enthalten (`ANZ`) und

3. deren Anzahl der Produktterme, die eine, zwei, drei oder mehr Gelenkvariablen enthalten, übereinstimmen (`SING`, `DOUB`, `TRIP`, `MULT`) und

4. deren Produktterme von den darin auftretenden Variablen her identisch sind (`LP`).

Durch `NR1` $= \backslash =$ `NR2` wird verhindert, daß ein Merkmalsfakt in beiden Fällen verwendet wird.

Wie schon bei Prototyp 2 muß sichergestellt werden, daß auf der jeweils anderen Seite der Gleichungen keine Variablen auftreten (Zeilen 10 – 12).

Da die den Prototyp 15 spezifizierenden Gleichungen neben der zu lösenden Gelenkvariablen mindestens eine weitere noch nicht gelöste Gelenkvariable in einem Produktterm besitzen, muß eine der Anzahlen `DOUB`, `TRIP`, `MULT` größer als Null sein. Dies wird in Zeile 13 überprüft, wobei das Semikolon die Bedeutung *oder* besitzt.

Da die mittels Prototyp 15 lösbare Gelenkvariable auch allein in einem Produktterm auftreten kann (`SING > 0`), aber nicht muß (`SING = 0`), werden in den Zeilen 14 – 27 diese beiden Möglichkeiten getrennt in einer Verzweigung untersucht. Dazu wird für `SING = 0` mit `member` eine Variable `VAR` gesucht, die in der ersten Gleichung nur in Kosinus und in der zweiten Gleichung entsprechend nur in Sinus (14,15) oder umgekehrt (18,19) auftritt. Zusätzlich muß sichergestellt sein, daß alle weiteren Gelenkvariablen in den Produkttermen immer in Verbindung mit dieser zu lösenden Gelenkvariablen vorliegen (16,20).

Existieren dagegen Produktterme mit nur einer Variablen (`SING > 0`), so muß eine Variable identifiziert werden, die sowohl in Sinus- und Kosinustermen (22 – 24) als auch allein in einem Produktterm in beiden Gleichungen auftritt (25). Zusätzlich muß getestet werden, ob die Kosinus- und Sinusterme dieser Variablen in allen weiteren Variablen enthaltenden Produkttermen auftreten (26), da sonst ein Ausklammern der Kosinus- bzw. Sinusterme der lösbaren Variablen nicht auf Prototyp 15 führen kann.

Für jedes so identifizierte Gleichungspaar wird in `C_LIST` ein Eintrag in der in Zeile 5 spezifizierten Form abgelegt. Diese Liste bildet die Eingabe für eine diesem Prototyp zugeordnete Routine zur Extraktion der Gleichungsparameter.

6.4.3   Suche nach Kandidaten für Prototyp 18

Als letztes Beispiel wurde der Prototyp 18 ausgewählt, da hier drei Gleichungen ein Kandidatentripel bilden. Die expandierte Form dieses Prototyps lautet, wobei die auftretenden Parameter natürlich ebenfalls eine Summe sein können:

$$
\begin{aligned}
a\,C_x + b\,S_x + k_1 &= k_3\,C_y\,C_z + k_2\,C_y + k_4\,S_y \\
c &= k_3\,S_y\,C_z + k_2\,S_y - k_4\,C_y \\
b\,C_x - a\,S_x &= k_3\,S_z + k_5
\end{aligned}
$$

Die Kandidatensuche wird durch die folgende Routine durchgeführt:

```
 1 collect_all_candidates(SIDE,TYP,C_LIST):-
 2      ( SIDE = r -> OTHER_SIDE = l
 3      | SIDE = l -> OTHER_SIDE = r
 4      ),
 5      POSITIONS = [4,8,12],
 6      setof((C,T,I1,I2,NR1,NR2,NR3,X,Y,Z,CASE),
 7            (A1,A2,A3,SIDE,OTHER_SIDE,S1,D1,SY,CY,SZ,CZ,TL1,Y1,
                 C1,S12,SX,CX,TL12,Y12,C12,Y2,C2,TL3,Y3,C3,Y32,C32)^
 8
 9            ( analyse_data(A1,SIDE,T,I1,I2,NR1,2,S1,D1,0,0,
                                  [(Y,SY,CY),(Z,SZ,CZ)],TL1,Y1,C1),
10              is_type(TYP,T),
11              ( ( SZ =:= 0 , CZ =:= D1 , CASE = 1 );
12                ( SZ =:= D1 , CZ =:= 0 , CASE = 2) ),
13              member(NR1,POSITIONS),
14              analyse_data(A1,OTHER_SIDE,T,I1,I2,NR1,1,S12,0,0,0,
                                  [(X,SX,CX)],TL12,Y12,C12),
15
16              analyse_data(A2,SIDE,T,I1,I2,NR2,2,S1,D1,0,0,
                                  [(Y,CY,SY),(Z,SZ,CZ)],TL1,Y2,C2),
17              NR1 =\= NR2,member(NR2,POSITIONS),
18              \+ analyse_data(A2,OTHER_SIDE,T,I1,I2,NR2,
                                  _,_,_,_,_,_,_,_,_),
19
20              analyse_data(A3,SIDE,T,I1,I2,NR3,1,D1,0,0,0,
                                  [(Z,CZ,SZ)],TL3,Y3,C3),
21              NR3 =\= NR2,NR3 =\= NR1,
22              member(NR3,POSITIONS),
```

```
23              analyse_data(A3,OTHER_SIDE,T,I1,I2,NR3,1,0,0,0,
                             [(X,CX,SX)],TL12,Y32,C32),
24
25              ( T1 = 'RTH-Matrix' -> OFFSET is 0
26              | T1 = 'T-Matrix' -> OFFSET is 1
27              | T1 = 'F-Matrix' -> OFFSET is 2
28              | T1 = 'G-Matrix' -> OFFSET is 3
29              ),
30              C is C1+C2+C3+OFFSET,
31              ),
32              C_LIST),
33      ! .
```

Zunächst wird, wie in den Routinen zuvor, die Variable der "anderen" Gleichungsseite initialisiert (Zeilen 2 und 3). Zusätzlich wird durch die Einführung der Liste
POSITIONS die Einschränkung der Suche nach Kandidaten auf die Positionsspalte
ermöglicht; dies sind gerade die Matrixelemente 4, 8 und 12. Die Einträge in die
Ergebnisliste C_LIST bestehen in diesem Fall aus einem Gesamtkomplexitätswert,
der Kennzeichnung des Herkunftsgleichungssystems, den drei Gleichungsnummern
sowie den auftretenden Variablen nebst einem Flag, das anzeigt, ob die Sinus- und
Kosinusterme von der Standardform abweichend vorliegen (Zeile 6).

Nach der Angabe der zusätzlichen Prologvariablen in Zeile 7 werden in den Zeilen
9 – 14 alle Gleichungen ermittelt, die zwei Variablen auf der Seite SIDE (Zeile 9)
bzw. eine Variable auf der jeweils anderen Seite enthalten (Zeile 14). Von der ersten
Gleichungsseite wird zusätzlich gefordert, daß nur Produktterme mit einer oder zwei
Variablen auftreten (S1,D1,0,0), das der Matrixgleichungstyp dem vorgegebenen
entspricht (Zeile 10) und das die Gleichung der Positionsspalte entstammt (Zeile
13). In den Zeilen 11 und 12 wird das Vorliegen der Standardform überprüft.

In den Zeilen 16 – 18 wird nach der zweiten Gleichung des Tripels gesucht. Die
Struktur der durch SIDE bestimmten Gleichungsseite muß der der ersten Gleichung
entsprechen, wobei die Sinus- und Kosinusterme einer der 2 Variablen gegenüber
der ersten Gleichung vertauscht vorliegen müssen. Die Gleichungsnummern müssen
verschieden sein und die zweite Gleichung muß selbstverständlich auch der Positionsspalte entnommen sein. Die andere Seite der zweiten Gleichung darf keine Variablen
enthalten, d.h. es darf für diese Seite kein Eintrag in der Merkmalsdatenbasis vorliegen (Zeile 18).

In den Zeilen 20 – 23 wird nach der verbleibenden dritten Gleichung gesucht. Diese
darf auf der Seite SIDE nur eine Variable enthalten und die Anzahl der Produktterme in dieser Variablen muß mit der Anzahl der Produktterme in zwei Variablen

in der ersten Gleichung übereinstimmen (D1 in Zeile 20 und in Zeile 9). Ebenso muß die Anzahl der Sinus- und Kosinusterme dieser Variablen mit der ersten Gleichung korrespondieren. Dies hat seinen Grund in dem in allen drei Gleichungen des Prototyps auftretenden Faktor k_3. Insbesondere sei bemerkt, daß in Zeile 20 kein Eintrag gefunden wird, wenn $k_3 = 0$ gilt, d.h. es wird ein `fail` erzeugt; dieser Fall wurde bei den Lösungen für Prototyp 18 ausgeschlossen. Neben den Forderungen nach Ungleichheit der Gleichungsnummern und nach Auftreten in der Positionsspalte (Zeile 22) ist für beide Seiten der dritten Gleichung bekannt, daß die Anzahl der Sinus- und Kosinusterme der jeweils einzigen Variablen gerade vertauscht gegenüber der ersten Gleichung vorliegen müssen.

Entsprechend der anderen Prototypen wird nun noch ein Gesamtkomplexitätswert des Kandidatentripels erzeugt bevor der Kandidat in der Liste C_LIST abgelegt wird. Diese Liste bildet wiederum die Eingabe für eine diesem Prototyp zugeordnete Routine zur Ermittlung der zur Lösung benötigten Parameter.

6.5   Extraktion der Gleichungsparameter

Die Bearbeitung eines Prototyps wird mit dem Aufbau der Lösung, d.h. mit der Extraktion der benötigten Parameter beendet. Jeder der im System verwendeten Prototypen ist in einem eigenen Prologmodul implementiert. Dies hat den Vorteil der Wartungs- und Änderungsfreundlichkeit. Außerdem gestattet es die Verwendung derselben Prädikatbezeichnungen wie beispielsweise `collect_all_candidates` in allen Modulen; dies erhöht die Verständlichkeit des Programmcodes. Jedes dieser Lösungsmodule besteht aus einer Routine zum Versuch der Anwendung des entsprechenden Prototyps `use_typei_rule`, aus der Routine `collect_all_candidates` und einer Routine `build_solution` zur Extraktion der zum Aufbau der Lösung benötigten konstanten Gleichungsparameter, wobei `use_typei_rule` das einzige Prädikat ist, das exportiert wird, d.h. innerhalb anderer Module aufgerufen werden kann. "i" ist durch die Nummern der Prototypen zu ersetzen.

Die Module besitzen somit eine klare Schnittstelle. Über die Parameter SIDE und TYP von `use_typei_rule(SIDE,TYP,VAR_LIST)` wird festgelegt, in welchen Matrixgleichungssystemen und auf welcher Gleichungsseite nach Gleichungen gesucht werden soll, die dem Prototyp i entsprechen. Des weiteren teilt das Lösungsmodul über VAR_LIST mit, welche Gelenkvariablen durch die Anwendung des Prototyps gelöst wurden.

Die extrahierten Parameter der Lösung werden durch `build_solution` in einer dafür vorgesehenen Datenbasis abgelegt. Mit dieser Datenbasis können die Lösungspara-

meter zur weiteren Verwendung, wie beipielsweise einer symbolischen Lösungspro-
tokollierung oder auch zur Nutzung in einem Robotersimulator (siehe Kapitel 8),
herangezogen werden.

Zur Extraktion der konstanten Gleichungsparameter bekommt build_solution neben der Gleichungsseitenkennung die durch collect_all_candidates erzeugte Kandidatenliste und liefert im Erfolgsfall die Liste der gelösten Variablen.

Schlägt die Extraktion der konstanten Gleichungsparameter allerdings fehl, so wird
bei einigen Prototypen auf den nächsten Kandidaten in der Kandidatenliste zugegriffen. Dies tritt bei Prototypen auf, für die die Strukturinformation in den
Merkmalsvektoren allein nicht ausreicht, um eine Gleichung als über diesen Prototyp lösbar zu erkennen. Ist die Kandidatenliste in einem solchen Fall abgearbeitet,
ohne daß eine erfolgreiche Parameterextraktion durchgeführt werden konnte, endet
build_solution mit einem fail.

Im folgenden wird exemplarisch die Routine zur Extraktion der Gleichungsparameter
für Lösungskandidaten des Prototyps 2 vorgestellt.

```
 1 build_solution(_,[],[]):-!,fail.
 2     % Keine Loesung fuer Kandidatenliste gefunden!
 3
 4 build_solution(SIDE,[(_,TYP,ID1,ID2,NR1,NR2,VAR)|_],[V]):-
 5     get_equation(TYP,ID1,ID2,NR1,[EQU1_L,EQU1_R]),   % Gleichungen
 6     get_equation(TYP,ID1,ID2,NR2,[EQU2_L,EQU2_R]),   % holen
 7
 8     (SIDE = r -> (EQU1 = EQU1_R,EQU1_K = EQU1_L,
                    EQU2 = EQU2_R,EQU2_K = EQU2_L)
 9     |SIDE = l -> (EQU1 = EQU1_L,EQU1_K = EQU1_R,
                    EQU2 = EQU2_L,EQU2_K = EQU2_R)
10     ),
11     factor_out(co(VAR),EQU1,REQU1,A1)     % Bestimmen der
12     factor_out(si(VAR),REQU1,E,B1),       % Faktoren und der
13     factor_out(si(VAR),EQU2,REQU2,A2),    % Konstanten in
14     factor_out(co(VAR),REQU2,F,B2),       % beiden Gleichungen
15     equivalent_equations(A1,A2,SIGN1),    % Sind die Faktoren
16     equivalent_equations(B1,B2,SIGN2),    % identisch ?
17     SIGN1\==SIGN2,                        % Vorzeichen +/- ?
18     !,
19     mult_with_minus_one(E,E_M),           % Negieren der verblei-
20     mult_with_minus_one(F,F_M),           % benden konst. Summanden.
21
```

```
22    mult_with_minus_one(B1,B1_M),   % Ausklammern von Minus, um
23                                     % der Form zu genuegen.
24    ( E_M = [] -> E1 = EQU1_K        % Konstante Summanden
25    | append(E_M,EQU1_K,E1)          % auf konstante
26    ),                               % Gleichungsseite
27    ( F_M = [] -> F1 = EQU2_K        % bringen.
28    | append(F_M,EQU2_K,F1)          %
29    ),
30    ( SIGN1 =:= -1 -> mult_with_minus_one(F1,F11)
31    | F11 = F1        % Bei A1 = -A2 -> Konstante Seite
32    ),                % der 2. Gl. negieren.
33    \+ (F1 = [[int(0)]],E1 = [[int(0)]]),  % F1und E1 duerfen nicht
34                                     % gleichzeitig Null sein
35    V = VAR,
         % Wenn bis hierher alles ok -> Rueckgabe geloeste Variable
36    save_solution(typ2,[VAR],[A1,B1_M,E1,F11],
37                [(SIDE,TYP,ID1,ID2,NR1),(SIDE,TYP,ID1,ID2,NR2)]).
38
39 build_solution(SIDE,[_|T],VAR):-
40       !, build_solution(SIDE,T,VAR).  % Naechster Kandidat
```

Die erste Klausel von build_solution in den Zeilen 1 und 2 stellt die Abbruch-bedingung für den Fall einer leeren Kandidatenliste dar. In diesem Fall liefert die Routine ein fail.

In den Zeilen 4 – 37 ist die eigentlich interessante Klausel zu finden. Wie schon erwähnt, erhält build_solution die Kennung der Gleichungsseite, auf die der Prototyp angewendet werden soll, und die Kandidatenliste. Als Ergebnis wird die Liste der gelösten Variablen geliefert, wobei in diesem Fall nur eine Variable gelöst werden kann ([VAR]). Der zweite Parameter des Aufrufs stellt den Zugriff auf das erste Element der Kandidatenliste dar; "|_" bedeutet: der Rest der Kandidatenliste ist beliebig.

In den Zeilen 5 und 6 wird direkt auf die Gleichungen der Gleichungsdatenbasis zugegriffen, um die kinematischen und die linken Seiten der Gleichungen zu erhalten (EQU1_L, EQU1_R, EQU2_L, EQU2_R).

Im nächsten Schritt wird zwischen den konstanten und den Variablen enthaltenden Gleichungsseiten unterschieden (Zeilen 8 und 9). In den Zeilen 11 – 14 werden der Kosinus bzw. der Sinus der Gelenkvariablen VAR durch die Routine factor_out ausgeklammert. Dies liefert gleichzeitig die entstehenden konstanten Faktoren dieser Terme (A1, B1, A2, B2). Für Prototyp 2 müssen diese Faktoren in fester Zuordnung zu den Kosinus- und Sinustermen übereinstimmen. Dies wird in den Zeilen 15 und 16 getestet. Abschließend wird in Zeile 17 die richtige Vorzeichenkombination sichergestellt.

In den Zeilen 12 und 14 können nach dem Ausklammern noch weitere konstante Terme auftreten, die keine Faktoren eines Kosinus- bzw. Sinusterms sind (E, F). Diese werden in den Zeilen 19/20 negiert und in 24 – 29 auf die konstante Gleichungsseite gebracht. Dazu werden sie zunächst mit -1 multipliziert (E_M = -E und F_M = -F). Dann wird überprüft, ob ggfs. keine weiteren Terme auftreten, d.h. die Listen E_M und F_M leer sind. Ist dies nicht der Fall, so werden diese Listen mit den die konstante Gleichungsseite repräsentierenden Listen durch Anhängen verknüpft. Um die Parameter in der richtigen Vorzeichenkombination zu erhalten, muß das negative Vorzeichen von B1 ausgeklammert werden, d.h. B1 wird negiert (Zeile 22). Ferner müssen ggfs. verschiedene Vorzeichen von A1 und A2 berücksichtigt werden (Zeilen 30/31).

In Zeile 36 werden schließlich die Gleichungsparameter zusammen mit Herkunftsinformationen in der o.g. Datenbasis abgelegt.

Die dritte Klausel von build_solution in den Zeilen 39/40 sorgt dafür, daß der nächste Kandidat der Kandidatenliste zur Parameterextraktion herangezogen wird, falls die zweite Klausel scheitert, d.h. die Parameter für den vorhergehenden Kandidaten nicht extrahiert werden konnten. Dies kann für diesen Prototyp allein aufgrund der Strukturinformation nicht ausgeschlossen werden.

6.6 Ein- und Ausgaben des Programms SKIP

Entsprechend seiner angestrebten Verwendung als Systemkern eines Invertierungssystems besitzt die aktuelle Version des Programms nur eine einfache Benutzeroberfläche. Diese gestattet neben der Spezifikation einer Datei, die die Gelenktabelle der zu bearbeitenden Robotergeometrie enthält, die Vorgabe verschiedener Invertierungsparameter. So können beispielsweise die Matrixgleichungssysteme angegeben werden, in denen nach lösbaren Gleichungen gesucht werden soll. Des weiteren kann eine Liste der parallelen Gelenke angegeben werden, die vom Programm zur gezielten Bildung von Winkelsummen als Hilfsvariablen verwendet wird. Außerdem können die anzuwendenden Prototypen sowie die Reihenfolge, in der die Suche nach Kandidaten durchzuführen ist, vorgegeben werden. Weitere Parameter dienen der Festlegung der Ausführlichkeit des Protokolls der Invertierung.

Eine Datei zur Angabe einer Robotergeometrie enthält die Zeilen der Gelenktabelle.

Das folgende Beispiel stellt die Beschreibung des Stanford-Manipulators in einer solchen Datei dar:

```
linktable(rev,w,0,0,-90).
linktable(rev,w,d,0,90).
linktable(pris,0,d,0,0).
linktable(rev,w,0,0,-90).
linktable(rev,w,0,0,90).
linktable(rev,w,0,0,0).
```

rev bezeichnet ein Drehgelenk, pris ein Schubgelenk. Für den Winkel α ist neben 0 sowohl die Angabe eines Werts in Grad als auch des formalen Parameters t erlaubt. d und a bedeuten, daß die betreffende Länge ungleich Null ist. Die Gelenkvariablen werden abhängig von der Typkennzeichnung intern in w_i bzw. d_i umgewandelt. Die Reihenfolge der Angabe der Zeilen muß der Reihenfolge der Gelenke von der Basis beginnend entsprechen.

Neben den oben auftretenden Dreh- und Schubgelenken können auch konstante Gelenke angegeben werden. Diese werden genauso behandelt, wie die obigen Typen. Dies hat den großen Vorteil, daß damit einzelne Armmatrizen aufgespalten werden können. Die Armmatrizen der konstanten Gelenke werden bei der Erzeugung der Matrixgleichungen wie die Armmatrizen der Dreh- und Schubgelenke behandelt. Damit ist eine gezielte Vergrößerung des Gleichungssatzes möglich.

Für den Stanford-Manipulator kann beispielsweise auch die Gelenktabelle

```
linktable(rev,w,0,0,-90).
linktable(rev,w,0,0,0).
linktable(const,0,d,0,90).
linktable(pris,0,d,0,0).
linktable(rev,w,0,0,-90).
linktable(rev,w,0,0,90).
linktable(rev,w,0,0,0).
```

angegeben werden. Die erzeugten Matrixgleichungen sind in diesem Fall eine Obermenge der aus der ersten Gelenktabelle folgenden Matrixgleichungen. Weitere Gleichungen ergeben sich, da die ursprüngliche Matrix $\mathbf{A}_2$ nun in zwei Matrizen zerfällt.

Abhängig von den Einstellungen der Protokollparameter durch den Benutzer wird ein unterschiedlich ausführliches Protokoll in eine Datei geschrieben. Dies kann ein Kurzprotokoll sein, das neben der Gelenktabelle nur die zur Lösung verwendeten Kandidaten auflistet. Es kann aber auch ein ausführliches Protokoll sein, das zusätzlich die Gleichungen enthält. In der vorliegenden Version werden diese in der internen, expandierten Form ausgegeben. Im Kapitel 7 bzw. im Anhang E wird ausführlicher auf die Protokollierung der Ergebnisse eingegangen.

Kapitel 7

Leistungsbetrachtung

Weite Teile des in den vorangegangenen Abschnitten beschriebenen Systemkerns eines Invertierungssystems sind in Braunschweig im System SKIP implementiert worden. In diesem Kapitel soll die bisher erreichte Funktionalität des Systems dokumentiert werden. Zunächst wurden selbstverständlich eine große Zahl industriell verfügbarer Robotergeometrien getestet. Einige von ihnen wurden bereits genannt. Auf diese zum überwiegenden Teil kinematisch sehr einfachen Geometrien soll nicht eingegangen werden, da sie sich unter den hier getesteten, allgemeineren Geometrien wiederfinden.

Eine ausgezeichnete Basis für Funktionalitätstests ist durch die von Heiß angegebenen Klassen sukzessiv-geschlossen quadratisch lösbarer Roboter gegeben [Hei85, Hei86]. Zur Bewertung der Leistungsfähigkeit wurden aus diesem Grund nicht-orthogonale Geometrien aus diesen Klassen mit SKIP bearbeitet. Für Geometrien, die weder direkt noch über die Spiegelung eine korrekte Lösung zuließen, wurden nachfolgend die entsprechenden orthogonalen Geometrien getestet, um Hinweise auf fehlende Prototypen bzw. auf Prototypen zu erhalten, die nur eine eingeschränkte Funktionalität besitzen.

Wie bereits in den Betrachtungen zur Auswahl der Prototypen erläutert, sind Lösungen anzustreben, die sich durch die Anwendung der Prototypen auf die kinematischen Gleichungsseiten ermitteln lassen. Eine Abweichung hiervon ist nur im ersten Lösungsschritt gestattet. Des weiteren ist es zur Einschätzung der Leistungsfähigkeit sinnvoll festzustellen, in welchen konkreten Fällen eine Lösung nur ermittelt werden kann, wenn auch einzelne Prototypen auf variable Ausdrücke auf den linken Gleichungsseiten angewendet werden. Diese Fälle liefern u.U. Hinweise auf noch fehlende Prototypen.

Bevor im einzelnen auf die Festlegung der Testgeometrien und die Ergebnisse der

Invertierungsversuche eingegangen wird, erfolgt zunächst eine Beschreibung der für die Tests verwendeten SKIP-Version.

7.1   Implementierungsstand der Testversion

In der Testversion sind folgende Prototypen implementiert, die hier in der Reihenfolge ihrer Anwendung aufgelistet sind:

Prototypen 0, 14:	Eindeutige Schubvariablenlösung*
Prototypen 1, 2:	Eindeutige Rotationsvariablenlösung*
Prototypen 3, 4:	Doppellösung einer Rotationsvariablen*
Prototypen 5, 6:	dito*
Prototypen 9, 10:	Doppellösung bei parallelen Rotationsgelenken*
Prototyp 15:	Doppellösung einer Rotationsvariablen*
Prototyp 20:	Doppellösung einer Rotationsvariablen*
Prototyp 18:	2- bzw. 4-fach-Lösung einer Rotationsvariablen
Prototyp 19a:	4-fach Lösung einer Rotationsvariablen

Das System versucht zunächst, alle Prototypen, die nur Variablen auf einer Seite der beschreibenden Gleichungen besitzen (*), auf Gleichungen anzuwenden, deren Variablen nur auf der kinematischen Gleichungsseite auftreten. Sollten auf diese Weise in einem Lösungszustand keine weiteren Variablen mehr gelöst werden können, wird der Versuch unternommen, mit derselben Reihenfolge eine weitere Lösung über Gleichungen zu ermitteln, die Variablen auf der linken Gleichungsseite besitzen. Ist dieser Versuch erfolgreich, so deutet es auf die Notwendigkeit weitergehender Betrachtungen der Geometrien hin; insbesondere ist dabei die Frage nach weiteren Prototypen von Interesse. Es sei nochmals bemerkt: Sollte die erste der gelösten Variablen über eine linke Gleichungsseite ermittelt werden, so ist diese Lösung in jedem Fall korrekt, da zu diesem Zeitpunkt noch keine Variablen gelöst sind und somit keine Abhängigkeiten auftreten können.

Für den Prototyp 15 ist im Gegensatz zu den anderen Prototypen nur die Anwendung auf Gleichungen mit Variablen auf der kinematischen Gleichungsseite implementiert.

Eine Sonderstellung in diesem Ablauf nimmt der Prototyp 19a ein. Der Versuch seiner Anwendung wird nur unternommen, wenn weder auf den kinematischen noch auf den linken Gleichungsseiten eine Lösung mittels der anderen Prototypen ermittelt werden konnte.

Eine Ausgabeform eines SKIP-Laufs ist ein Kurzprotokoll, das neben der Gelenktabelle nur den Herleitungsweg der Lösung angibt. Die Angaben zur Herleitung umfassen die angewendeten Prototypen, die gelösten Variablen incl. der Winkelsummenhilfsvariablen sowie das Gleichungssystem und die Gleichungsnummern, auf die der jeweilige Prototyp zur Lösung angewendet wurde. Außerdem tritt die Kennung "r" bzw "l" auf, die anzeigt, auf welcher Gleichungsseite die Lösung ermittelt wurde. Beispiele derartiger Testprotokolle sind im Anhang E angegeben.

Die durch diese Kurzprotokolle dokumentierte Lösbarkeit beinhaltet die erfolgreiche Extraktion der Gleichungsparameter, die zur automatischen Generierung der symbolischen Lösung benötigt werden. Zum Zwecke der exemplarischen Dokumentation der Parameterextraktion wurden daher in einzelnen Fällen auch Protokolle angegeben, die neben der Herleitung die kompletten Lösungen enthalten. Diese Protokolle enthalten die MAPLE-Anweisungen zur Berechnung aller reelwertigen Konfigurationen für eine gegebene kartesische Zielstellung bei gegebenen DH-Parametern. Weitere Protokollformen (TEX, höhere Programmiersprachen, etc.) können mit moderatem Aufwand entwickelt werden.

7.2   Geometrien aus Heiß'schen Klassen

Heiß hat 12 Klassen quadratisch lösbarer Robotergeometrien angegeben [Hei86], wobei er für die Art und die Lage von 6 noch zu bestimmenden Gelenken kinematische Einschränkungen angibt, die in Abschnitt 3.1 (siehe Seite 37) aufgeführt sind. Für die Invertierungstests wurde angenommen, daß die zu testenden Robotergeometrien 6-achsig und nicht global degeneriert sind.

Die in den Charakterisierungen der Klassen immer wieder auftretenden "höheren" Gelenke, wie z.B. 3-fach und 2-fach Schnittpunkte von Rotationsachsen, parallele Rotationsgelenke oder Translationsgelenke in Beziehung zu weiteren Rotationsgelenken, erfordern eine spezifische Kombination von Einträgen in der Gelenktabelle. Beispielsweise erfordern zwei direkt aufeinanderfolgende, parallele Rotationsachsen, daß der Winkel α zwischen diesen Achsen 0° beträgt. Der Fall 180° wird hier aufgrund der in Abschnitt 2.5 genannten Vereinfachungsregeln ausgenommen. Damit ergibt sich beispielsweise die in Tabelle 7.1 a) gegebene, nicht-orthogonale Geometrie aus Klasse 2 ($\rightarrow$ 2 Schubgelenke und 2 Drehgelenke mit zueinander parallelen Rotationsachsen).

Die dieser Geometrie entsprechende orthogonale Geometrie erhält man durch die Festlegung $\alpha_1 = \alpha_2 = \alpha_4 = \alpha_5 = 90°$.

Treten, wie in diesem Beispiel, parallele Rotationsachsen in Verbindung mit Schub-

	Typ	θ_i	d_i	a_i	α_i
1	rot.	θ_1	0	a_1	α_1
2	trans.	θ_2	d_2	a_2	α_2
3	rot.	θ_3	d_3	a_3	0°
4	rot.	θ_4	d_4	a_4	α_4
5	rot.	θ_5	d_5	a_5	α_5
6	trans.	0°	d_6	0	0°

a)

	Typ	θ_i	d_i	a_i	α_i
1	rot.	θ_1	0	a_1	90°
2	rot.	θ_2	d_2	a_2	90°
3	trans.	0°	d_3	a_3	90°
4	rot.	θ_4	d_4	a_4	90°
5	rot.	θ_5	d_5	a_5	90°
6	trans.	0°	d_6	0	0°

b)

Tabelle 7.1: Geometrien aus Heiß-Klasse 2

gelenken auf, können sich natürlich auch Schubgelenke zwischen den parallelen Rotationsachsen befinden, wenn die konstanten Winkel um die x- bzw. z-Achsen geeignet gewählt sind. Beispielsweise beschreibt auch die in Tabelle 7.1 b) gegebene Gelenktabelle eine Geometrie aus Klasse 2, wobei die 2. und 4. Achse parallel sind:

In diesem Abschnitt wird nur der Fall betrachtet, daß die am höheren Gelenk beteiligten Gelenke in der kinematischen Struktur unmittelbar aufeinanderfolgen. In Abschnitt 7.5 werden exemplarisch einige Tests davon abweichender Geometrien beschrieben.

In Verbindung mit Schubgelenken wurde in den Tests i.allg. ein parametrischer Wert für die konstante Verdrehung um die Schubachse angenommen, der in den Protokollen mit w bezeichnet ist. Des weiteren wurden immer so viele Parameter wie in der jeweiligen Klasse überhaupt möglich ungleich 0 angenommen. Die Ergebnisse der Tests sind in Tabelle 7.2 zusammengefaßt.

Unter Berücksichtigung der Spiegelung sind 160 von 176 getesteten Geometrien als korrekt gelöst zu betrachten. Das Invertierungsverfahren benötigt im Durchschnitt eine Bearbeitungszeit von weniger als einer Minute. Im Anhang E.1 findet sich eine Auswahl von Protokollen dieser Tests, wobei auch eine nicht korrekt gelöste Geometrie aus Klasse 5 ausgewählt wurde.

Abschließend werden im folgenden einige klassenspezifische Ergebnisse diskutiert. Insbesondere wird auf die Verwendung neuer Prototypen hingewiesen, sofern ohne sie eine korrekte Lösung einzelner Geometrien nicht möglich gewesen wäre:

Kl.1 Problemlose Bearbeitung der getesteten Geometrien. Zur Berechnung der Lösungen wurde in einigen Fällen der neue Prototyp 14 benötigt, d.h. eine Geometrie und die zu ihr gespiegelte Geometrie konnten nur unter Verwen-

KL	#	$\sqrt{}$	$(\sqrt{})$	$\sim$	$-$	t	ok
1	20	19	0	1	0	64	20
2	30	20	0	10	0	46	30
3	12	1	3	0	8	86	**8**
4	18	3	6	0	9	47	18
5	12	6	0	6	0	36	12
6	18	9	0	9	0	28	18
7	18	3	6	0	9	50	18
8	12	2	4	0	6	76	12
9	12	0	0	0	12	89	**0**
10	6	3	0	3	0	28	6
11	6	1	2	0	3	49	6
12	12	2	4	0	6	61	12

Legende:

KL Nummer der Klasse

Anzahl der getesteten Geometrien; die voneinander abweichenden Anzahlen in den verschiedenen Klassen ergeben sich durch die Art und Anzahl der "höheren" Gelenke, die zur Bildung der Klassen führen.

$\sqrt{}$ Anzahl der nur unter Verwendung der kinematischen Gleichungsseite gelösten Geometrien

$(\sqrt{})$ Anzahl der Geometrien, bei denen die erste Variable unter Verwendung einer linken Gleichungsseite gelöst wurde. Die restlichen Variablen wurden auf der kinematischen Gleichungsseite gelöst.

$\sim$ Anzahl der Geometrien, für die in späteren Verfahrensschritten Variablen über linke Gleichungsseiten gelöst wurden.

$-$ Anzahl der nicht gelösten Geometrien

t Durchschnittliche Bearbeitungszeit in Sekunden auf einer Sun 4/260. Diese Angabe entspricht nicht der CPU-Zeit!

ok Anzahl der insgesamt als gelöst angesehenen Testgeometrien. In vielen Fällen können nicht alle Geometrien korrekt gelöst werden. Berücksichtigt man jedoch die Spiegelung, so kann dennoch der Fall eintreten, daß alle getesteten Geometrien als mit diesem System lösbar anzusehen sind.

Tabelle 7.2: Ergebnisse für nicht-orthogonale Geometrien aus Heiß'schen Klassen

dung von Prototyp 14 korrekt gelöst werden.

Kl.2 Die Berechnung der Lösungen war in einigen Fällen nur unter Verwendung des Prototyps 20 möglich.

Kl.3 Nicht alle der getesteten Geometrien konnten gelöst werden. Probleme treten immer dann auf, wenn die beiden Translationsgelenke nicht unmittelbar aufeinanderfolgen und sich eines dieser Gelenke nicht am Anfang oder am Ende der Struktur befindet. An dieser Stelle ist ein weiterer Prototyp erforderlich (siehe auch Kl.9).

Kl.4 In dieser Klasse konnten alle Geometrien wiederum unter Berücksichtigung der Spiegelung gelöst werden. Der Prototyp 15 wird in einigen Fällen verwendet, allerdings im ersten Lösungsschritt, so daß sein Fehlen zu einer entsprechenden Lösung auf der linken Seite im ersten Schritt geführt hätte. Diese Lösung wäre ebenso korrekt.

KL.5 Wiederum sind alle Geometrien unter Berücksichtigung der Spiegelung als gelöst zu betrachten.

Kl.6 Auch hier führt die Spiegelung zur Lösung aller getesteten Geometrien. In einigen Fällen wurden die Prototypen 15 bzw. 20 benötigt.

Kl.7 Die Lösungen konnten zum Teil wiederum nur unter Verwendung der neuen Prototypen 15 bzw. 20 ermittelt werden. Die Spiegelung führt zur Lösung aller Geometrien.

Kl.8 Auch in dieser Klasse sind einige der Testgeometrien nur unter Verwendung des Prototyps 15 korrekt auf der kinematischen Gleichungsseite lösbar.

Kl.9 Die Problemklasse: In Verbindung mit Klasse 3 wird nochmals deutlich, daß Prototypen fehlen, die im Fall eines Dreifachschnittpunkts von Rotationsachsen anzuwenden sind. Diese Problematik wird in Abschnitt 7.4 aufgegriffen.

Kl.10 Die Spiegelung führt auf die Lösung aller Geometrien.

Kl.11 dito.

Kl.12 dito.

7.3 Orthogonale Geometrien aus Klasse 3 und 9

Die Erzeugung der orthogonalen Testgeometrien wurde durch Ersetzen der parametrisch angegebenen α_i durch 90° vorgenommen. In Klasse 3 entsteht dabei eine global degenerierte Robotergeometrie: die Kombination Translationsgelenk – Rotationsgelenk – Translationsgelenk am Beginn der kinematischen Kette in Verbindung mit dem klassengegebenen Dreifachschnittpunkt führt zur globalen Degeneration, da sich die drei ersten Gelenke ständig in einer Ebene bewegen (Degenerationskriterien siehe Seite 21).

Abgesehen von dem Degenerationsfall konnten alle getesteten Geometrien aus Klasse 3 invertiert werden, wenn die Spiegelung berücksichtigt wird.

Ein anderes Ergebnis wurde für die Klasse 9 erzielt. Auch von den orthogonalen Robotergeometrien dieser Klasse konnten nur 2 von 12 invertiert werden. Dies verdeutlicht nochmals das Fehlen von Prototypen zur Invertierung von Roboterstrukturen mit einem Dreifachschnittpunkt von Rotationsachsen. Der folgende Abschnitt zeigt, daß hier keine prinzipielle Verfahrensschwäche vorliegt.

7.4   Drei sich schneidende Rotationsachsen

Der allgemeine Fall einer Geometrie mit einem Dreifachschnittpunkt von Rotationsachsen führt auf die Nichtlösbarkeit durch die Testversion. Gleichwohl steht mit dem Prototyp 18 ein Ansatz zur Lösung von orthogonalen Robotergeometrien zur Verfügung, die einen bezüglich seiner Ausprägung eingeschränkten Dreifachschnittpunkt der letzten drei Achsen besitzen. Die Einschränkung besteht darin, daß die am Schnittpunkt beteiligten Gelenke keine Längen aufweisen dürfen. Die allgemeine Form einer derartigen Geometrie ist in Abbildung 7.1 skizziert. Abhängig davon, ob einige der Parameter a_i und d_i gleich Null sind, kann über Prototyp 18 ein Lösungsansatz 4. oder 2. Grades ermittelt werden (siehe auch Tabelle 5.1 auf Seite 96). Kurzprotokolle hierzu sind im Anhang E.2 angegeben.

Für die skizzierte Geometrie genügen die Positionsgleichungen des Systems

$$\mathbf{A}_1^{-1}\,{}^{\mathrm{R}}\mathbf{T}_{\mathrm{H}} = \mathbf{A}_2\,\mathbf{A}_3\,\mathbf{A}_4\,\mathbf{A}_5\,\mathbf{A}_6$$

der Form des Prototyps 18:

$$\begin{aligned}
C_1\,p_x + S_1\,p_y - a_1 &= C_2\,(C_3\,a_3 + a_2) + S_2\,d_3 \\
p_z &= S_2\,(C_3\,a_3 + a_2) - C_2\,d_3 \\
S_1\,p_x - C_1\,p_y &= S_3\,a_3 + d_2
\end{aligned}$$

Setzt man nun $d_4 \neq 0$ und nimmt für die α_i ($i = 1,\ldots,5$) parametrische Werte

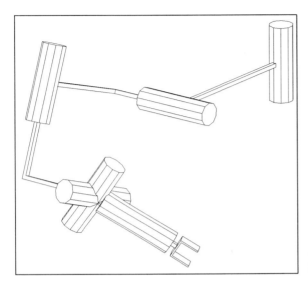

	Typ	θ_i	d_i	a_i	α_i
1	rot.	θ_1	0	a_1	90°
2	rot.	θ_2	d_2	a_2	90°
3	rot.	θ_3	d_3	a_3	90°
4	rot.	θ_4	0	0	90°
5	rot.	θ_5	0	0	90°
6	rot.	θ_6	0	0	0°

Abbildung 7.1: Testgeometrie für Prototyp 18

$(t_1, \ldots, t_5)$ an, so ergeben sich die Gleichungen der Positionsspalte für den allgemeinsten Fall einer Geometrie mit einem Dreifachschnittpunkt am Ende des Armes:

$$C_1\, p_x + S_1\, p_y - a_1 = C_2\,(C_3\, a_3 + S_3\, s_{t3}\, d_4 + a_2)$$
$$- S_2\,(c_{t2}\,(S_3\, a_3 - C_3\, s_{t3}\, d_4) - s_{t2}\,(c_{t3}\, d_4 + d_3)) \quad (7.1)$$

$$C_1\, c_{t1}\, p_y - S_1\, c_{t1}\, p_x + s_{t1}\, p_z = S_2\,(C_3\, a_3 + S_3\, s_{t3}\, d_4 + a_2)$$
$$+ C_2\,(c_{t2}\,(S_3\, a_3 - C_3\, s_{t3}\, d_4) - s_{t2}\,(c_{t3}\, d_4 + d_3)) \quad (7.2)$$

$$S_1\, s_{t1}\, px - C_1\, s_{t1}\, p_y + c_{t1}\, p_z = s_{t2}\,(S_3\, a_3 - C_3\, s_{t3}\, d_4) + c_{t2}\,(c_{t3}\, d_4 + d_3) + d_2 \quad (7.3)$$

c_{ti} und s_{ti} bezeichnen $\sin(t_i)$ bzw. $\cos(t_i)$. Quadrieren und addieren dieser drei Gleichungen, d.h. Berechnung des Abstandsausdrucks, liefert eine Gleichung in θ_1 und θ_3:

$$C_1\, p_x + S_1\, p_y = \frac{1}{2\, a_1}\,(-d_3{}^2 - a_2{}^2 - a_3{}^2 - d_4{}^2 - 2\, s_{t2}\, S_3\, a_3\, d_2 + 2\, s_{t2}\, C_3\, s_{t3}\, d_4\, d_2$$
$$- 2\, c_{t2}\, c_{t3}\, d_4\, d_2 - d_2{}^2 - 2\, c_{t2}\, d_3\, d_2 - 2\, c_{t3}\, d_4\, d_3 - 2\, C_3\, a_3\, a_2$$
$$- 2\, S_3\, s_{t3}\, d_4\, a_2 + p_y{}^2 + a_1{}^2 + p_z{}^2 + p_x{}^2) \quad (7.4)$$

Durch triviale Umformung der Gleichung 7.3 erhält man:

$$S_1\, p_x - C_1\, p_y = -\frac{s_{t2}\, C_3\, s_{t3}\, d_4 - s_{t2}\, S_3\, a_3 - c_{t2}\, c_{t3}\, d_4 - c_{t2}\, d_3 - d_2 + c_{t1}\, p_z}{s_{t1}} \quad (7.5)$$

Es ist offensichtlich, daß das Quadrieren und Addieren der Gleichungen 7.4 und
7.5 auf eine quadratische Gleichung in S_3 und C_3 führt. Nach der Substitution des
Tangens des halben Winkels ergibt sich somit ein Lösungspolynom vom Grad 4 in
$\tan(\theta_3/2)$.

Diese Lösungsmethode ist von Craig auf der Basis der Arbeit von Pieper beschrieben
worden [Cra86, Pie68]. Die Untersuchung der Dekomposition des Polynoms 4. Grades und damit der quadratischen Lösbarkeit wurde für diese Robotergeometrie von
Smith und Lipkin durchgeführt [Smi90].

In der vorliegenden Arbeit sind allerdings primär die Gleichungen 7.1 – 7.3 von
Interesse. Sie repräsentieren einen weiteren Prototyp. Anhand ihrer Form wird unmittelbar klar, daß die Suche nach Kandidaten derjenigen des Prototyps 18 ähnlich
ist. Etwas größerer Aufwand entsteht bei der Parameterextraktion. Jedoch zeigen
die Gleichungen, daß diese auch mit vertretbarem Aufwand durchgeführt werden
kann. Diese Überlegungen gelten natürlich auch für den Fall, daß außerhalb des
Schnittpunkts Schubgelenke auftreten. In diesen Fällen kann die Herleitung der
Lösungen den Arbeiten von Pieper und Heiß entnommen werden. Entsprechendes
gilt, wenn sich der Dreifachschnittpunkt nicht am Ende des Arms befindet.

An dieser Stelle ist festzuhalten, daß die resultierenden Koeffizienten des Lösungspolynoms im allgemeinen deutlich komplizierter sind, als bei einer Lösung für eine
orthogonale Geometrie über Prototyp 18. Die Ermittlung der kinematischen Einschränkungen, die auf quadratisch lösbare Robotergeometrien führen, kann analog
zur in Kapitel 3 beschriebenen Vorgehensweise erfolgen.

Diese Überlegungen zeigen, daß die festgestellte Schwäche der Testversion für Drei-
fachschnittpunkte keine prinzipielle Einschränkung des vorgeschlagenen Konzepts
darstellt. Nach der Implementierung der entsprechenden Prototypen ist ein Invertierungssystem erreicht, das in der Lage ist, die Lösung des IKP in geschlossener
Form für alle Geometrien zu berechnen, die einen Schnittpunkt dreier Rotationsachsen oder eine ebene Gelenkgruppe (siehe Abschnitt 7.6) besitzen.

7.5   Spezialfälle aus den Klassen 2 und 5

Diese Spezialfälle ergeben sich daraus, daß sich zwischen parallelen Rotationsachsen
Translationsgelenke befinden können, ohne die Parallelität zu zerstören. In Klasse
2 wurden 16 Spezialfälle getestet, wobei allerdings nur orthogonale Teilstrukturen
zur Festlegung der parallelen Rotationsachsen verwendet wurden, da die Testversion die Additionstheoreme bei parallelen Rotationsachsen nur für diese Strukturen

beherrscht. So wurde beispielsweise die in Abbildung 7.2 dargestellte Robotergeometrie getestet.

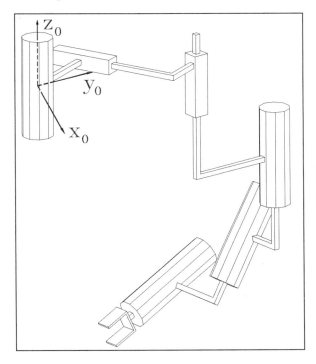

	Typ	θ_i	d_i	a_i	α_i
1	rot.	θ_1	0	a_1	90°
2	trans.	0°	d_2	a_2	90°
3	trans.	θ_3	d_3	a_3	0°
4	rot.	θ_4	d_4	a_4	α_4
5	rot.	θ_5	d_5	a_5	α_5
6	rot.	θ_6	0	0	0°

Abbildung 7.2: Spezialfall aus Klasse 2: Zwei Translationsgelenke zwischen parallelen Rotationsachsen

Unter Berücksichtigung der Spiegelung konnten alle 16 Robotergeometrien gelöst werden.

In Klasse 5 wurden drei Spezialfälle getestet. Auch hier wurden rechte Winkel benutzt, um das einzige Translationsgelenk zwischen den parallelen Rotationsachsen anzuordnen, wobei das Translationsgelenk senkrecht auf der Bewegungsebene der drei parallelen Rotationsgelenke stehen muß, da sonst eine gobal degenerierte Robotergeometrie vorliegt. Unter dieser Einschränkung konnten auch diese drei Testgeometrien durch das System korrekt invertiert werden.

7.6 Geometrien mit einer ebenen Gelenkgruppe

Zunächst eine Vorbemerkung: Bisher ist nur der allgemeine Fall des Prototyps 19a realisiert, d.h. die auf quadratische Lösungen führenden Spezialfälle sind nicht realisiert. Die Tests wurden daher für Robotergeometrien durchgeführt, die sich aus der alleinigen Forderung nach einer ebenen Gelenkgruppe ergeben. Im Anhang E.3 sind die Lösungsprotokolle der Geometrien R–P3–RR und R–RRT–RR als Beispiele zur Veranschaulichung des Aufbaus der Testgeometrien angegeben.

Zur Systemleistung für diese Klasse: Alle Robotergeometrien, die eine ebene Gelenkgruppe an erster oder zweiter Stelle in der kinematischen Kette besitzen, konnten durch das System gelöst werden. Beginnt die ebene Gelenkgruppe an dritter oder vierter Stelle, ist eine Lösung nicht möglich. Diese folgt jedoch über die Spiegelung der betreffenden Geometrie. Die Invertierung benötigte im Mittel eine Bearbeitungszeit von 64 Sekunden auf o.g. Hardware.

7.7 Exemplarische Betrachtung der Lösungsgüte

Um einen Eindruck von der Güte der berechneten Lösungen bezüglich der Genauigkeit der Rückwärtstransformation zu geben, wird in diesem Abschnitt eine von SKIP berechnete Lösung unter Verwendung des Computer Algebra Systems MAPLE ausgewertet [Cha88]. Wie bereits erwähnt, kann das Testsystem ein Protokoll im MAPLE-Format erzeugen, wobei auch die zur Ermittlung aller Lösungen für eine vorgegebene kartesische Zielstellung erforderlichen Programmschleifen im Protoll erzeugt werden. Daher ist es lediglich notwendig, die konkreten DH-Parameter sowie die zu invertierende Zielstellung in Verbindung mit dem Lösungsprotokoll in MAPLE einzulesen. Die berechneten Lösungen werden in den Feldern `wisol[]` bzw. `disol[]` abgelegt. Aus diesen Feldern sind nachfolgend die Lösungskonfigurationen zu extrahieren.

Als Beispiel wurde die in Abbildung 7.3 beschriebene Robotergeometrie bearbeitet. Sie entstammt der Heiß'schen Klasse 6. Das SKIP-Protokoll ist im Anhang E.1.5 angegeben.

Der Test wurde durch folgenden Ablauf realisiert:

1. Festlegung der DH-Parameter (siehe Abbildung 7.3)

2. Willkürliche Festlegung einer Konfiguration $\vec{q}_i$ (siehe Tabelle 7.3)

3. Vorwärtstransformation zur Berechnung von $^R\mathbf{T}_H(\vec{q}_i)$ (in MAPLE)

4. Berechnung der Determinante der Jacobi Matrix $dt_i = \det\left(\mathbf{J}(\vec{q}_i)\right)$ (in MAPLE)

5. Invertierung über die von SKIP erzeugte Protokolldatei liefert $\vec{q}_i{}^j$ mit ($j = 1, \ldots, N$), wobei N die Anzahl der reellwertigen Konfigurationen bezeichnet.

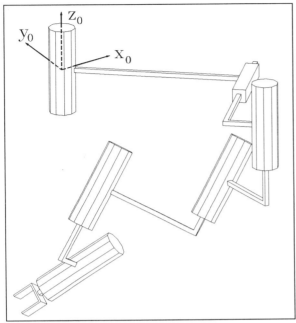

	Typ	θ_i	d_i	a_i	α_i
1	rot.	θ_1	0	a_1	$\pi/2$
2	trans.	$0°$	d_2	a_2	$\pi/2$
3	rot.	θ_3	d_3	a_3	α_3
4	rot.	θ_4	d_4	a_4	$0°$
5	rot.	θ_5	d_5	a_5	α_5
6	rot.	θ_6	0	0	$0°$

$$a_1 = 7.7 \quad d_3 = 0.77$$
$$a_2 = 3.1 \quad d_4 = 2.6$$
$$a_3 = 2.55 \quad d_5 = 3.7$$
$$a_4 = 5.13 \quad \alpha_3 = -1.33$$
$$a_5 = 1.1 \quad \alpha_5 = 2.43$$

Abbildung 7.3: Testgeometrie aus Heiß-Klasse 6

6. Für jede der ermittelten Konfigurationen j:

- Vorwärtstransformation liefert $^R\mathbf{T}_H(\vec{q_i}^{\,j})$

- Berechnung der absoluten Abweichungen der Elemente der vorgegebenen und der aus $\vec{q_i}^{\,j}$ folgenden $^R\mathbf{T}_H$-Matrix:

$$^i f_{kl}^j = \left| {}^R\mathbf{T}_H(\vec{q_i})\,[k,l] - {}^R\mathbf{T}_H(\vec{q_i}^{\,j})\,[k,l] \right|$$

  für $k = 1, 2, 3$ und $l = 1, \ldots, 4$

- Berechnung der maximalen Abweichung

$$^i f_{max}^j = \max_{k,l} \left\{ {}^i f_{kl}^j \right\}$$

- Berechnung der euklidischen Distanz zwischen vorgegebener Position $\vec{p_i}$ und der aus der Konfiguration j resultierenden Position $\vec{p_i}^{\,j}$:

$$^i f_p^j = \sqrt{(\vec{p_i} - \vec{p_i}^{\,j})^T (\vec{p_i} - \vec{p_i}^{\,j})}$$

Die Ergebnisse der Tests von 4 Konfigurationen sind in Tabelle 7.3 zusammengefaßt, wobei die Ergebniswerte in den beiden letzten Spalten gerundet sind.

i	$\vec{q}_i$	dt_i	j	${}^{i}f^{j}_{max}$	${}^{i}f^{j}_{p}$
1	$(-0.12, 4.1, 3.1, 1.7, -2.7, 2.2)$	-1.404	1 $(-)$	$0.9 \cdot 10^{-8}$	$0.92 \cdot 10^{-8}$
			2 $(\checkmark)$	$0.14 \cdot 10^{-7}$	$0.14 \cdot 10^{-7}$
			3 $(-)$	$0.4 \cdot 10^{-8}$	$0.6 \cdot 10^{-8}$
			4 $(\checkmark)$	$0.4 \cdot 10^{-8}$	$0.57 \cdot 10^{-8}$
			5 $(-)$	$0.2 \cdot 10^{-8}$	$0.24 \cdot 10^{-8}$
			6 $(\checkmark)$	$0.87 \cdot 10^{-7}$	$0.87 \cdot 10^{-7}$
			7 $(-)$	$0.2 \cdot 10^{-8}$	$0.24 \cdot 10^{-8}$
			8 $(\checkmark)$	$0.2 \cdot 10^{-8}$	$0.2 \cdot 10^{-8}$
2	$(2.1, 0.1, -1.1, -1.7, 0.7, 3.0)$	-0.034	1 $(-)$	$0.1 \cdot 10^{-7}$	$0.1 \cdot 10^{-7}$
			2 $(\checkmark)$	$0.1 \cdot 10^{-8}$	$0.1 \cdot 10^{-8}$
3	$(-1.1, 1.1, -1.1, 0.5, -0.5, 3.1)$	0	1 $(-)$	$0.1 \cdot 10^{-8}$	$0.1 \cdot 10^{-8}$
			2 $(\checkmark)$	$0.1 \cdot 10^{-8}$	$0.1 \cdot 10^{-8}$
			3 $(-)$	$0.1 \cdot 10^{-7}$	$0.1 \cdot 10^{-7}$
			4 $(\checkmark)$	$0.4 \cdot 10^{-7}$	$0.4 \cdot 10^{-7}$
			5 $(*)$	$0.1 \cdot 10^{-8}$	$0.1 \cdot 10^{-8}$
			6 $(*)$	$0.1 \cdot 10^{-8}$	$0.1 \cdot 10^{-8}$
			7 $(*)$	$0.1 \cdot 10^{-7}$	$0.1 \cdot 10^{-7}$
			8 $(*)$	$0.4 \cdot 10^{-7}$	$0.4 \cdot 10^{-7}$
4	$(1.1, 0, -2.1, 2.5, -0.5, -1.7)$	0	1 $(-)$	$0.1 \cdot 10^{-7}$	$0.1 \cdot 10^{-7}$
			2 $(\checkmark)$	$0.2 \cdot 10^{-8}$	$0.22 \cdot 10^{-8}$
			3 $(-)$	$0.1 \cdot 10^{-8}$	$0.1 \cdot 10^{-8}$
			4 $(\checkmark)$	$0.2 \cdot 10^{-9}$	0
			5 $(-)$	$0.2 \cdot 10^{-8}$	$0.22 \cdot 10^{-8}$
			6 $(\checkmark)$	$0.1 \cdot 10^{-7}$	$0.22 \cdot 10^{-8}$
			7 $(-)$	$0.2 \cdot 10^{-8}$	$0.22 \cdot 10^{-8}$
			8 $(\checkmark)$	$0.5 \cdot 10^{-8}$	$0.54 \cdot 10^{-8}$

Legende: $\checkmark$ Berechnete Konfiguration $\vec{q}_i{}^{,j}$ ist korrekt
            $-$ d_2 in $\vec{q}_i{}^{,j}$ ist negativ
            $*$ Berechnete Konfiguration $\vec{q}_i{}^{,j}$ ist bereits vorhanden

Tabelle 7.3: Testergebnisse für die in Abbildung 7.3 beschriebene Robotergeometrie

Die Werte wurden auf der Basis einer nicht optimierten, von SKIP ermittelten Lösung unter Verwendung von MAPLE berechnet. Es wurde eine Genauigkeit von 10 Stellen für die Mantisse von Gleitkommazahlen verwendet. Um die Genauigkeit der Lösungen insbesondere für singuläre Stellungen des Roboterarmes zu betrachten, wurden mit den Konfigurationen 3 und 4 zwei verschiedene Singularitäten gewählt. Die Konfiguration 3 ist singulär, da $\theta_4 + \theta_5 = 0$ gilt. Nach wie vor können 8 reele Lösungen berechnet werden, von denen allerdings 4 doppelt auftreten und 2 der verbleibenden 4 einen negativen Schubwert bedingen. Die Doppellösungen resultieren aus dem Zusammenfallen der zwei Lösungen für die Winkelsumme $\theta_4 + \theta_5$ in der Singularität. Dieser Effekt tritt bei der durch $d_2 = 0$ gegebenen Singularität in Konfiguration 4 nicht auf, da d_2 als letzte Variable eindeutig gelöst wird.

Die für die gewählte Geometrie berechneten Lösungen weisen durchweg eine hohe Genauigkeit auf. Auch in der Nähe bzw. in singulären Stellungen des Armes traten keine merkbaren Abweichungen von dieser hohen Genauigkeit auf.

Allerdings kann dieser Test nur eine Veranschaulichung der Güte und Korrektheit der berechneten inversen Lösung darstellen. Durch die gewählten Konfigurationen wird zwar ein breites Spektrum von Stellungen erfaßt. Dies schließt jedoch vor allem numerische Probleme bei der inversen Transformation auf der Basis der nicht optimierten Lösung nicht aus. Dies ist ein Ansatzpunkt für weitere Untersuchungen, die unter dem Oberbegriff 'Einsatz geschlossener Lösungen des IKP' zusammengefaßt werden können.

7.8   Zusammenfassende Bewertung

Durch die Dokumentation einer Vielzahl von Tests konnte gezeigt werden, daß das vorgeschlagene Konzept funktionsfähig ist. Insbesondere wurde deutlich, daß eine Fülle von quadratisch lösbaren Robotergeometrien mit der verwendeten Testversion gelöst werden können. Die Invertierung von Robotergeometrien mit einem Dreifachschnittpunkt von Rotationsachsen ist in dieser Version allerdings noch unzureichend gelöst. Am Beispiel von Lösungen über Prototyp 18 und im Kontext der Arbeiten von Craig und Pieper wurde deutlich, daß an dieser Stelle keine Schwäche der Methode vorliegt. Nach der Implementierung der entsprechenden Prototyps wird das System alle Geometrien mit einem Dreifachschnittpunkt invertieren können.

Ferner ist verdeutlicht worden, daß auch die Invertierung von Robotern mit einer ebenen Gelenkgruppe unter Verwendung des neuen Prototyps 19a problemlos möglich ist. Die automatische Berechnung einer geschlossenen Lösung für Robotergeometrien mit Lösungsansätzen vom Grad 4 auf der Basis von Prototypen ist bisher

nur von Rieseler, Schrake und Wahl vorgestellt worden [Rie91]. In Verbindung mit
den ebenfalls neuen Prototypen 14, 18 und 20, die in anderen Prototypen-basierten
Invertierungssystemen ebenfalls nicht zum Einsatz kommen (siehe Abschnitt 4.3),
stellt SKIP auch in Bezug auf quadratisch lösbare Robotergeometrien das derzeit
leistungsfähigste Invertierungssystem dar.

Ein weiterer Aspekt in der Systembewertung ist die zur Invertierung benötigte Bearbeitungszeit. Für die meisten der erfolgreich invertierten Roboter liegt sie im
Bereich einer Minute. Sollte eine Lösung nicht möglich sein, so kann sich diese Zeit
verdoppeln.

Zusammenfassend läßt sich bezüglich des Invertierungskonzepts daher festhalten:

- Das vorgestellte Konzept ist zur Invertierung umfangreicher Klassen von Robotergeometrien mit Lösungen vom Grad ≤ 4 geeignet.

- Die realisierte Testversion von SKIP ist eines der derzeit schnellsten Invertierungssysteme.

- Keines der vergleichbaren Prototyp-basierten Invertierungssysteme ist in der
  Lage, eine ähnlich umfangreiche Klasse von Roboterarchitekturen erfolgreich
  zu bearbeiten.

- Der numerische Vergleich vorgegebener kartesischer Stellungen mit den aus der
  berechneten inversen Transformation resultierenden kartesischen Stellungen
  würde ohne Rundungsfehler eine vollständige Übereinstimmung ergeben. Er
  weist trotz der unvermeidbaren Rundungsfehler auf eine hohe Genauigkeit
  der inversen Transformation hin, obwohl keinerlei formale Vereinfachung der
  erzeugten (formalen) Lösung vorgenommen wurde.

Kapitel 8

Anwendungen

Die Motivation zur Entwicklung von SKIP bestand darin zu zeigen, daß die Berechnung von geschlossenen Lösungen des IKP mit a priori lösbaren Gleichungsprototypen und einer mathematisch-strukturellen Analyse der aus den kinematischen Gleichungen und deren systematischer Umformung folgenden Gleichungen vor allem für quadratisch lösbare Robotergeometrien in einfacher und schneller Weise möglich ist. Neben dieser Hauptanwendung dient SKIP als Werkzeug bei der weiteren Untersuchung der sich in Verbindung mit dem IKP stellenden Probleme, wie beispielsweise einer vollständigen strukturellen Charakterisierung aller 6-achsiger, nicht-degenerierter Robotergeometrien im Sinne ihrer Lösungskomplexität. Daneben sind allerdings auch praxisbezogene Einsatzmöglichkeiten des Systems in thematisch angrenzenden Gebieten denkbar:

- Anwendung des Systems zur Invertierung redundanter Robotergeometrien
- Einsatz des Systems in einem Robotersimulationssystem

Im folgenden wird für jedes der Gebiete ein erster Ansatz zur Anwendung von SKIP vorgestellt. Da der Schwerpunkt dieser Arbeit auf der Entwicklung des Invertierungssystems liegt, soll hier allerdings nur ein Eindruck von den Einsatzmöglichkeiten in den genannten Gebieten gegeben werden.

8.1 Invertierung redundanter Roboter

Die Anzahl der Gelenke einer Robotergeometrie wird als Getriebefreiheitsgrad bezeichnet. In Ergänzung dazu wird die Anzahl der unabhängigen translatorischen und rotatorischen Bewegungen des letzten Gliedkoordinatensystems (Handsystem), die aus der Anordnung der Gelenke folgen, als kartesischer Freiheitsgrad der Robotergeometrie bezeichnet. Ist der kartesische Freiheitsgrad an jedem Punkt des Arbeitsraums kleiner als 6, so ist die Geometrie global degeneriert. Eine Geometrie wird als redundant bezeichnet, wenn der Getriebefreiheitsgrad n größer als 6 ist. Anschaulich bedeutet eine Redundanz, daß vorgegebene Positionen und Orientierungen zumindest in einem Teilgebiet des Arbeitsraums in unendlich vielen Armstellungen erreicht werden können, d.h. die inverse kinematische Transformation besitzt unendlich viele Lösungen, was sich in einer Abhängigkeit der Gelenkstellungen untereinander ausdrückt. Daher ist es für redundante Robotergeometrien nur möglich, eine funktional-geschlossene Lösung, d.h. eine geschlossene Lösung, in der weitere Gelenkvariablen auftreten, zu berechnen[1].

Zur Auflösung der Redundanz müssen zusätzliche Bedingungen an die Stellung des Armes geknüpft werden, um die Lösung aller Gelenkvariablen berechnen zu können. Denkbar ist beispielsweise eine Bewertung der Armstellung bezüglich singulärer Stellungen wie sie u.a. von Yoshikawa zur Verwendung in einem numerischen Invertierungsverfahren vorgeschlagen wird [Yos84, Yos85]. Eine weitere u.a. von Klein verwendete Strategie ist, Elemente der Kollisionsvermeidung zur Auflösung der Redundanz zu verwenden [Kle84].

Im Gegensatz zu den genannten Verfahren wird in dem hier skizzierten Ansatz angenommen, daß die Redundanzauflösung nicht bereits bei der Invertierung stattfindet. Da es unter dieser Annahme nicht mehr möglich ist, alle Gelenkvariablen geschlossen zu lösen, muß eine geeignete, allein auf den kinematischen Gegebenheiten basierende Auswahl getroffen werden, welche Gelenke sinnvollerweise gelöst werden sollten. Die resultierenden geschlossenen Lösungen sind in diesem Fall von den Gelenkstellwerten der nicht gelösten Variablen funktional abhängig. Die Auflösung der Redundanz wird somit in die spätere Anwendung dieser funktional-geschlossenen Lösungen verlagert [Sch90a, Sch90c].

Diese Art der Herleitung geschlossener Lösungen für redundante Robotergeometrien wurde von Hemami vorgeschlagen [Hem88]. Die Idee seines Ansatzes besteht darin, für eine redundante Robotergeometrie mit $n > 6$ Gelenken eine Menge auf 6 Gelenke reduzierter Robotergeometrien herzuleiten, indem einige der Gelenke als parametrisch konstant betrachtet werden. Dabei ist offensichtlich, daß nicht beliebige Gelenke ausgewählt werden dürfen, da für die enstehende reduzierte Geometrie zu fordern ist, daß sie nicht global degeneriert ist. Hemami verwendet zu Demonstrationszwecken eine dem menschlichen Arm nachempfundene, 7-achsige Geometrie

---

[1]Abweichend hiervon wird eine Geometrie häufig auch als redundant bezeichnet, wenn der Getriebefreiheitsgrad den zur Durchführung einer Aufgabe minimal erforderlichen kartesischen Freiheitsgrad übersteigt.

und wählt festzuhaltende Gelenke durch geometrische Überlegungen aus.

Unter Verwendung der in Abschnitt 2.4 vorgestellten Methoden zur Erkennung globaler degenerierter Roboter wird im folgenden ein systematisches Verfahren zur Ermittlung aller nicht degenerierten reduzierten Geometrien einer redundanten Robotergeometrie angegeben. Das Ziel dieses Verfahrens ist eine Liste von reduzierten Robotergeometrien, die neben den parametrisch konstanten Gelenken jeweils 6 weitere Gelenke besitzen und deren kartesischer Freiheitsgrad 6 ist. Im folgenden werden diese weiteren Gelenke als freie Gelenke bezeichnet.

Prinzipiell müssen dazu alle durch die Auswahl von n-6 Gelenken enstehenden $\binom{n}{n-6}$ reduzierten Robotergeometrien auf globale Degeneration untersucht werden. Die direkte Verwendung der Heiß'schen Degenerationskriterien (siehe Seite 21) liefert jedoch ein effizienteres Verfahren [Sch90c]:

1. Ermittle eine Menge von Gelenken, die eine globale Degeneration hervorrufen, wenn sie zu den 6 verbleibenden, freien Gelenken einer reduzierten Geometrie gehören. Dieser Schritt wird durch sukzessive Tests der 8 Degenerationskriterien ausgeführt, d.h. es wird beispielsweise festgestellt, ob 3 dauernd komplanare Schubgelenke in der Robotergeometrie vorliegen; diese bilden dann die gesuchten Gelenke. Dieser Schritt endet, wenn eines der Kriterien greift oder wenn alle Kriterien erfolglos getestet wurden.

2. Enthält die resultierende Gelenkmenge $k > 0$ Gelenke, so wird für jedes der Gelenke der Menge eine reduzierte Geometrie erzeugt, in der das jeweilige Gelenk parametrisch konstant zu setzen ist.

   - Besitzen die entstandenen Geometrien mehr als 6 Gelenke, so wird jede der Geometrien erneut dem Verfahren unterworfen. Allerdings müssen nun nur noch das letzte der bisher getesteten Kriterien sowie die nachfolgenden geprüft werden.

   - Liegen nur noch 6 freie Gelenke vor, so wird jede Geometrie nochmals auf globale Degeneration untersucht. Die nicht degenerierten reduzierten Geometrien werden in die Ergebnisliste des Verfahrens aufgenommen.

3. Ist die aus 1. folgende Liste leer und besitzt die Geometrie noch n' Gelenke ($n' > 6$), so werden alle $\binom{n'}{n'-6}$ durch kombinatorische Gelenkauswahl entstehenden reduzierten Geometrien mit 6 freien Gelenken gebildet. Keine dieser Geometrien kann global degeneriert sein; sie werden daher in die Ergebnisliste des Verfahrens aufgenommen.

Dieses Verfahren soll am Beispiel der in Abbildung 8.1 gegebenen 8-achsigen Geometrie demonstriert werden.

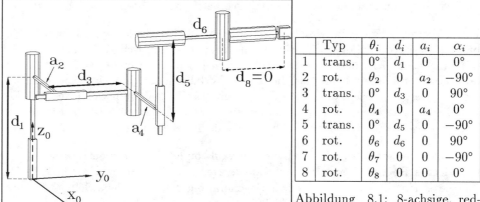

	Typ	θ_i	d_i	a_i	α_i
1	trans.	$0°$	d_1	0	$0°$
2	rot.	θ_2	0	a_2	$-90°$
3	trans.	$0°$	d_3	0	$90°$
4	rot.	θ_4	0	a_4	$0°$
5	trans.	$0°$	d_5	0	$-90°$
6	rot.	θ_6	d_6	0	$90°$
7	rot.	θ_7	0	0	$-90°$
8	rot.	θ_8	0	0	$0°$

Abbildung 8.1: 8-achsige, redundante Geometrie

#	Red. Geometrie	Ergebnis Deg.-analyse
1	[2,3,4,5,6,7,8]	Kriterium 6: (2,3,4,6,7,8)
2	[1,2,4,5,6,7,8]	Kriterium 7: (1,5)
3	[1,2,3,4,6,7,8]	Kriterium 6: (2,3,4,6,7,8)

Kriterium 7:
2 Schubgelenke sind dauernd zueinander parallel

Tabelle 8.1: Teilweise reduzierte, 7-achsige Geometrien

Im ersten Schritt des Verfahrens greift das Kriterium 1: Die Translationsachsen 1, 3 und 5 sind dauernd komplanar. Die resultierende Liste der parametrisch konstant zu setzenden Gelenke nach dem ersten Schritt ist daher (1,3,5), denn wenn diese 3 Gelenke als freie Gelenke in einer reduzierten 6-achsigen Geometrie auftreten, ist diese global degeneriert. Nach dem ersten Schritt ergeben sich daher 3 teilweise reduzierte Geometrien mit je 7 Achsen, die je eines der Gelenke der Liste als parametrisch konstantes Gelenk besitzen. Diese 3 Geometrien sind wiederum dem Verfahren zu unterwerfen. Die 7-achsigen Geometrien und das Ergebnis des zweiten Laufs sind in Tabelle 8.1 angegeben.

Für die entstandenen Zwischengeometrien lassen sich wiederum Gelenke finden, die eine globale Degeneration erzeugen würden (siehe Tabelle 8.1). Aus den gegebenen Listen konstant zu setzender Gelenke ergeben sich die Geometrien in Tabelle 8.2. Die Zehnerstelle der Nummern kennzeichnet die Ausgangsgeometrie in Tabelle 8.1.

#	Red. Geometrie	Ergebnis Deg.-analyse	Heiß-Klasse	SKIP-gelöst
11	[3,4,5,6,7,8]	→ Ergebnisliste	3	ja
12	[2,4,5,6,7,8]	→ Ergebnisliste	12	ja
13	[2,3,5,6,7,8]	→ Ergebnisliste	3	ja
14	[2,3,4,5,7,8]	→ Ergebnisliste	2	ja
15	[2,3,4,5,6,8]	→ Ergebnisliste	2	ja
16	[2,3,4,5,6,7]	→ Ergebnisliste	2	ja
21	[2,4,5,6,7,8]	siehe 12		
22	[1,2,4,6,7,8]	→ Ergebnisliste	12	ja
31	[1,3,4,6,7,8]	→ Ergebnisliste	3	ja
32	[1,2,4,6,7,8]	siehe 22		
33	[1,2,3,6,7,8]	→ Ergebnisliste	3	ja
34	[1,2,3,4,7,8]	→ Ergebnisliste	2	ja
35	[1,2,3,4,6,8]	→ Ergebnisliste	2	ja
36	[1,2,3,4,6,7]	→ Ergebnisliste	2	ja

Tabelle 8.2: Reduzierte, 6-achsige Geometrien und deren Invertierung durch SKIP

Die Ergebnisliste der reduzierten, 6-achsigen Geometrien enthält also 12 Geometrien von $\binom{8}{2} = 28$ kombinatorisch möglichen Geometrien. Des weiteren läßt sich feststellen, daß alle reduzierten Geometrien quadratisch lösbar sind. Sie lassen sich den Heiß'schen Klassen 2, 3 bzw. 12 zuordnen. Diese quadratische Lösbarkeit ist jedoch nicht direkt mit der Lösbarkeit durch SKIP gleichzusetzen, da die in SKIP verwendeten Prototypen in erster Linie für 6-achsige, nicht redundante Robotergeometrien entwickelt wurden. Durch die parametrisch konstanten Gelenke treten jedoch Gleichungen auf, die zwar prinzipiell lösbar sind, deren Form jedoch von den derzeit verwendeten Prototypen abweicht. Beispiele dafür werden von Schrake, Rieseler und Wahl angegeben [Sch90b, Sch90c]. Für diese Fälle konnten Prototypen entwickelt werden, die den speziellen Anforderungen der Invertierung redundanter Robotergeometrien genügen [Sch90a].

In diesem Fall ist dies jedoch nicht notwendig: Für jede der nicht degenerierten reduzierten Geometrien wurde versucht, eine geschlossene Lösung mit SKIP zu berechnen, wobei die der jeweiligen Geometrie zugehörigen n-6 Gelenke als parametrisch konstant anzusehen sind. Die Gleichungen sowie einige Kurzprotokolle finden sich im Anhang D.3. Die Ergebnisse sind in Tabelle 8.2 angegeben. Die Geometrien 12 und 22 wurden über den neuen Prototyp 19 gelöst. Allerdings findet er hier eine Anwendung auf 2 Elemente der Positionsspalte. Die verwendeten Gleichungen T-(2,0)[4] und T-(2,0)[12] erlauben eine quadratische Lösung in θ_2. Die Form der Gleichungen entspricht der dritten der in Tabelle 3.6 auf Seite 62 genannten kinematischen Einschränkungen, die auf eine quadratische Lösbarkeit führen. Nachfolgend ergibt sich eine eindeutige Lösung für θ_4.

Die generelle Frage nach der Verwendung dieser funktional-geschlossenen Lösungen ist nach wie vor unbeantwortet. Hemami schlägt die Nutzung der verschiedenen Lösungen in kleinen Trajektorienabschnitten vor [Hem88]. Auch er bleibt jedoch die Antwort schuldig, nach welchen Kriterien und mit welchen Werten die parametrisch konstanten Gelenke zu besetzen sind. An dieser Stelle ist daher ein Ansatzpunkt für eine vertiefende Untersuchung dieser speziellen Vorgehensweise der Invertierung redundanter Robotergeometrien zu sehen. Eine weitere Frage ist, ob und wie die Auflösung der Redundanz bereits bei der Invertierung durchgeführt werden kann. Der dem Invertierungsverfahren zugrundeliegende Gleichungssatz ist dazu in geeigneter Weise zu erweitern. Insbesondere ist zu prüfen, inwieweit die o.g. Zusatzbedingungen, die bereits in numerischen Verfahren zum Einsatz kommen, auch für eine analytische Lösung verwendbar sind.

8.2   Integration in ein Robotersimulationssystem

Sowohl in Robotersimulationssystemen wie auch in Robotersteuerungen wird die kinematische Rückwärtstransformation benötigt, um diese Systeme mit den Möglichkeiten der kartesischen Bahnvorgabe auszustatten. Zu ihrer Realisierung sind prinzipiell zwei Ansätze zu unterscheiden, die beide einige Vor- und Nachteile aufweisen:

1. Einsatz numerischer Verfahren zur Rückwärtstransformation:

   + Für beliebige, insbesondere auch für redundante Roboter einsetzbar

   + Großer Erfahrungsschatz (siehe z.B. [Red86, Dai86, Kel88, Liu88, Man88, Epp89])

   − Zeitbedarf nicht konstant und zudem lang

   − Man erhält i.allg. nur eine von mehreren möglichen Lösungen

   − Konvergenzprobleme in der Nähe von Singularitäten

   o Durch spezielle Verfahren kann der eine oder andere Nachteil gemildert werden

2. Einsatz geschlossener Lösungen des IKP:

   + Deutlich kürzere Berechnungszeiten

   + Berechnung aller möglichen Lösungen

+ Mehrfachlösungen bieten die Möglichkeit der Auswahl der für eine konkrete Position und Orientierung zu verwendenden Lösung

− Geschlossene Lösungen existieren nicht für alle Robotergeometrien

o Dieser Nachteil wird durch die Tatsache relativiert, daß für die meisten
 der bisher industriell relevanten Roboter eine geschlossene Lösung existiert.

Aufgrund der i.allg. deutlichen Geschwindigkeitsvorteile der geschlossenen Lösungen
sind diese sowohl für universelle, d.h. durch einfache Programmierung an verschiedene Roboterarme anpaßbare Robotersteuerungen als auch für Robotersimulations-
systeme bevorzugt zu verwenden. Besondere Bedeutung für Robotersteuerungen
haben geschlossene Lösungen darüber hinaus durch die Entwicklung eines Spezial-
prozessors bekommen, der mit der geschlossenen Lösung programmierbar ist und
die Invertierung einer gegebenen kartesischen Position und Orientierung für gängige
Industrieroboter in weniger als 100 μs berechnet [Kam89].

Für den Roboterkonstrukteur und insbesondere auch für die Ausbildung von Studenten und Fachpersonal ist es wünschenswert, den gesamten Ablauf vom Design
eines Roboters über seine Invertierung bis hin zur kartesischen Bewegungsvorgabe
in einem einzigen Simulationspaket zur Verfügung zu stellen. Auch kommerzielle
Anbieter von Robotersimulatoren sehen daher mittlerweile die Integration der Invertierung bzw. die Verwendung vorbereiteter Lösungsformeln vor. So ist das von
Halperin entwickelte System in ROBCAD integriert [Hal91, ROB90]; CIMSTATION
enthält spezielle Module zur arithmetischen Ermittlung von Lösungen zweiten und
vierten Grades [Cra, Cim90]. Beide Systeme bieten durch diese Technik die Möglichkeit, benutzerdefinierte Robotergeometrien in eine Roboterbibliothek aufzunehmen.
Allerdings können dem Benutzer die geschlossenen Lösungen bei Bedarf, zumindest
von CIMSTATION, nicht explizit zur Verfügung gestellt werden.

Am Institut für Robotik und Prozeßinformatik der TU Braunschweig wurde das PC-
basierte Robotermodellier- und -simulationssystem RMS/URSI entwickelt. Dieses
System wird vornehmlich für die Ausbildung im Rahmen eines Praktikums eingesetzt. In diesem Zusammenhang wurde exemplarisch eine Integration der von SKIP
berechneten Lösungen in dieses System vorgenommen [Lal91, Dro90]. Der nahe-
liegende Ansatz, aus der berechneten inversen Lösung automatisch Programmkode
zu erzeugen, diesen zu übersetzen und anschließend mit dem Simulationsmodul zu
binden, wurde aus Gründen zu langer Wartezeiten des Benutzers während des Bin-
dens verworfen. Auch die Möglichkeit, den Simulator und das Invertierungsmodul
als zwei kommunizierende Prozeße zu installieren, bestand bei der zur Verfügung
stehenden Hard-/Software-Kombination nicht.

Eine Alternative zu den genannten Vorgehensweisen besteht darin, die Gleichungen der geschlossenen Lösung interpretativ auswerten zu lassen. Zu diesem Zweck wurde in dem Simulator ein arithmetischer Formelinterpreter implementiert. Die von SKIP berechneten geschlossenen Lösungen werden dem Simulator zur Initialisierung des Interpreters über eine Dateischnittstelle zugeführt. Um eine effiziente interpretative Bearbeitung der Gleichungen zu erhalten, werden diese intern in Postfix-Format abgelegt. Zur Vereinfachung der Initialisierungsroutine wird gefordert, daß die Lösungsgleichungen bereits in Postfix-Format in der Datei vorliegen. Dieses Format hat den Vorteil, daß ein mathematischer Ausdruck in einem einzigen Durchlauf unter Verwendung eines Operandenstacks ausgewertet werden kann.

Das folgende Listing gibt beispielsweise einige der Lösungsformeln des Stanford-Manipulators in Postfix-Format an:

```
W1   d2 Py 2 ^ Px 2 ^ + d2 2 ^ - rt pm at2 Py Px neg at2 - =
W2   Px W1 co * Py W1 si * + Pz at2 =
W2   W2 180 + =
        . . .
D3   W2 si Px W1 co * Py W1 si * + * Pz W2 co * + =
```

Die Arbeitsweise und das Zusammenspiel des Invertierungsmoduls mit dem Simulator sind in Abbildung 8.2 dargestellt.

Die von SKIP gelieferten Postfix Ausdrücke werden in einem ersten Schritt in eine interne Darstellung umgewandelt. Dies wird durch die Vergabe von Token erreicht. Für die Berechnung der Variable W2 im obigen Beispiel wird beispielsweise

Px W1 COSI MULT Py W1 SINU MULT PLUS Pz ATAN

erzeugt. Die Variable sowie die Zuweisungsoperation wurden offensichtlich entfernt. Es geht in diesem Stück Befehlscode des formelinterpretierenden Stackrechners nur um die Berechnung des Wertes. Die Zuweisung erfolgt durch eine weitere Komponente zur Steuerung des Stackrechners.

Es sind zwei Arten von Token zu unterscheiden:

- Variablen, deren Wert auf den Operandenstack zu laden sind

- Funktionen, die die obersten Elemente des Operandenstacks zu einem neuen Wert verknüpfen

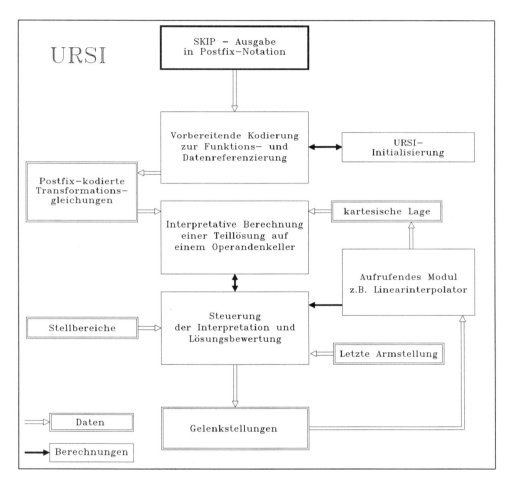

Abbildung 8.2: Interpretative Invertierung in dem Simulationssystem URSI

Die Variablentoken können als Indizes eines Parameterfeldes angesehen werden, welches mit den konkreten, einer Position und Orientierung entsprechenden Werten besetzt wird. Nach dem Einlesen der Postfix Ausdrücke können diese Indizes durch die physikalischen Hauptspeicheradressen ersetzt werden, was zu einer zusätzlichen Beschleunigung der Invertierung führt.

Zur Invertierung werden die durch eine gewünschte kartesische Lage gegebenen Werte in das o.g. Parameterfeld übertragen. Diese Lage stammt aus dem jeweils aufrufenden Modul, wie z.B. einem Linearinterpolator. Anschließend erfolgt die interpretative Bearbeitung des Operandenstacks, d.h. die den eingelesenen Ausdrücken entsprechenden Tokenlisten werden auf dem Stackrechner abgearbeitet. Der Stackrechner in Verbindung mit einer darüber liegenden Steuerungsschicht gewährleistet dabei für jede der berechneten Gelenkstellungen:

- die Einhaltung der Gelenkstellbereiche

- die Erreichbarkeit der Stellung

- die Berechnung aller gültigen Mehrfachlösungen

In Verbindung mit der letzten Stellung des Roboterarmes kann auf Wunsch des Benutzers die der aktuellen Armstellung am nächsten liegende Lösung ausgewählt werden. Dies ist als einfache Auswahlstrategie zu verstehen, die beispielsweise zur Linearinterpolation verwendet werden kann. Allerdings treten in der Nähe von singulären Stellungen des Arms Probleme auf. Durch Rechenungenauigkeiten kann u.U. ein alternierender Konfigurationswechsel des Armes (beispielsweise ein Wechsel zwischen oberer und unterer Armstellung bei einem PUMA-artigen Roboter) eintreten, obwohl durch höhere Genauigkeit nur eine Konfiguration berechnet würde.

In Abbildung 8.3 ist exemplarisch die Trajektorie eines am Greifer eines Adept One Roboters definierten Punktes bei einer aus linear interpolierten Segmenten zusammengesetzten Bahn dargestellt.

In Abbildung 8.4 sind am Beispiel eines Manutec Roboters die für eine feste Position und Orientierung der Hand möglichen 4 Armstellungen angegeben. Dabei ist zu bemerken, daß in jeder dieser Stellungen zwei verschiedene Gelenkstellwertsätze zur Orientierungseinstellung vorliegen, also insgesamt 8 Konfigurationen als Lösung berechnet wurden. Die unterschiedlichen Orientierungen äußern sich allerdings nicht in der graphischen Darstellung; auf die doppelte Darstellung wurde daher verzichtet.

Zur Feststellung der erreichbaren Geschwindigkeiten auf einem PC AT mit 80386 / 80387 Prozessoren bei 16 MHz wurden Zeitmessungen für einige Industrieroboter

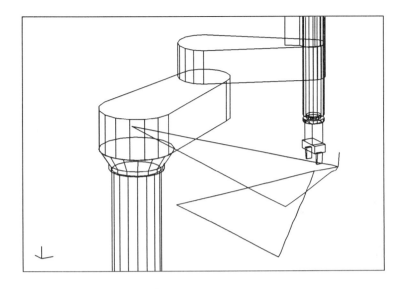

Abbildung 8.3: Linear interpolierte Bahnsegmente bei einem Adept One Roboter

durchgeführt. Drögemüller gibt mittlere Invertierungszeiten für eine gegebene Position und Orientierung an [Dro90]:

Roboter	Berechnung aller möglichen Lösungen	Keine Lösung möglich
Manutec	42 ms	13 ms
Puma-artig	27 ms	12 ms
RM-501	21 ms	10 ms

Eine Verbesserung der Invertierungszeiten kann erreicht werden, indem die von SKIP gelieferten Lösungsformeln zuvor einer von Hand durchgeführten Optimierung unterworfen werden: Mehrfach verwendete Terme werden zunächst als Hilfsvariablen eingeführt und vor dem eigentlichen Lösungsprozeß auf dem Stackrechner ausgewertet. Bei der nachfolgenden, interpretativen Auswertung der modifizierten Lösungsformeln finden dann bereits die konkreten Werte der Hilfsvariablen Verwendung. Die Invertierungszeiten können damit um ca. 25% reduziert werden. Wesentlich kürzere Zeiten ergeben sich für die alleinige Berechnung der der aktuellen Stellung am nächsten liegenden Lösung. Für die angegebenen Testroboter liegen die Zeiten unter 20 ms.

Für die Verwendung der SKIP-Lösungen im Sinne dieses Abschnitts folgt daraus also:

Abbildung 8.4: Interpretativ berechnete Stellungen eines Manutec Roboters

1. Die von SKIP erzeugten Lösungformeln können durch einen nachfolgenden Optimierungsschritt deutlich verbessert werden. Dabei sind insbesondere mehrfach auftretende Terme zu Hilfsvariablen zusammenzufassen.

2. Zur Auswahl einer aus mehreren möglichen Lösungen sind Strategien erforderlich, die die Bewegung des Arms auf das notwendige Maß beschränken. Insbesondere ist zu untersuchen, wie sich diese Strategien in der Nähe singulärer Stellungen verhalten.

Eine Alternative zu der hier vorgestellten Form der Lösungsauswertung besteht darin, nicht die symbolisch erzeugten Lösungsformeln, sondern einen Verweis auf den Prototyp in Verbindung mit den extrahierten, in Postfix-Format dargestellten Gleichungsparametern an das Simulationssystem zu übergeben. Die Auswertung der Parameter kann nach wie vor durch den Interpreter erfolgen. Für jeden der Prototypen kann jedoch eine spezielle Lösungsroutine als Befehl des Stackrechners implementiert werden. Diese Vorgehensweise hat den Nachteil, daß weitere Prototypen durch Hinzufügen einer entsprechenden Auswerteroutine integriert werden müssen, d.h. daß eine Modifikation des Programmsystems notwendig wird. Dem steht allerdings der große Vorteil einer vermutlich deutlichen Geschwindigkeitssteigerung gegenüber [Dro90].

Kapitel 9

Zusammenfassung und Ausblick

In der vorliegenden Arbeit wird ein Konzept zur automatisierten Berechnung von geschlossenen Lösungen des IKP für 6-achsige, nicht degenerierte Roboter vorgestellt. Die Leitgedanken dieses Konzepts sind:

- Verwendung der Denavit-Hartenberg Notation in Verbindung mit homogenen Transformationsmatrizen zur Beschreibung der Gelenkanordnung des Roboters (kinematische Kette)

- Erzeugung einer Gleichungsdatenbasis durch Variation der Lage des Bezugs-bzw. Zielkoordinatensystems in der kinematischen Kette

- Aufbau einer Merkmalsdatenbasis durch Vorabextraktion lösungsrelevanter Gleichungsmerkmale für jede Gleichung der Gleichungsdatenbasis

- Prototyp-basierte Ermittlung von Kandidatenmengen potentiell lösbarer Gleichungen über die Merkmalsdatenbasis

- Auswahl zur Lösungserzeugung zu verwendender Kandidaten über ein heuristisch festgelegtes Komplexitätsmaß

Nach einer informellen Einführung in die Fragestellung des inversen kinematischen Problems werden zunächst die in dieser Arbeit benötigten Grundlagen der Roboterkinematik vorgestellt. Die von Paul beschriebene Methode zur Lösung des IKP wird an einem Beispiel verdeutlicht. Da in der vorliegenden Arbeit die automatisierte Invertierung von nicht global degenerierten Robotergeometrien angestrebt wird, werden zwei Methoden zur Erkennung global degenerierter Robotergeometrien vorgestellt. Während die von Heiß erstellten 8 geometrisch-strukturellen Kriterien sehr gut durch den menschlichen Experten verwendet und interpretiert werden können, ist die formale Ermittlung der Determinante der Jacobi-Matrix besser für die Implementierung auf der Basis eines Computer Algebra Systems geeignet.

Zu den Grundlagen der Arbeit zählen auch die zur Vereinfachung einer Gelenktabelle genannten Möglichkeiten. Besondere Bedeutung kommt dabei der Standardisierung der Winkel um die x- bzw. z-Achse bei orthogonalen Teilstrukturen sowie der bereits von Heiß vorgeschlagenen Spiegelung von Robotergeometrien zu. Die aus diesen Vereinfachungen folgenden Roboterstrukturen stellen die Eingabe eines Systemkerns dar, dessen Konzeption Gegenstand dieser Arbeit ist.

Eines der wesentlichen theoretischen Ergebnisse der Arbeit ist die Vorgehensweise zur Lösung des IKP für alle Robotergeometrien mit einer ebenen Gelenkgruppe. Es wird gezeigt, daß diese Geometrien eine bisher nicht bekannte Roboterklasse bilden, deren Lösungen über Gleichungen vom Grad ≤ 4 berechnet werden können. Unter Verwendung eines aus der Literatur bekannten Dekompositionskriteriums für kinematische Gleichungen vom Grad 4 werden ferner kinematische Einschränkungen ermittelt, die auf Geometrien aus dieser Klasse führen, deren Lösungen über quadratische Gleichungen berechnet werden können. Die Herleitung des Ergebnisses ist gleichzeitig eine Verdeutlichung des Konzepts der Prototypen-basierten Invertierung.

Dieses an die Methode von Paul angelehnte Konzept wird im Anschluß erläutert. Durch eine systematische Umformung der kinematischen Gleichungen wird eine umfangreiche Gleichungsdatenbasis erzeugt, die die Grundlage der Invertierung bildet. In ihr sind nach einzelnen Gelenkvariablen auslösbare Gleichungen bzw. Gleichungskombinationen zu suchen. Diese Suche wird auf einen Satz von Gleichungsprototypen mit a priori bekannten Lösungen beschränkt. Die Verwendung von Gleichungsprototypen hat den Vorteil, daß sich die Suche nach lösbaren Gleichungen darauf beschränkt, Gleichungen zu ermitteln, die Prototyp-spezifischen Merkmalen genügen. Aus diesem Grund wird vor dem eigentlichen Lösungsprozeß eine Extraktion lösungsrelevanter Gleichungsmerkmale vorgenommen. Sie führt auf eine deutliche Reduktion des Suchraums.

Die mathematische Basis des vorgeschlagenen Verfahrens bildet somit der verwendete Satz von Gleichungsprototypen. Einige grundlegende Prototypen sind bereits aus der Literatur bekannt. Diese werden insbesondere unter dem Aspekt der Berechnung korrekter Lösungen um einige wesentliche Prototypen ergänzt. Dazu zählen ferner die aus der Berechnung der Lösungen für Roboter mit einer ebenen Gelenkgruppe folgenden Prototypen. Dieser erweiterte Satz von Prototypen in Verbindung mit der auf Merkmalen basierenden Suche nach lösbaren Gleichungen ist letztlich der Grund für eine Systemleistung, die von anderen Prototyp-basierten Invertierungssystemen weder bezüglich der Verfahrensgeschwindigkeit noch bezüglich der

Menge invertierbarer Roboter bisher erreicht wird.

Die Leistungsfähigkeit des Ansatzes wird durch eine in Prolog vorgenommene Implementierung einer Testversion unter Beweis gestellt. Die Ergebnisse zeigen, daß die überwiegende Zahl der als quadratisch lösbar bekannten Robotergeometrien bereits von dem Testsystem gelöst werden können. Auch Robotergeometrien mit einer ebenen Gelenkgruppe werden problemlos bearbeitet. Die Bearbeitungszeiten liegen zwischen 1 und 2 Minuten auf einer Sun Workstation 4/260. Bei der Invertierung von Geometrien mit einem Dreifachschnittpunkt von Rotationsachsen treten noch Schwächen auf, da die Entwicklung und Implementierung der entsprechenden Prototypen noch nicht abgeschlossen sind. Die Vorgehensweise zur Lösung ist zwar aus der Literatur bekannt, die Umsetzung in direkt verwendbare Prototypen ist in den entsprechenden Arbeiten jedoch nicht erfolgt.

Den Abschluß der Arbeit bildet eine Kurzbeschreibung zweier möglicher Anwendungsgebiete des Invertierungssystems: Verwendung zur Berechnung funktional geschlossener Lösungen des IKP für redundante Robotergeometrien und Integration der inversen Lösung in ein Robotersimulationssystem zur Unterstützung kartesischer Programmierung.

Was bleibt weiter zu tun? Zunächst ist klar, daß das bisher entstandene System nur der Evaluierung der Prinzipien des vorgestellten Konzepts dienen kann und soll. Einige der vorgeschlagenen Prototypen sind noch nicht implementiert. Die die Vereinfachungen einer Geometrie vornehmende Systemschale fehlt vollständig. Ihre Funktion muß bisher durch den Benutzer übernommen werden. Die erforderlichen Arbeiten zur Komplettierung reduzieren sich jedoch im wesentlichen auf die Implementierung der hier genannten Methoden.

Eine anspruchsvollere Aufgabe stellt sich in Verbindung mit der Lösungskorrektheit. In der vorliegenden Arbeit wurde gezeigt, daß die willkürliche Anwendung von Prototypen problembehaftet ist. Die Prototypen, die diese Probleme verursachen, haben allerdings eine sehr einfache Struktur. So ist zum Beispiel eine Gleichung vom Prototyp 6 auf einer linken Gleichungsseite einfacher zu erkennen, als die entsprechende Gleichung vom Prototyp 15 auf der kinematischen Gleichungsseite. Benötigt wird daher ein Verfahren, das für eine über die linke Gleichungsseite berechnete Lösung feststellt, ob sie korrekt ist. Da die auf falsche Lösungen führenden Gleichungen aufgrund weiterer Gleichungen der Gleichungsdatenbasis undefiniert sind, ist ein weiterer Ansatz denkbar: Die in diesem Sinne nicht definierten Gleichungen müssen vor dem Lösungsprozeß aus der Gleichungsdatenbasis entfernt werden. Erste Ansätze hierzu sind von Schrake et al. vorgeschlagen worden [Sch91].

In Ergänzung der obigen Beschreibung der Systemleistung können zur Korrektheit der durch das vorgestellte System berechneten inversen Lösungen die folgenden Aussagen getroffen werden:

1. Eine solche Lösung ist mathematisch in jedem Fall korrekt, wenn in jedem der aufeinanderfolgenden Lösungsschritten Prototypgleichungen nur Anwendung auf die kinematischen Gleichungsseiten finden. Dies hat seinen Grund zum einen in der korrekten mathematischen Herleitung der Lösungen der Prototypgleichungen. Zum anderen ist jede solche Gleichungsseite unabhängig von anderen Gleichungen der Gleichungsdatenbasis definiert.

2. Die Korrektheit der berechneten inversen Lösung kann bisher nicht garantiert werden, wenn in einzelnen Lösungsschritten Prototypgleichungen auch zur Anwendung auf linke Gleichungsseiten kommen. Der Grund dafür ist die noch nicht realisierte Elimination nicht definierter Gleichungen. Dieser Nachteil kann jedoch durch die Umsetzung der oben genannten Vorschläge von Schrake et al. behoben werden.

Die verwendete interne Repräsentation der Gleichungen in expandierter Form weist bereits in Richtung einer Normalform. An dieser Stelle ist zu untersuchen, ob eine kompaktere Normalform gefunden werden kann. Diese sollte insbesondere auch die automatische Optimierung der Lösungen unter dem Aspekt mehrfach auftretender Terme berücksichtigen.

Nach wie vor stellt sich die Frage nach der vollständigen Klassifizierung aller nicht degenerierten, 6-achsigen Robotergeometrien. Bisher sind nur Teile dieser Menge klassifiziert (Heiß'sche Klassen, ebene Gelenkgruppe, Dreifachschnittpunkt). Von besonderem Interesse sind dabei einerseits die minimalsten kinematischen Einschränkungen, die zur Bildung einer Klasse führen, deren höchster Lösungsgrad kleiner als die heute geltende obere Grenze 16 ist. Von noch größerer Bedeutung sind die weiteren Einschränkungen der Geometrien einer solchen Klasse, die auf eine Reduzierung des Grads führen. Beispielsweise hat Heiß neben etlichen Spezialfällen der Geometrien mit einem Dreifachschnittpunkt bereits einige der Spezialfälle der Geometrien mit einer ebenen Gelenkgruppe angegeben, ohne diese allgemeinere Klasse explizit zu erkennnen. Gelingt also die Postulierung einer neuen Klasse, so ist damit die Frage verbunden, ob diese neue Klasse nicht nur einer der Spezialfälle einer Oberklasse mit einem höheren Lösungsgrad darstellt.

In diesem Zusammenhang ist auch die Frage zu stellen, ob sich weitere Klassen angeben lassen, die sich ebenfalls mit einem Prototypen-basierten Invertierungssystem lösen lassen. In eine andere Richtung zielt die Frage, ob zur Ermittlung von Lösungen höheren Grades als 4 eher Lösungsmethoden implementiert werden müssen, die sich nicht mehr sinnvoll in Prototypen formulieren lassen, beispielsweise wenn 6 oder mehr Gleichungen zur Berechnung von Lösungen benötigt werden.

Ferner verbleiben etliche, wissenschaftlich interessante Fragestellungen, die sich nicht allein auf den engeren Bereich der Berechnung geschlossener Lösungen beziehen. Eine dieser Fragen stellt sich in Verbindung mit der in Kapitel 8 genannten Anwendung der geschlossenen Lösungen in einem Simulationssystem, die gleichermaßen auch für die Anwendung geschlossener Lösungen in einem kartesisch orientierten Roboterprogrammiersystem gelten: Welche der Mehrfachlösungen ist in einer konkreten Situation zu verwenden? Handelt es sich um eine reine Punkt-zu-Punkt Steuerung, so ist diese Frage von untergeordneter Bedeutung. Sollen allerdings kartesische Bahninterpolatoren zum Einsatz kommen, so sind intelligentere Verfahren zur Auswahl der Lösung zu entwickeln.

Literaturverzeichnis

[Ahl88]   W. Ahlers: *Zum Aufbau eines modularen Systems für die Kinematik von Industrierobotern*. Dissertation, Technische Universität Braunschweig, Institut für Getriebelehre und Maschinendynamik, 1988. Auch: Fortschrittsberichte VDI, Reihe 1, Nr.164.

[Bai85]   J. Baillieul: „Kinematic Programming Alternatives for Redundant Manipulators". In *Proc. IEEE International Conference on Robotics and Automation*, S. 722–728, 1985.

[Bau86]   M. Baumeister: *Ermittlung von Roboterklassen mit Lösungspolynomen vom Grad 4*. Studienarbeit, Technische Universität München, Institut für Informatik, November 1986.

[Bor86]   *Turbo Prolog Owner's Handbook*. Borland International Inc., 1986.

[Bro85]   I. Bronstein, K. Semendjajew: *Taschenbuch der Mathematik*. Verlag Harri Deutsch, 22. Ed., 1985.

[Cai]   Gespräch mit James T. Cain, University of Pittsburgh, Pennsylvania (USA), Mai 1990.

[Cha88]   B. W. Char, K. O. Geddes, G. H. Gonnet, M. B. Monagan, S. M. Watt: *MAPLE Reference Manual*. Symbolic Computation Group, Department of Computer Science, University of Waterloo, Waterloo, Ontario, Canada N2L 3G1, 5. Ed., März 1988.

[Che88]   C. Chevallereau, W. Khalil: „A New Method for the Solution of the Inverse Kinematics of Redundant Robots". In *Proc. IEEE International Conference on Robotics and Automation*, S. 37–42, 1988.

[Cim90]   *CimStation: Technical Overview/Robotics Module*. SILMA Inc., 1601 Saratoga-Sunnyvale Road, Cupertino, CA 95014, USA, Mai 1990.

[Cor88]   R. Cordes, R. Kruse, H. Langendörfer, H. Rust: *Prolog - Eine methodische Einführung*. Vieweg Verlag, 1988.

[Cra]   Gespräch mit J. J. Craig (SILMA Inc.) während der IEEE International
           Conference on Robotics and Automation, Mai 1990.

[Cra86]   J. J. Craig: *Introduction to Robotics*. Addison–Wesley, 1986.

[Dai86]   F. Dai: *Anwendung von numerischen Methoden für die inverse Kinematik
           in der Robotersimulation*. THD/GRIS-Bericht Dai 86-12, TH Darmstadt,
           1986.

[Den55]   J. Denavit, R. S. Hartenberg: „A Kinematic Notation for Lower-Pair
           Mechanisms Based on Matrices". *Journal of Applied Mechanics*, 22: 215–
           221, Juni 1955.

[Dim48]   F. Dimentberg: „A General Method for the Investigation of Finite Dis-
           placements of Spacial Mechanisms and Certain Cases of Passive Joints".
           Akad. Nauk. SSSR Trudi Sem. Teorii Mash. Mekh., 5(17): 5–39, 1948.
           (Purdue Translation No. 436, Purdue University, Lafayette, Indiana, USA,
           1959).

[Dot87]   K. L. Doty: „Tabulation of the Symbolic Midframe Jacobian of a Robot
           Manipulator". *The International Journal of Robotics Research*, 6(4): 85–
           97, 1987.

[Dro90]   C. Drögemüller: *Zur interpretativen Berechnung der kinematischen
           Rückwärtstransformation*. Studienarbeit, Technische Universität Braun-
           schweig, Institut für Robotik und Prozeßinformatik, November 1990.

[Epp89]   M. Eppinger, E. Kreuzer: „Systematischer Vergleich von Verfahren
           zur Rückwärtstransformation bei Industrierobotern". *Robotersysteme*, 5:
           219–228, 1989.

[Fin90]   M. Finke: *Untersuchung der Verwendbarkeit von Lösungsansätzen 4-ten
           Grades für die inverse Kinematik von Industrierobotern*. Studienarbeit,
           Technische Universität Braunschweig, Institut für Robotik und Prozeßin-
           formatik, August 1990.

[Fun88]   J. Funda, R. P. Paul: „A Comparison of Transforms and Quaternions
           in Robotics". In *Proc. IEEE International Conference on Robotics and
           Automation*, S. 886–891, 1988.

[Gu87]   Y.-L. Gu, J. Y. S. Luh: „Dual-Number Transformation and its Applica-
           tion to Robotics". *IEEE Journal of Robotics and Automation*, **RA-3**(6):
           615–623, Dezember 1987.

[Haa89]   S. Haake: *Entwicklung eines Programmsystems in PROLOG zur analytischen Lösung des inversen kinematischen Problems für Industrieroboter.* Diplomarbeit, Technische Universität Braunschweig, Institut für Robotik und Prozeßinformatik, Januar 1989.

[Hal]   Gespräch mit Dan Halperin auf dem 2nd Int. Workshop on Advances in Robot Kinematics, Linz (Österreich), September 1990.

[Hal91]   D. Halperin: „Automatic Kinematic Modelling of Robot Manipulators and Symbolic Generation of their Inverse Kinematics Solutions". In *Proc. 2nd International Workshop on Advances in Robot Kinematics*, Springer Verlag, 1991.

[Han86]   H. Hanafusa, Y. Nakamura: „Control of Articulated Robots with Redundancy". In P. Kopacek, I. Troch, K. Desoyer (Editoren): *Theory of Robots*, S. 15–22, Pergamon Press, 1986.

[Hei85]   H. Heiß: *Die explizite Lösung der kinematischen Gleichung für eine Klasse von Industrierobotern.* Bericht TUM-I8504, TU München, Institut für Informatik, April 1985.

[Hei86]   H. Heiß: „Konstruktionskriterien und Lösungsverfahren für Industrieroboter mit explizit lösbarer kinematischer Gleichung". *Robotersysteme*, 2: 129–137, 1986.

[Hem88]   A. Hemami: „A More General Closed-Form Solution to the Inverse Kinematics of Mechanical Arms". *Advanced Robotics*, 2(4): 315–325, 1988.

[Her88]   L. G. Herrera-Bendezu, E. Mu, J. T. Cain: „Symbolic Computation of Robot Manipulator Kinematics". In *Proc. IEEE International Conference on Robotics and Automation*, S. 993–998, 1988.

[Hin87]   P. Hintenaus: *The Inverse Kinematics System.* Technical Report 87–18.0, Research Institute for Symbolic Computation, Johannes Kepler University, Linz (Österreich), 1987.

[Hom90]   G. Hommel, H. Heiß: *Roboterkinematik.* Bericht 1990-15, Technische Universität Berlin, Fachbereich 20, 1990.

[Kam89]   M. Kameyama, T. Matsumoto, H. Egami, T. Higuchi: „Implementation of a High Performance LSI for Inverse Kinematics Computation". In *Proc. IEEE International Conference on Robotics and Automation*, S. 757–762, 1989.

[Kel88]   L. Kelmar, P. K. Khosla: „Automatic Generation of Kinematics for a Re-configurable Modular Manipulator System". In *Proc. IEEE International Conference on Robotics and Automation*, S. 663–668, 1988.

[Kim90]   J.-H. Kim, V. R. Kumar: „Kinematics of Robot Manipulators via Line Transformations". *Journal of Robotic Systems*, 7(4): 649–674, 1990.

[Kle84]   C. A. Klein: „Use of Redundancy in the Design of Robotic Systems". In *Proc. of the 2nd International Symposium of Robotics Research*, S. 207–214, MIT Press, 1984.

[Kov90a]   P. Kóvacs: „Ermittlung von Triangulationen kleinsten Grades für die inverse kinematische Transformation". *Robotersysteme*, 6: 51–63, 1990.

[Kov90b]   P. Kóvacs, G. Hommel: *Factorization and Decomposition in Kinematic Equation Systems*. Forschungsbericht 1990–23, Technische Universität Berlin, Fachbereich 20, 1990.

[Kov90c]   P. Kóvacs, G. Hommel: *Reduced Equation Systems for the Inverse Kinematics Problem*. Forschungsbericht 1990–20, Technische Universität Berlin, Fachbereich 20, 1990.

[Kov91]   P. Kóvacs: „Minimum Degree Solutions for the Inverse Kinematics Problem by Application of the Buchberger Algorithm". In *Proc. 2nd International Workshop on Advances in Robot Kinematics*, Springer Verlag, 1991.

[Lal90]   C. Laloni: *Vorschläge zur Modifikation der Gleichungsrepräsentation und der Lösungsstrategie im symbolischen Kinematik-Invertierungsprogramm SKIP*. Diplomarbeit, Technische Universität Braunschweig, Institut für Robotik und Prozeßinformatik, September 1990.

[Lal91]   C. Laloni, G. Plank, H. Rieseler, U. Schlorff, F. M. Wahl: „PC-basierte Modellierung und Simulation zur Off-Line Programmierung von Industrierobotern". In D. W. Wloka (Editor): *Robotersimulation*, S. 121–152, Springer Verlag, 1991.

[Lee88a]   H. J. Lee, C. G. Liang: „Displacement Analysis of the General Spatial 7-Link 7R Mechanisms". *Mechanism and Machine Theory*, 23: 219–226, 1988.

[Lee88b]   H. J. Lee, C. G. Liang: „A New Vector Theory for the Analysis of Spatial Mechanisms". *Mechanism and Machine Theory*, 23: 209–217, 1988.

[Lee90]   H. Lee, C. Woernle, M. Hiller: „A Complete Solution for the Inverse Kinematic Problem of the General 6R Robot Manipulator". In *Proc. of 1990 ASME Mechanisms Conference*, September 1990.

[Liu88]   T. Liu, S. Tsay: „On the Solution of Kinematic Singularity of Robot Manipulators". In R. Jarvis (Editor): *Robots: Coming of Age*, S. 1107– 1121, Springer Verlag, 1988.

[Man88]   R. Manseur, K. L. Doty: „A Fast Algorithm for Inverse Kinematic Analysis of Robot Manipulators". *The International Journal of Robotics Research*, 7(3): 52–63, 1988.

[Man89]   R. Manseur, K. L. Doty: „A Robot Manipulator with 16 Real Inverse Kinematic Solution Sets". *The International Journal of Robotics Research*, 8(5): 75–79, 1989.

[McC86]   J. M. McCarthy: „Dual Orthogonal Matrices in Manipulator Kinematics". *The International Journal of Robotics Research*, 5(2): 45–51, 1986.

[McC90]   J. M. McCarthy: *Introduction to Theoretical Kinematics*. MIT Press, 1990.

[Meh90]   F. Mehner: „Automatische Generierung von Rücktransformationen für nichtredundante Roboter". *Robotersysteme*, 6: 81–88, 1990.

[Pau81]   R. P. Paul: *Robot Manipulators: Mathematics, Programming, and Control*. MIT Press, 1981.

[Pay87]   S. Payandeh, A. A. Goldenberg: „Formulation of the Kinematic Model of a General (6 DOF) Robot Manipulator Using a Srew Operator". *Journal of Robotic Systems*, 4(6): 771–797, 1987.

[Pie68]   D. Pieper: *The Kinematics of Manipulators Under Computer Control*. Dissertation, Stanford University, 1968.

[Pri89]   G. Pritchow, T. Koch, M. Bauder: „Automatisierte Erstellung von Rückwärtstransformationen für Industrieroboter unter Anwendung eines optimierten iterativen Lösungsverfahrens". *Robotersysteme*, 5: 3–8, 1989.

[Qui87]   *Quintus Prolog: User Guide and Reference Manual*. Quintus Computer Systems, Inc., Moutain View, California, 1987.

[Rag90a]   M. Raghavan, B. Roth: „A General Solution for the Inverse Kinematics of All Series Chains". In *Proc. of the 8th CISM-IFToMM Symposium on Robots and Manipulators, (Romansy-90)*, Krakau (Polen), 1990.

[Rag90b] M. Raghavan, B. Roth: „Kinematic Analysis of the 6R Manipulator of General Geometry". In *Proc. of 5th International Symposium of Robotics Research*, MIT Press, 1990.

[Red86]   M. Reddig, J. Stelzer: „Iterative Methoden der Koordinatentransformation am Beispiel eines 6-Achsen-Gelenkroboters mit Winkelhand". *Robotersysteme*, 2: 138–142, 1986.

[Rie89]   H. Rieseler, S. Haake: *SKIP – A Symbolic Kinematics Inversion Program*. Techn. Report 1-89-1, Technische Universität Braunschweig, Institut für Robotik und Prozeßinformatik, 1989.

[Rie90]   H. Rieseler, F. M. Wahl: „Fast Symbolic Computation of the Inverse Kinematics of Robots". In *Proc. IEEE International Conference on Robotics and Automation*, S. 462–467, 1990.

[Rie91]   H. Rieseler, H. Schrake, F. M. Wahl: „Symbolic Computation of Closed Form Solutions with Prototype Equations". In *Proc. 2nd International Workshop on Advances in Robot Kinematics*, Springer Verlag, 1991.

[ROB90]   *ROBCAD Technical Description*. Tecnomatix Automatisierungssysteme GmbH, Gallische Straße 2-4, W-6057 Dietzenbach-Steinberg, September 1990.

[Sch85]   P. Schorn: *Ein Expertensystem zur Lösung der kinematischen Gleichung*. Diplomarbeit, Technische Universität München, Institut für Informatik, November 1985.

[Sch88]   P. Schorn: „A Canonical Simplifier for Trigonometric Expressions in the Kinematic Equation". *Information Processing Letters*, 29: 241–246, 1988.

[Sch90a] H. Schrake: *Untersuchungen zur symbolischen Invertierung redundanter Roboterstrukturen*. Diplomarbeit, Technische Universität Braunschweig, Institut für Robotik und Prozeßinformatik, Februar 1990.

[Sch90b] H. Schrake, H. Rieseler, F. M. Wahl: *Kinematic Inversion of Redundant Manipulators with Prototype Equations*. Techn. Report 10-90-7, Technische Universität Braunschweig, Institut für Robotik und Prozeßinformatik, 1990.

[Sch90c] H. Schrake, H. Rieseler, F. M. Wahl: „Symbolic Kinematics Inversion of Redundant Robots". In *Proc. of the 4th International Symposium on Foundations of Robotics*, Institut für Automatisierung (Berlin) und Institut für Mechanik (Chemnitz), 1990.

[Sch91]   H. Schrake, H. Rieseler, F. M. Wahl: „How to Obtain Correct Inverse Kinematics Solutions Using Paul's Inversion Method". In *Proc. of the IA-STED International Symposium Manufacturing and Robotics*, 1991. Lugano, Schweiz.

[Smi90]   D. R. Smith, H. Lipkin: „Analysis of Fourth Order Manipulator Kinematics Using Conic Sections". In *Proc. IEEE International Conference on Robotics and Automation*, S. 274–278, 1990.

[Tsa89]   M. J. Tsai, Y. H. Chiou: „Symbolic Equation Generation for Manipulators". In K. J. Waldron (Editor): *Advanced Robotics: 1989*, S. 35 ff., Springer Verlag, 1989.

[Woe87]   C. Woernle: „Ein systematisches Verfahren für die Rückwärtstransformation bei Industrierobotern". *Robotersysteme*, 3: 219–228, 1987.

[Woe88]   C. Woernle: *Ein systematisches Verfahren zur Aufstellung der geometrischen Schließbedingungen in kinematischen Schleifen mit Anwendung bei der Rückwärtstransformation für Industrieroboter.* Dissertation, Universität Stuttgart, Institut A für Mechanik, 1988. Auch: Fortschrittsberichte VDI, Reihe 18, Nr.59.

[Wol87]   W. A. Wolovich: *Robotics: Basic Analysis and Design.* CBS College Publishing, 1987.

[Yan64]   A. T. Yang, F. Freudenstein: „Application of Dual Number Quaternion Algebra to the Analysis of Spatial Mechanisms". *ASME Journal of Applied Mechanics*, 86: 300–308, 1964.

[Yan69]   A. T. Yang: „Displacement Analysis of Spatial Five-Link Mechanisms using (3×3) Matrices with Dual Number Elements". *ASME Journal of Engineering for Industry*, 91: 152–157, 1969.

[Yos84]   T. Yoshikawa: „Analysis and Control of Robot Manipulators with Redundancy". In M. Brady, R. Paul (Editoren): *Robotics Research: The First International Symposium*, S. 735 – 747, MIT Press, 1984.

[Yos85]   T. Yoshikawa: „Manipulability and Redundancy Control of Robotic Mechanisms". In *Proc. IEEE International Conference on Robotics and Automation*, S. 1004–1009, 1985.

Anhang A

Ergänzung der Grundlagen

A.1   Invertierung einer SCARA-Geometrie

Für die durch die Gelenktabelle:

	Typ	θ_i	d_i	a_i	α_i
1	rot.	θ_1	0	a_1	$0°$
2	rot.	θ_2	0	a_2	$180°$
3	trans.	$0°$	d_3	0	$0°$
4	rot.	θ_4	0	0	$-90°$
5	rot.	θ_5	0	0	$90°$
6	rot.	θ_6	0	0	$0°$

gegebene Robotergeometrie liegt ein sehr einfacher Fall vor, da die Lösung des IKP fast vollständig aus den kinematischen Gleichungen hergeleitet werden kann. An dieser Stelle wird deshalb zunächst darauf verzichtet, weitere Gleichungssysteme der Form

$$\mathbf{A}_i^{-1}\,\mathbf{A}_{i-1}^{-1}\cdots\mathbf{A}_1^{-1}\,{}^{\mathrm{R}}\mathbf{T}_{\mathrm{H}}\,\mathbf{A}_6^{-1}\cdots\mathbf{A}_{j+1}^{-1}\,\mathbf{A}_j^{-1} = \mathbf{A}_{i+1}\,\mathbf{A}_{i-2}\cdots\mathbf{A}_{j-1}$$

zu berechnen.

Wie in Abschnitt 2.1 bereits angegeben, liefert das komponentenweise Gleichsetzen der Elemente der 1. bis 3. Zeile der Matrixgleichung

$$^{\mathrm{R}}\mathbf{T}_{\mathrm{H}} = \mathbf{A}_1\,\mathbf{A}_2\cdots\mathbf{A}_6$$

die Elementgleichungen:

$$
\begin{array}{llll}
(1,1) & : & n_x & = & c_{12}\,c_4\,c_5\,c_6 + c_5\,c_6\,s_{12}\,s_4 + s_6\,(c_4\,s_{12} - c_{12}\,s_4) \\
(2,1) & : & n_y & = & s_{12}\,(c_6\,c_5\,c_4 - s_6\,s_4) - c_{12}\,(c_6\,c_5\,s_4 + s_6\,c_4) \\
(3,1) & : & n_z & = & c_6\,s_5 \\
(1,2) & : & o_x & = & s_{12}\,(c_6\,c_4 - c_5\,s_6\,s_4) - c_{12}\,(c_6\,s_4 + c_5\,s_6\,c_4) \\
(2,2) & : & o_y & = & -(s_{12}\,(c_5\,s_6\,c_4 + c_6\,s_4) + c_{12}\,(c_6\,c_4 - c_5\,s_6\,s_4)) \\
(3,2) & : & o_z & = & -s_5\,s_6 \\
(1,3) & : & a_x & = & s_5\,(c_{12}\,c_4 + s_{12}\,s_4) \\
(2,3) & : & a_y & = & s_5\,(c_4\,s_{12} - s_4\,c_{12}) \\
(3,3) & : & a_z & = & -c_5 \\
(1,4) & : & p_x & = & a_2\,c_{12} + a_1\,c_1 \\
(2,4) & : & p_y & = & a_2\,s_{12} + a_1\,s_1 \\
(3,4) & : & p_z & = & -d_3
\end{array}
$$

Diese Gleichungen sind nun sukzessive nach den Gelenkvariablen θ_1, θ_2, d_3, θ_4, θ_5 und θ_6 aufzulösen, wobei die Lösungsreihenfolge der Gelenkvariablen beliebig ist.

1. Aus der Gleichung (3,4) kann direkt eine Lösung für d_3 ermittelt werden:

$$ d_3 = -p_z $$

Dieses entspricht bereits einem Prototyp. Eine lineare Gleichung in nur einer Schubvariablen d_i

$$ b = a\,d_i + c $$

kann immer nach der Schubvariablen d_i aufgelöst werden. Die Lösung ist a priori bekannt. Die Lösung für die Variable ist eindeutig.

2. Die Gleichungen (1,4) und (2,4) liefern einen Ansatz zur Lösung von θ_2. Dazu werden beide Gleichungen quadriert und anschließend addiert. Man erhält:

$$
\begin{aligned}
p_x^2 + p_y^2 & = 2\,a_1\,a_2\,(c_{12}\,c_1 + s_{12}\,s_1) \\
& = 2\,a_1\,a_2\,(c_1^2\,c_2 + s_1^2\,c_2) \\
& = 2\,a_1\,a_2\,c_2
\end{aligned}
$$

In dieser Gleichung tritt nur noch die Gelenkvariable θ_2 auf. Die Lösung errechnet sich zu:

$$ \theta_2 = \arccos\left(\frac{p_x^2 + p_y^2}{2\,a_1\,a_2}\right) $$

Diese Gleichung besitzt jedoch immer zwei um π gegeneinander verschobene Lösungen. Diese Doppellösung kann explizit gemacht werden, wenn die atan2-Funktion verwendet wird. Sie stellt eine Erweiterung der $\tan^{-1}$ Funktion dar und liefert für reelle Argumente Werte im Intervall $(-\pi, \pi]$:

$$\text{atan2}(s, c) = \begin{cases} \tan^{-1}\left(\frac{s}{c}\right) & c > 0 \\ \tan^{-1}\left(\frac{s}{c}\right) + \pi & s \geq 0 \ \wedge \ c < 0 \\ \tan^{-1}\left(\frac{s}{c}\right) - \pi & s < 0 \ \wedge \ c < 0 \\ \text{undefiniert} & s = 0 \ \wedge \ c = 0 \end{cases}$$

Mit der Beziehung $\sin\theta_2 = \pm\sqrt{1 - (\cos\theta_2)^2}$ kann damit die Doppellösung

$$\theta_2^{(1,2)} = \text{atan2}\left(\pm\sqrt{1 - \left(\frac{p_x^2 + p_y^2}{2\,a_1\,a_2}\right)^2}, \left(\frac{p_x^2 + p_y^2}{2\,a_1\,a_2}\right)\right)$$

berechnet werden, die durch das $\pm$ explizit auf die vorhandene Doppellösung hinweist.

Hier sei noch bemerkt, daß die vorgestellte Lösung einen weiteren Prototyp darstellt. Immer wenn eine Gleichungskombination in der obigen Form vorliegt, kann auf dem skizzierten Weg eine entsprechende Doppellösung hergeleitet werden; sie ist also ebenfalls a priori bekannt.

3. Mit bekanntem θ_2 können die Gleichungen (1,4) und (2,4) bezüglich θ_1 neu gruppiert werden:

$$\begin{aligned} p_x &= a_2\,(c_1\,c_2 - s_1\,s_2) + a_1\,c_1 \\ &= (a_2\,c_2 + a_1)\,c_1 - a_2\,s_2\,s_1 \\ p_y &= a_2\,(s_1\,c_2 + c_1\,s_2) + a_1\,s_1 \\ &= (a_2\,c_2 + a_1)\,s_1 + a_2\,s_2\,c_1 \end{aligned}$$

Sie entsprechen dann dem durch die Gleichungen

$$\begin{aligned} c &= a\,\cos\theta - b\,\sin\theta \\ d &= a\,\sin\theta + b\,\cos\theta \end{aligned}$$

gegebenen Prototyp, der die Lösung

$$\theta = \text{atan2}\,(a\,d - b\,c, a\,c + b\,d)$$

liefert.

Somit ergibt sich die eindeutige Lösung

$$\theta_1 = \text{atan2}\,((a_2\,c_2 + a_1)\,p_y - a_2\,s_2\,p_x, (a_2\,c_2 + a_1)\,p_x + a_2\,s_2\,p_y)$$

die sehr einfach über die a priori bekannte Lösung des Prototyps erzeugt werden konnte. Bei dieser Lösung ist zu beachten, daß sie von einer zuvor gelösten Gelenkvariablen abhängt. Damit wird nun auch der Begriff 'sukzessiv' in der Einführung dieses Abschnitts klar.

4. Die Gleichung (3,3) liefert ein Beispiel für einen weiteren Prototyp, der allerdings implizit schon bei der Lösungsherleitung für θ_2 verwendet wurde: Tritt in einer Gleichung nur der Kosinus einer Gelenkvariablen auf, so kann immer eine Doppellösung für diese Gelenkvariable hergeleitet werden. Die Lösung wurde bereits oben genannt. Für θ_5 erhält man somit:

$$\theta_5^{(1,2)} = \operatorname{atan2}(\pm\sqrt{1 - a_z^2}, -a_z)$$

Die Lösung ist in diesem Fall unabhängig von den bisher berechneten Gelenkvariablen.

5. Die Gleichungen (1,3) und (2,3) erlauben mit nun bekannten θ_1, θ_2 und θ_5 die Ermittlung einer eindeutigen Lösung für θ_4. Der dafür benötigte Prototyp wurde unter 3. bereits vorgestellt. Die Gleichungen liegen außerdem fast in einer dem Prototyp entsprechenden Form vor. Somit kann direkt die Lösung angegeben werden:

$$\theta_4 = \operatorname{atan2}(s_5\,c_{12}\,a_x - s_5\,s_{12}\,a_y, s_5\,c_{12}\,a_y + s_5\,s_{12}\,a_x)$$

Diese Lösung ist für $s_5 = 0$ nicht definiert, was anschaulich klar ist, denn im Falle $s_5 = 0$ fallen die Rotationsachsen 4 und 6 zusammen. Es gibt daher unendlich viele Lösungspaare (θ_4, θ_6).

6. Abschließend stehen mehrere Möglichkeiten zur Ermittlung einer eindeutigen Lösung von θ_6 zur Auswahl. An dieser Stelle bietet es sich allerdings an, auf das Gleichungssystem

$$\mathbf{A}_5^{-1}\,\mathbf{A}_4^{-1}\cdots\mathbf{A}_1^{-1}\,{}^{\mathrm{R}}\mathbf{T}_{\mathrm{H}} = \mathbf{A}_6$$

zurückzugreifen. Die Elementgleichungen (2,1) und (2,2) dieses Sytems liefern den Kosinus und den Sinus von θ_6:

$$(c_4\,s_{12} - c_{12}\,s_4)\,n_x - (s_{12}\,s_4 + c_{12}\,c_4)\,n_y = s_6$$
$$(c_4\,s_{12} - c_{12}\,s_4)\,o_x - (s_{12}\,s_4 + c_{12}\,c_4)\,o_y = c_6$$

Die Lösung errechnet sich mit obigen s_6 und c_6 zu:

$$\theta_6 = \operatorname{atan2}(s_6, c_6)$$

Diese Lösung ist offensichtlich durch die Definitionslücke des atan2 für $s_5 = 0$ ebenfalls undefiniert. Diese Tatsache korrespondiert direkt mit den unendlich vielen Lösungspaaren (θ_4, θ_6).

Des weiteren ist anzumerken, daß in den oben angegebenen kinematischen Gleichungen über die Gleichungen (3,1) und (3,2) die numerisch einfachere Lösung

$$\theta_6 = \begin{cases} \operatorname{atan2}(-o_z, n_z) & \text{für } s_5 > 0 \\ \operatorname{atan2}(o_z, -n_z) & \text{für } s_5 < 0 \\ \text{undefiniert} & \text{für } s_5 = 0 \end{cases}$$

berechnet werden kann. Für diese Lösung ist jedoch bei jeder Invertierung eine Abfrage des Vorzeichens von s_5 erforderlich.

Betrachtet man die berechneten Lösungen in ihrer Gesamtheit, so stellt man fest, daß zwei Variablen den Lösungsgrad 2 besitzen. Die restlichen 4 Variablen besitzen eindeutige Lösungen. Da die verschiedenen Mehrfachlösungen beliebig miteinander kombiniert werden können, ergeben sich unter der Annahme eines idealen Stellbereichs der Gelenke insgesamt $2 \cdot 2 = 4$ verschiedene Konfigurationen zur Realisierung einer vorgegebenen kartesischen Position und Orientierung, die im Arbeitsraum der SCARA-Geometrie liegt.

A.2   Determinante und globale Degeneration

In diesem Abschnitt soll der vorgeschlagene Determinantentest zur Identifikation global degenerierter Robotergeometrien an einem Beispiel demonstriert werden. Gegeben sei dazu die Robotergeometrie aus Abbildung A.1.

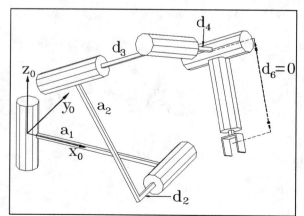

	Typ	θ_i	d_i	a_i	α_i
1	rot.	θ_1	0	a_1	90°
2	rot.	θ_2	d_2	a_2	90°
3	rot.	θ_3	d_3	0	90°
4	rot.	θ_4	d_4	0	−90°
5	rot.	θ_5	0	0	90°
6	rot.	θ_6	0	0	0°

Abbildung   A.1:   Orthogonale Robotergeometrie

Nach dem von Doty angegebenen Verfahren [Dot87] berechnet sich die Jacobi-Matrix

$^3\mathbf{J}$ für diese Geometrie zu:

$$
^3\mathbf{J} =
\begin{bmatrix}
c_3\,d_2\,c_2 - s_3\,a_1 - s_3\,a_2\,c_2 - d_3\,s_3\,s_2 & d_3\,c_3 & 0 & 0 & -d_4\,c_4 & -d_4\,s_4\,s_5 \\[1.2em]
d_2\,s_2 & -a_2 & 0 & 0 & -d_4\,s_4 & d_4\,c_4\,s_5 \\[1.2em]
c_3\,a_1 + s_3\,d_2\,c_2 + c_3\,a_2\,c_2 + d_3\,c_3\,s_2 & d_3\,s_3 & 0 & 0 & 0 & 0 \\[1.2em]
c_3\,s_2 & s_3 & 0 & 0 & -s_4 & c_4\,s_5 \\[1.2em]
-c_2 & 0 & 1 & 0 & c_4 & s_4\,s_5 \\[1.2em]
s_3\,s_2 & -c_3 & 0 & 1 & 0 & c_5
\end{bmatrix}
$$

Die Determinante dieser Matrix ist:

$$
\mathrm{Det}(^3\mathbf{J}) = -d_4\,s_5\,(d_4\,c_3\,a_2\,c_2\,s_3 + d_4\,c_3\,a_1\,s_3 + d_4\,d_2\,c_2 - d_4\,d_2\,c_2\,c_3^2 + d_2\,s_2\,d_3\,s_3 + \\
s_3\,d_2\,c_2\,a_2 + c_3\,a_2^2\,c_2 + c_3\,a_1\,a_2 + d_3\,c_3\,s_2\,a_2)
$$

Da die parametrische Angabe der kinematischen Längen d_i und a_i in der Gelenktabelle implizit einen von Null verschiedenen Wert bedeutet, ist diese Robotergeometrie nicht global degeneriert. Diese Aussage läßt sich auch anhand der Heiß'schen Kriterien leicht überprüfen.

Eine formale Vereinfachung von $\mathrm{Det}(^3\mathbf{J})$ muß zeigen, daß der geklammerte Ausdruck i.allg. nicht zu Null vereinfacht werden kann. Dies kann natürlich wieder mit dem von Schorn vorgestellten kanonischen Vereinfacher erfolgen. Da hier jedoch nur die Gültigkeit der Aussage $\mathrm{Det}(^3\mathbf{J}) \neq 0$ gezeigt werden muß, bleibt zu untersuchen, ob ein einfacheres Verfahren für diesen speziellen Zweck angegeben werden kann.

An dieser Stelle sei angemerkt, daß die benötigte CPU-Zeit zur Berechnung der Determinante von $^1\mathbf{J}$ auf einer Sun-Sparcstation unter MAPLE [Cha88] ca. 6 mal so lange dauert, wie die Berechnung der Determinante von $^3\mathbf{J}$ (36s gegenüber 6s).

Die Determinante zeigt andererseits auch auf, daß Singularitäten auftreten, die wie in diesem Fall durch die Nullstellen eines Summenterms gegeben sind. Eine der Singularitäten des Roboters ist jedoch bereits offensichtlich: Nimmt θ_5 ein ganzzahliges Vielfaches von π als Wert an, so ist die Determinante gleich Null. Die Gelenktabelle zeigt, daß die Geometrie eine 'Euler-Hand' besitzt, d.h. drei sich in einem Punkt schneidende Rotationsachsen, wobei die erste und dritte Handachse in der Nullstellung ($\theta_5 = 0$) zusammenfallen. Diese Singularität ist daher bereits in der Gelenktabelle erkennbar.

Ebenso offensichtlich ist, daß die Determinante für den Fall $d_4 = 0$ verschwindet, die entsprechende modifizierte Robotergeometrie also global degeneriert ist. Diese globale Degeneration entspricht der Heiß'schen Bedingung, daß ein Vierfachschnittpunkt von Rotationsachsen vorliegt. Für diesen speziellen Fall kann die globale Degeneration als Verlust eines translatorischen, kartesischen Freiheitsgrad interpretiert werden; die letzten 4 Gelenkachsen schneiden sich in einem Punkt, ohne daß eine weitere Länge folgt. Diese Rotationsgelenke üben daher nur einen orientierenden Einfluß auf die Stellung der Hand aus. Es verbleiben nur 2 Rotationsgelenke zur Einstellung der Handposition.

A.3   Spiegelung einer Robotergeometrie

Die Ersetzungen der DH-Parameter zum Übergang auf die zu einer gegebenen Robotergeometrie gespiegelten Robotergeometrie können durch einfache Berechnungen auf der Basis der Gleichung

$$^{R}\mathbf{T}_{H} = \mathbf{A}_1 \, \mathbf{A}_2 \cdots \mathbf{A}_n$$

erfolgen. Hierbei wird vorausgesetzt, daß die konstanten Transformationen am Anfang und am Ende der kinematischen Kette bereits zu Null vereinfacht sind. Durch Multiplikation mit den Inversen der auftretenden Matrizen erhält man:

$$
\begin{aligned}
{}^{R}\mathbf{T}_{H}{}^{-1} &= \mathbf{A}_n^{-1}\,\mathbf{A}_{n-1}^{-1}\cdots\mathbf{A}_1^{-1} \\[4pt]
&= \mathbf{Rot}(x,-\alpha_n)\,\mathbf{Trans}(x,-a_n) \qquad\quad \rightarrow \mathbf{I} \\
&\left.\begin{aligned}
&\cdot\mathbf{Trans}(z,-d_n)\,\mathbf{Rot}(z,-\theta_n) \\
&\cdot\mathbf{Rot}(x,-\alpha_{n-1})\,\mathbf{Trans}(x,-a_{n-1})
\end{aligned}\right\} \rightarrow \mathbf{A}_1^{S} \\
&\left.\begin{aligned}
&\cdot\mathbf{Trans}(z,-d_{n-1})\,\mathbf{Rot}(z,-\theta_{n-1}) \\
&\cdot\mathbf{Rot}(x,-\alpha_{n-2})\,\mathbf{Trans}(x,-a_{n-2})
\end{aligned}\right\} \rightarrow \mathbf{A}_2^{S} \\
&\qquad\qquad\qquad\vdots \\
&\cdot\mathbf{Trans}(z,-d_1)\,\mathbf{Rot}(z,-\theta_1) \qquad\qquad \rightarrow \mathbf{A}_n^{S}
\end{aligned}
$$

Damit errechnet sich $\mathbf{A}_i^{S}$ für $i = 1,\ldots,n-1$ zu:

$$\mathbf{A}_i^{S} = \mathbf{Rot}(z,-\theta_{n-i+1})\,\mathbf{Trans}(z,-d_{n-i+1})\,\mathbf{Trans}(x,-a_{n-i})\,\mathbf{Rot}(x,-\alpha_{n-i})$$

Ferner gilt:

$$\mathbf{A}_n^{S} = \mathbf{Rot}(z,-\theta_1)\,\mathbf{Trans}(z,-d_1)$$

Für die DH-Parameter der gespiegelten Robotergeometrie folgen damit die genannten Ersetzungen:

$$\theta_i^S = -\theta_{n-i+1}, \quad i = 1, \cdots, n$$

$$d_i^S = -d_{n-i+1}, \quad i = 1, \cdots, n$$

$$a_i^S = -a_{n-i}, \quad i = 1, \cdots, n-1$$

$$a_n^S = 0$$

$$\alpha_i^S = -\alpha_{n-i}, \quad i = 1, \cdots, n-1$$

$$\alpha_n^S = 0$$

$${}^R\mathbf{T_H}^S = {}^R\mathbf{T_H}^{-1}$$

Die für die gespiegelte Robotergeometrie berechnete inverse Lösung ist damit offensichtlich auch eine Lösung der vorgegebenen Robotergeometrie. Im speziellen wird sich bei den Leistungsuntersuchungen zeigen, daß in einigen Fällen nur eine dieser beiden Geometrien invertierbar ist. Da sich aber diese Spiegelung algorithmisch sehr einfach durchführen läßt, kann in einem solchen Fall die Betrachtung des gespiegelten Roboters von entscheidender Bedeutung für ein automatisiertes Invertierungssystem sein.

Anhang B

Gleichungsmaterial Kapitel 3

In den Gleichungen werden folgende verkürzende Schreibweisen verwendet:

$$
\begin{aligned}
CC_i &= \cos\overline{\theta}_i \\
SS_i &= \sin\overline{\theta}_i \quad (\overline{\theta}_i \text{ ist konstanter offset}) \\
C_i &= \cos\theta_i \\
S_i &= \sin\theta_i \quad (\theta_i \text{ ist Gelenkvariable}) \\
s_i &= \sin\alpha_i \\
c_i &= \cos\alpha_i
\end{aligned}
$$

B.1 Fall 1

In diesem Fall befindet sich die ebene Gelenkgruppe am Anfang der Kette.

RRR

$$
n_z\, S_6 s_5 + o_z\, C_6 s_5 + a_z\, c_5 = c_3 c_4 - s_3 C_4 s_4
$$

$$
n_z\,(-C_6 a_5 - S_6 s_5 d_5) + o_z\,(S_6 a_5 - C_6 s_5 d_5)
$$

$$
-a_z\, c_5 d_5 + p_z = s_3 a_4\, S_4 + c_3 d_4 + d_3 + d_2
$$

RRT

$$
n_z\, S_6 s_5 + o_z\, C_6 s_5 + a_z\, c_5 = SS_3 S_4 s_4
$$

$$
+ CC_3\,(-c_3 C_4 s_4 - s_3 c_4)
$$

$$n_z \left(-C_6 a_5 - S_6 s_5 d_5\right) + o_z \left(S_6 a_5 - C_6 s_5 d_5\right)$$
$$-a_z c_5 d_5 + p_z \;=\; SS_3 \left(a_4 C_4 + a_3\right)$$
$$+CC_3 \left(c_3 a_4 S_4 - s_3 d_4\right) + d_2$$

RTR

$$n_z S_6 s_5 + o_z C_6 s_5 + a_z c_5 \;=\; s_3 C_4 s_4 - c_3 c_4$$
$$n_z \left(-C_6 a_5 - S_6 s_5 d_5\right) + o_z \left(S_6 a_5 - C_6 s_5 d_5\right) - a_z c_5 d_5 + p_z \;=\; -s_3 a_4 S_4 - c_3 d_4 - d_3$$

TRR

$$n_y S_6 s_5 + o_y C_6 s_5 + a_y c_5 \;=\; s_3 C_4 s_4 - c_3 c_4$$
$$n_y \left(-C_6 a_5 - S_6 s_5 d_5\right) + o_y \left(S_6 a_5 - C_6 s_5 d_5\right)$$
$$-a_y c_5 d_5 + p_y \;=\; -s_3 a_4 S_4 - c_3 d_4 - d_3 - d_2$$

RTT

$$n_z S_6 s_5 + o_z C_6 s_5 + a_z c_5 \;=\; CC_3 S_4 s_4$$
$$-SS_3 \left(-c_3 C_4 s_4 - s_3 c_4\right)$$
$$n_z \left(-C_6 a_5 - S_6 s_5 d_5\right) + o_z \left(S_6 a_5 - C_6 s_5 d_5\right)$$
$$-a_z c_5 d_5 + p_z \;=\; CC_3 \left(a_4 C_4 + a_3\right)$$
$$-SS_3 \left(c_3 a_4 S_4 - s_3 d_4\right) + a_2$$

TRT

$$n_y S_6 s_5 + o_y C_6 s_5 + a_y c_5 \;=\; -SS_3 S_4 s_4$$
$$-CC_3 \left(-c_3 C_4 s_4 - s_3 c_4\right)$$
$$n_y \left(-C_6 a_5 - S_6 s_5 d_5\right)$$
$$+o_y \left(S_6 a_5 - C_6 s_5 d_5\right) - a_y c_5 d_5 + p_y \;=\; -SS_3 \left(a_4 C_4 + a_3\right)$$
$$-CC_3 \left(c_3 a_4 S_4 - s_3 d_4\right) - d_2$$

TTR

$$n_x\, S_6 s_5 + o_x\, C_6 s_5 + a_x\, c_5 \;=\; c_3 c_4 - s_3 C_4 s_4$$

$$n_x\,(-C_6 a_5 - S_6 s_5 d_5) + o_x\,(S_6 a_5 - C_6 s_5 d_5)$$

$$-a_x\, c_5 d_5 + p_x \;=\; s_3 a_4\, S_4 + c_3 d_4 + d_3 + a_1$$

B.2   Fall 2.1

Ebene Gelenkgruppe mit einem Rotationsgelenk beginnend steht an zweiter Stelle
der Kette.

RRR

$$S_1 s_1 a_x - C_1 s_1 a_y + c_1 a_z \;=\; c_4 c_5 - s_4 C_5 s_5$$

$$S_1 s_1 p_x - C_1 s_1 p_y + c_1 p_z \;=\; s_4 S_5 a_5 + c_4 d_5 + d_4 + d_3 + d_2$$

RRT

$$S_1 s_1 a_x - C_1 s_1 a_y + c_1 a_z \;=\; SS_4 S_5 s_5 + CC_4\,(-c_4 C_5 s_5 - s_4 c_5)$$

$$S_1 s_1 p_x - C_1 s_1 p_y + c_1 p_z \;=\; SS_4\,(C_5 a_5 + a_4) + CC_4\,(c_4 S_5 a_5 - s_4 d_5) + d_3 + d_2$$

RTR

$$S_1 s_1 a_x - C_1 s_1 a_y + c_1 a_z \;=\; s_4 C_5 s_5 - c_4 c_5$$

$$S_1 s_1 p_x - C_1 s_1 p_y + c_1 p_z \;=\; -s_4 S_5 a_5 - c_4 d_5 - d_4 + d_2$$

RTT

$$S_1 s_1 a_x - C_1 s_1 a_y + c_1 a_z \;=\; CC_4 S_5 s_5 - SS_4\,(-c_4 C_5 s_5 - s_4 c_5)$$

$$S_1 s_1 p_x - C_1 s_1 p_y + c_1 p_z \;=\; CC_4\,(C_5 a_5 + a_4) - SS_4\,(c_4 S_5 a_5 - s_4 d_5) + a_3 + d_2$$

B.3   Fall 2.2

Ebene Gelenkgruppe mit einem Translationsgelenk beginnend steht an zweiter Stelle der Kette.

TRR

$$SS_2\left(C_1 a_x + S_1 a_y\right) - CC_2\left(C_1 c_1 a_y - S_1 c_1 a_x + s_1 a_z\right) \;=\; c_4 c_5 - s_4 C_5 s_5$$
$$\begin{aligned} SS_2\left(C_1 p_x + S_1 p_y - a_1\right) & \\ -CC_2\left(C_1 c_1 p_y - S_1 c_1 p_x + s_1 p_z\right) &\;=\; s_4 S_5 a_5 + c_4 d_5 + d_4 + d_3 \end{aligned}$$

TRT

$$\begin{aligned} SS_2\left(C_1 a_x + S_1 a_y\right) - CC_2\left(C_1 c_1 a_y\right. & \\ \left. - S_1 c_1 a_x + s_1 a_z\right) &\;=\; SS_4 S_5 s_5 \\ & \quad + CC_4\left(-c_4 C_5 s_5 - s_4 c_5\right) \\ SS_2\left(C_1 p_x + S_1 p_y - a_1\right) - CC_2\left(C_1 c_1 p_y\right. & \\ \left. - S_1 c_1 p_x + s_1 p_z\right) &\;=\; SS_4\left(C_5 a_5 + a_4\right) \\ & \quad + CC_4\left(c_4 S_5 a_5 - s_4 d_5\right) + d_3 \end{aligned}$$

TTR

$$CC_2\left(C_1 a_x + S_1 a_y\right) + SS_2\left(C_1 c_1 a_y - S_1 c_1 a_x + s_1 a_z\right) \;=\; c_4 c_5 - s_4\, C_5\, s_5$$
$$\begin{aligned} CC_2\left(C_1 p_x + S_1 p_y - a_1\right) & \\ + SS_2\left(C_1 c_1 p_y - S_1 c_1 p_x + s_1 p_z\right) - a_2 &\;=\; s_4 S_5 a_5 + c_4 d_5 + d_4 \end{aligned}$$

Anhang C

Prototypgleichungen

C.1 Aus der Literatur bekannte Prototypen

Die in diesem Abschnitt gewählte Reihenfolge der Prototypen stellt weder einen Vorschlag für die Reihenfolge noch eine Aussage über die Notwendigkeit der Anwendung in einem Invertierungssystem dar. Diese Problematik wird an anderer Stelle dieser Arbeit diskutiert.

C.1.1 Der Prototyp 0

Tritt nur eine Schubvariable D_x als letzte Variable in einer Gleichung

$$b = a\, D_x \tag{C.1}$$

für $a \neq 0$ auf, läßt sich die Lösung:

$$D_x = \frac{b}{a} \tag{C.2}$$

ableiten. Dieser triviale Fall wird u.a. auch von Herrera-Bendezu et al. vorgeschlagen [Her88]. Bei diesem und auch allen weiteren Prototypen wird angenommen, daß alle Summanden, die keine ungelösten Gelenkvariablen mehr enthalten, bereits zusammengefaßt sind (hier in b).

C.1.2 Der Prototyp 1

Dieser Prototyp wird schon von Paul angegeben [Pau81]. Aus

$$b = a\,S_x \tag{C.3}$$
$$d = c\,C_x \tag{C.4}$$

folgt mit $a \neq 0$ und $c \neq 0$ eine eindeutige Lösung für θ_x:

$$\theta_x = \text{atan2}\left(\frac{b}{a},\frac{d}{c}\right) \tag{C.5}$$

Für $b = d = 0$ kann keine eindeutige Lösung ermittelt werden.

C.1.3 Der Prototyp 2

Dieser Prototyp wird in mehreren Arbeiten vorgeschlagen [Hei85, Wol87]. Aus den Gleichungen

$$c = a\,C_x - b\,S_x \tag{C.6}$$
$$d = a\,S_x + b\,C_x \tag{C.7}$$

folgt eine eindeutige Lösung für θ_x:

$$\theta_x = \text{atan2}(ad - bc, ac + bd) \tag{C.8}$$

Sind beide Argumente des atan2 Null, so ist diese Lösung nicht definiert.

C.1.4 Der Prototyp 3

Dieser Prototyp wird auch von Paul verwendet [Pau81]:

$$b = a\,S_x \tag{C.9}$$

Folgende Lösungen können für $a \neq 0$ berechnet werden:

$$\theta_x^{(1,2)} = \text{atan2}\left(\frac{b}{a}, \pm\sqrt{1 - \left(\frac{b}{a}\right)^2}\right) \tag{C.10}$$

C.1.5   Der Prototyp 4

Dieser Prototyp wird ebenfalls von Paul [Pau81] verwendet:

$$b = a\,C_x \tag{C.11}$$

Analog zum Prototyp 3 können folgende Lösungen für $a \neq 0$ berechnet werden:

$$\theta_x^{(1,2)} = \operatorname{atan2}\left(\pm\sqrt{1 - \left(\frac{b}{a}\right)^2}, \frac{b}{a}\right) \tag{C.12}$$

C.1.6   Der Prototyp 5

Dieser Prototyp wird wiederum bereits von Paul [Pau81] vorgeschlagen. Aus der Gleichung

$$a\,C_x + b\,S_x = 0 \tag{C.13}$$

ergeben sich zwei um 180° voneinander abweichende Lösungen für θ_x:

$$\theta_x^{(1)} = \operatorname{atan2}(-a, b) \tag{C.14}$$
$$\theta_x^{(2)} = \operatorname{atan2}(a, -b) \tag{C.15}$$

Für $a = 0$ oder $b = 0$ muß auf die einfacheren Prototypen 3 oder 4 zurückgegriffen werden. Für $a = b = 0$ liegt eine Singularität vor. Der Winkel kann beliebige Werte annehmen; die Gleichung ist in jedem Fall erfüllt.

Ein wesentlicher Aspekt dieses Prototyps ist die Tatsache, daß die Variablen in diesem Fall nur auf der linken Gleichungsseite eines Matrixgleichungssystems auftreten können, da eine 0 nur durch kinematische Parameter erzwungen werden kann, nie aber in Verbindung mit der Matrix $^R\mathbf{T}_H$ auftritt. Die Konsequenzen dieses Umstands werden in Verbindung mit den Überlegungen zur Korrektheit der Prototypen in Abschnitt 5.2 erläutert.

C.1.7   Der Prototyp 6

Auch dieser Prototyp wird von Paul [Pau81] vorgeschlagen. Aus:

$$c = a\,C_x + b\,S_x \tag{C.16}$$

errechnen sich die folgenden Lösungen für θ_x:

$$\theta_x^{(1,2)} = \text{atan2}\left(c, \pm\sqrt{a^2 + b^2 - c^2}\right) - \text{atan2}\,(a,b) \qquad (C.17)$$

Aus $a = b = 0$ folgt unmittelbar $c = 0$. Es liegt wieder eine Singularität vor, so daß der Winkel θ_x einen beliebigen Wert annehmen kann.

C.1.8   Der Prototyp 7

Dieser Prototyp wurde von Wolovich vorgeschlagen [Wol87]. Er besteht aus zwei bzw. drei Einzelgleichungen in zwei Gelenkvariablen.

Prototyp 7a

Unter der Voraussetzung, daß θ_y noch nicht gelöst wurde – andernfalls kann Prototyp 1 angewendet werden – erhält man für

$$a = S_x S_y \qquad (C.18)$$
$$b = C_x S_y \qquad (C.19)$$

durch Erweiterung auf

$$a\,C_x = C_x S_x S_y$$
$$b\,S_x = S_x C_x S_y$$

und nachfolgendem Gleichsetzen eine Gleichung vom Prototyp 5 und somit zwei um $180°$ differierende Lösungen für θ_x:

$$\theta_x^{(1)} = \text{atan2}(a,b) \qquad (C.20)$$
$$\theta_x^{(2)} = \text{atan2}(-a,-b) \qquad (C.21)$$

Für $a = b = 0$ liegt entsprechend Prototyp 5 eine Singularität vor. θ_x kann beliebige Werte annehmen.

Prototyp 7b

Unter der Voraussetzung, daß θ_x noch nicht gelöst wurde – andernfalls kann wiederum Prototyp 1 angewendet werden – erhält man für

$$a = S_x S_y \qquad (C.22)$$
$$b = C_x S_y \qquad (C.23)$$
$$c = C_y \qquad (C.24)$$

durch Quadrieren und Addieren der ersten beiden Gleichungen

$$\pm\sqrt{a^2 + b^2} = S_y$$

Mit der dritten Gleichung folgt für θ_y:

$$\theta_y^{(1,2)} = \text{atan2}(\pm\sqrt{a^2 + b^2}, c) \qquad (C.25)$$

Mit gelöstem θ_y läßt sich eine eindeutige Lösung für θ_x über Prototyp 1 ermitteln.

C.1.9   Der Prototyp 8

Dieser Prototyp wurde sowohl von Herrera-Bendezu et al. als auch von Rieseler und Wahl vorgeschlagen [Her88, Rie90]. Er setzt sich aus zwei Gleichungen in zwei Gelenkvariablen zusammen:

$$c = a\,C_x + b\,C_y \qquad (C.26)$$
$$d = a\,S_x + b\,S_y \qquad (C.27)$$

Durch Isolieren von $b\,C_y$ und $b\,S_y$ und nachfolgendem Quadrieren und Addieren erhält man:

$$c\,C_x + d\,S_x = \frac{a^2 - b^2 + c^2 + d^2}{2a}$$

Diese Gleichung entspricht Prototyp 6. Mit

$$h = \frac{a^2 - b^2 + c^2 + d^2}{2a}$$

folgen

$$\theta_x^{(1,2)} = \text{atan2}\left(h, \pm\sqrt{c^2 + d^2 - h^2}\right) - \text{atan2}(c, d) \qquad (C.28)$$

Für $a = 0$ erhält man aus C.26 und C.27 den Prototyp 1 und damit eine eindeutige Lösung für θ_y. Für $c = d = 0$ kann keine Lösung ermittelt werden.

C.1.10   Der Prototyp 9

Dieser Prototyp wurde von Paul vorgeschlagen [Pau81]. Er besteht aus zwei Gleichungen in zwei Gelenkvariablen, wobei eine der Gelenkvariablen eine Winkelsumme darstellt, die die einzeln auftretende Gelenkvariable als Summand enthält. Aufgrund seiner Struktur – ein Winkel tritt sowohl in einer Summe als auch allein auf – kann dieser Prototyp nur auf die Elemente der Positionsspalte angewendet werden!

$$c = a\,C_{xy} + b\,C_x \qquad (C.29)$$

$$d = a\,S_{xy} + b\,S_x \qquad (C.30)$$

Paul gibt folgende durch Quadrieren und Addieren berechnete Lösungen für θ_y an. Mit:

$$h = \frac{c^2 + d^2 - a^2 - b^2}{2ab}$$

folgt:

$$\theta_y^{(1,2)} = \operatorname{atan2}\left(\pm\sqrt{1-h^2}, h\right) \qquad (C.31)$$

Für $a = 0$ kann aus C.29 und C.30 eine eindeutige Lösung für θ_x über Prototyp 1 ermittelt werden. Für $b = 0$ gilt entsprechendes für die Winkelsumme $\theta_x + \theta_y$.

Mit bekanntem θ_y lassen sich die Gleichungen C.29 und C.30 umformen zu:

$$c = (a\,C_y + b)\,C_x - a\,S_y\,S_x$$

$$d = (a\,C_y + b)\,S_x + a\,S_y\,C_x$$

Diese Gleichungen entsprechen Prototyp 2. Für θ_x folgt daher mit

$$h_1 = a\,C_y + b$$

$$h_2 = a\,S_y$$

die eindeutige Lösung

$$\theta_x = \operatorname{atan2}\left(d\,h_1 - c\,h_2, c\,h_1 + d\,h_2\right) \qquad (C.32)$$

C.1.11 Der Prototyp 10

Dieser Prototyp wird von Herrera-Bendezu et al. angegeben [Her88]. Auch hier gilt aus o.g. Grund, daß dieser Prototyp nur in der Positionsspalte Anwendung finden kann.

$$d = a\,S_{xy} + b\,C_{xy} + c\,C_x \qquad (C.33)$$

$$e = b\,S_{xy} - a\,C_{xy} + c\,S_x \qquad (C.34)$$

Ebenfalls durch Quadrieren und Addieren erhält man eine Doppellösung für θ_y. Mit:

$$h = \frac{d^2 + e^2 - a^2 - b^2 - c^2}{2c}$$

ergibt sich:

$$\theta_y^{(1,2)} = \text{atan2}\left(h, \pm\sqrt{a^2 + b^2 - h^2}\right) - \text{atan2}(b, a) \qquad (\text{C.35})$$

Im Fall $a = b = 0$ kann aus C.33 und C.34 eine eindeutige Lösung für θ_x mit Prototyp 1 ermittelt werden. Für $c = 0$ liegt Prototyp 2 vor und damit eine eindeutige Lösung für die Winkelsumme $\theta_x + \theta_y$.

Auch bei diesem Prototyp kann anschließend die zweite Variable θ_x eindeutig gelöst werden. Die Gleichungen C.33 und C.34 ergeben sich zu:

$$\begin{aligned}
d &= (a\,S_y + b\,C_y + c)\,C_x - (b\,S_y - a\,C_y)\,S_x \\
e &= (a\,S_y + b\,C_y + c)\,S_x + (b\,S_y - a\,C_y)\,C_x
\end{aligned}$$

Diese Gleichungen entsprechen wieder Prototyp 2. Für θ_x folgt daher mit

$$\begin{aligned}
h_1 &= a\,S_y + b\,C_y + c \\
h_2 &= b\,S_y - a\,C_y
\end{aligned}$$

die eindeutige Lösung

$$\theta_x = \text{atan2}\left(e\,h_1 - d\,h_2, d\,h_1 + e\,h_2\right) \qquad (\text{C.36})$$

C.1.12   Der Prototyp 11

Auch dieser Prototyp geht auf Herrera-Bendezu et al. zurück. Wie schon der Prototyp 10, kann auch er nur in der Positionsspalte Anwendung finden.

$$\begin{aligned}
d &= a\,C_x\,C_{yz} + b\,C_x\,C_y - c\,S_x & (\text{C.37}) \\
e &= a\,S_x\,C_{yz} + b\,S_x\,C_y + c\,C_x & (\text{C.38})
\end{aligned}$$

Für diesen Prototyp ergeben sich zwei Lösungen für θ_x. Mit:

$$h = \pm\sqrt{d^2 + e^2 - c^2}$$

folgen unter Berücksichtigung des Vorzeichen von h:

$$\theta_x^{(1,2)} = \text{atan2}(he - cd, hd + ce) \qquad (\text{C.39})$$

C.1.13   Der Prototyp 12

Dieser von Herrera-Bendezu berechnete Prototyp stellt einen Spezialfall des neuen Prototyps 18 dar. Er setzt sich aus drei Gleichungen in drei Gelenkvariablen zusammen:

$$c = a\,C_x\,C_y\,S_z - a\,S_x\,C_z - b\,S_x \tag{C.40}$$

$$d = a\,S_x\,C_y\,S_z + a\,C_x\,C_z + b\,C_x \tag{C.41}$$

$$e = a\,S_y\,S_z \tag{C.42}$$

Quadrieren und Addieren dieser Gleichungen führt auf eine Doppellösung für θ_z. Mit:

$$h = \frac{c^2 + d^2 + e^2 - a^2 - b^2}{2ab}$$

ergeben sich

$$\theta_z^{(1,2)} = \mathrm{atan2}\left(\pm\sqrt{1 - h^2}, h\right) \tag{C.43}$$

Für $a = 0$ erhält man eine eindeutige Lösung für θ_x aus C.40 und C.41. Für $b = 0$ liefert Quadrieren und Addieren der drei Gleichungen den Ausdruck $c^2 + d^2 + e^2 = a^2$. Da dies nur in der Positionsspalte sinnvoll ist – eine Anwendung auf die Gleichungen von Zeilen oder Spalten der Rotationsuntermatrix würde zu der trivialen Gleichung $0 = 0$ führen –, bedeutet dies, daß der Abstand des Effektors von der Basis des Roboters für beliebige Gelenkstellungen konstant ist. D.h. er kann sich nur auf einer Kugeloberfläche bewegen, was wiederum einer globalen Positionsdegeneration der Robotergeometrie gleichkommt.

C.2   Ableitung der Prototypen 15, 16 und 17

Im folgenden ist zu zeigen, daß das definierte Vorliegen einer der Prototypen 3, 4, 5 oder 6 auf einer linken Gleichungsseite immer auch einen entsprechenden neuen Prototyp zur Anwendung auf der kinematischen Gleichungsseite des Vorgängergleichungssystems bedingt. Sollte der nicht definierte Fall vorliegen, so darf auf der entsprechenden kinematischen Gleichungsseite des Vorgängersystems keiner der neuen Prototypen anwendbar sein. Die Betrachtungen für Prototyp 2 werden in den jeweiligen Unterabschnitten durchgeführt.

Die Ausgangssituation entspricht daher der Gleichung:

$$\underline{a\,C_x + b\,S_x + c} \;=\; \mathbf{A}_i^{-1}\cdots\mathbf{A}_1^{-1}{}^{\mathrm{R}}\mathbf{T}_{\mathrm{H}}\mathbf{A}_6^{-1}\cdots\mathbf{A}_j^{-1}[k,l] \quad \text{Linke Gl.} - \text{seite}$$
$$=\; \mathbf{A}_{i+1}\cdots\mathbf{A}_{j-1}[k,l] \underline{\underline{=\; d}} \qquad\qquad \text{Kinematische Gl.} - \text{seite}$$

Für diese Situation ist zu zeigen:

1. Existiert ein definierter Ansatz im Vorgängersystem $\mathbf{A}_x \, \mathbf{A}_{i+1} \cdots \mathbf{A}_{j-1}$ beziehungsweise $\mathbf{A}_{i+1} \cdots \mathbf{A}_{j-1} \, \mathbf{A}_x$, dann ist auch der zugrundeliegende Ansatz

$$a \, C_x + b \, S_x + c = d$$

   in der oben gegebenen Ausgangsgleichung definiert.

2. Existiert kein Lösungsansatz in den genannten Systemen, dann ist auch der ursprüngliche Ansatz nicht definiert.

Damit ergeben sich die zwei hier behandelten Fälle, die die obige Situation erzeugen können:

$$x = i$$
$$x = j$$

Allgemeinere Fälle werden hier nicht betrachtet, da sich diese nach bisherigen Erfahrungen auf die obigen Fälle zurückführen lassen. Hier seien nur einige Hinweise auf die zu erwartenden Schwierigkeiten einer formalen Analyse gegeben: In den Fällen $x < i$ und $x > j$ liegt folgende Gleichung vor:

$$^{i}\mathbf{K}_{x+1} \, \mathbf{A}_x^{-1} \, {}^{x-1}\mathbf{K}_j = {}^{i+1}\mathbf{F}_{j-1} \tag{C.44}$$

Die Untersuchung der Korrespondenz zwischen alten Prototypen auf den linken Gleichungsseiten und den neuen Prototypen auf den kinematischen Gleichungsseiten gestaltet sich in dieser Situation gegenüber den Fällen $x = i$ und $x = j$ ungleich schwieriger. Dies hat seinen Grund in den konstanten Termen in $^{i}\mathbf{K}_{x+1}$ bzw. $^{x-1}\mathbf{K}_j$, die zur Aufstellung eines alternativen Ansatzes durch Multiplikation in Verbindung mit $\mathbf{A}_x$ auf die kinematische Gleichungsseite wechseln und dort sehr komplexe Terme erzeugen, die nur für starke kinematische Einschränkungen zur Lösung von θ_x führen. Diese starken Einschränkungen sind der Grund, weshalb in praktisch relevanten Fällen bisher immer eine Rückführung auf die obigen Fälle möglich war.

Prinzipiell können für die hier betrachteten 6-achsigen Strukturen auf der rechten Seite nicht mehr als 4 $\mathbf{A}_i$-Matrizen auftreten, da sonst nicht mehr der Fall $x < i$ bzw. $x > j$ vorliegen kann. Für Fälle, in denen nur eine oder zwei Armmatrizen das Produkt der rechten Seite bilden, kann unter der Annahme, daß θ_x einzige Variable der linken Seite ist, leicht gezeigt werden, daß für die auf der kinematischen Gleichungsseite auftretenden Gelenkvariablen bekannte Prototypen in geeignet gewählten Gleichungssystemen zur Lösung führen. Abschließend ergibt sich selbstverständlich immer eine eindeutige Lösung für θ_x, d.h. das Verbot der Anwendung der kritischen Prototypen auf die linke Gleichungsseite hat in diesen Fällen keinen Verlust an Funktionalität zur Folge.

C.2.1   x = i

Die Gleichung, die der o.g. Bedingung genügen soll, ist gegeben durch:

$$\mathbf{A}_x^{-1}\,{}^{i-1}\mathbf{K}_j = {}^{i+1}\mathbf{F}_{j-1} \tag{C.45}$$

mit den Matrizen:

$${}^{i-1}\mathbf{K}_j = \begin{bmatrix} k_{11} & k_{12} & k_{13} & k_{14} \\ k_{21} & k_{22} & k_{23} & k_{24} \\ k_{31} & k_{32} & k_{33} & k_{34} \\ 0 & 0 & 0 & 1 \end{bmatrix}$$

$${}^{i+1}\mathbf{F}_{j-1} = \begin{bmatrix} f_{11} & f_{12} & f_{13} & f_{14} \\ f_{21} & f_{22} & f_{23} & f_{24} \\ f_{31} & f_{32} & f_{33} & f_{34} \\ 0 & 0 & 0 & 1 \end{bmatrix}$$

$$f_{lm} = f(q_{i+1} \cdots q_{j-1}) \text{ funktional in ungelösten Variablen}$$

$$k_{lm} = k(q_{i-1} \cdots q_1, q_j \cdots q_6) \text{ teilweise parametrisch konstant}$$

Die q_t sind verallgemeinerte Gelenkvariablen, die je nach Typ des Gelenks θ_t oder d_t entsprechen. Dies führt auf das Gleichungssystem (c bezeichne $\cos \alpha_x$; s bezeichne $\sin \alpha_x$):

$$\begin{bmatrix} C_x & S_x & 0 & -a_x \\ -c\,S_x & c\,C_x & s & -s\,d_x \\ s\,S_x & -s\,C_x & c & -c\,d_x \\ 0 & 0 & 0 & 1 \end{bmatrix} \begin{bmatrix} k_{11} & k_{12} & k_{13} & k_{14} \\ k_{21} & k_{22} & k_{23} & k_{24} \\ k_{31} & k_{32} & k_{33} & k_{34} \\ 0 & 0 & 0 & 1 \end{bmatrix} = \begin{bmatrix} f_{11} & f_{12} & f_{13} & f_{14} \\ f_{21} & f_{22} & f_{23} & f_{24} \\ f_{31} & f_{32} & f_{33} & f_{34} \\ 0 & 0 & 0 & 1 \end{bmatrix}$$

$$\tag{C.46}$$

Die Gleichungen der Orientierungsspalten dieses Gleichungssystems haben die Form ($i = 1 \cdots 3$):

$$k_{1i}\,C_x + k_{2i}\,S_x = f_{1i} \tag{C.47}$$

$$c\,k_{2i}\,C_x - c\,k_{1i}\,S_x + s\,k_{3i} = f_{2i} \tag{C.48}$$

$$s\,k_{1i}\,S_x - s\,k_{2i}\,C_x + c\,k_{3i} = f_{3i} \tag{C.49}$$

Die Gleichungen der Positionsspalte haben die Struktur:

$$k_{14}\,C_x + k_{24}\,S_x - a_x = f_{14} \tag{C.50}$$

$$k_{24}\,c\,C_x - k_{14}\,c\,S_x + s\,(k_{34} - d_x) = f_{24} \tag{C.51}$$

$$k_{14}\,s\,S_x - k_{24}\,s\,C_x + c\,(k_{34} - d_x) = f_{34} \tag{C.52}$$

Eine Einzelfallbetrachtung ist nun anhand des Gleichungssystems für den Ansatz im Vorgängersystem $^{i-1}\mathbf{K}_j = \mathbf{A}_x{}^{i+1}\mathbf{F}_{j-1}$ durchzuführen:

$$
\begin{bmatrix}
k_{11} & k_{12} & k_{13} & k_{14} \\
k_{21} & k_{22} & k_{23} & k_{24} \\
k_{31} & k_{32} & k_{33} & k_{34} \\
0 & 0 & 0 & 1
\end{bmatrix}
=
\begin{bmatrix}
C_x & -c\,S_x & s\,S_x & a_x\,C_x \\
S_x & c\,C_x & -s\,C_x & a_x\,S_x \\
0 & s & c & d_x \\
0 & 0 & 0 & 1
\end{bmatrix}
\begin{bmatrix}
f_{11} & f_{12} & f_{13} & f_{14} \\
f_{21} & f_{22} & f_{23} & f_{24} \\
f_{31} & f_{32} & f_{33} & f_{34} \\
0 & 0 & 0 & 1
\end{bmatrix}
$$

$$\text{(C.53)}$$

Die Gleichungen der Orientierungsspalten haben die Form $(i = 1, \ldots, 3)$:

$$
\begin{aligned}
k_{1i} &= f_{1i}\,C_x - (f_{2i}\,c - f_{3i}\,s)\,S_x & \text{(C.54)} \\
k_{2i} &= f_{1i}\,S_x + (f_{2i}\,c - f_{3i}\,s)\,C_x & \text{(C.55)} \\
k_{3i} &= (f_{2i}\,s + f_{3i}\,c) & \text{(C.56)}
\end{aligned}
$$

Die Struktur der Gleichungen der Positionsspalte ist gegeben durch:

$$
\begin{aligned}
k_{14} &= (f_{14} + a_x)\,C_x - (f_{24}\,c - f_{34}\,s)\,S_x & \text{(C.57)} \\
k_{24} &= (f_{14} + a_x)\,S_x + (f_{24}\,c - f_{34}\,s)\,C_x & \text{(C.58)} \\
k_{34} &= (f_{24}\,s + f_{34}\,c) + d_x & \text{(C.59)}
\end{aligned}
$$

In den nächsten Abschnitten erfolgt nun die Betrachtung der verschiedenen Fälle, d.h. es wird das Vorliegen einer der kritischen Prototypen auf der linken Gleichungsseite angenommen. Dies bedingt, daß einige der k_{lm} und die zugehörigen f_{st} keine ungelösten Gelenkvariablen mehr enthalten.

Für den Prototyp 2

In diesem Fall folgt aus C.47 – C.49 bzw. C.50 – C.52, daß in einer Spalte der Matrix $\mathbf{F}$ zwei der drei f_{st} bekannt sind. Da aufgrund der Struktur der Armmatrizen in einer Spalte eines solchen Produkts aber immer dieselben Gelenkvariablen auftreten und insbesondere das dritte Element einer Spalte in vielen Fällen nur eine Untermenge der Gelenkvariablen der Spalte enthält, kann in diesem Fall geschlossen werden, daß auch die dritte Komponente der fraglichen Spalte von $\mathbf{F}$ bekannt sein muß. Ebenso gilt, daß die Komponenten der entsprechenden Spalte von $\mathbf{K}$ bekannt sein müssen. Damit folgt aber sofort mit den Spalten des Systems C.53, daß in diesem Fall ein äquivalenter Ansatz, der die variablen Terme in der kinematischen Gleichungsseite besitzt, existiert. Im Falle der Auslöschung dieses Ansatzes durch die Faktoren von S_x und C_x folgt des weiteren, daß in diesem Fall der ursprüngliche Ansatz im System C.46 nicht definiert war, da die entsprechenden k_{lm} zu Null vereinfacht werden können.

$\underline{f_{1i} = d}$ **mit** $i \in \{1, \ldots, 3\}$

In diesem Fall erhält man folgende Elementgleichungen aus C.53:

$$k_{1i} = d\,C_x - (f_{2i}\,c - f_{3i}\,s)\,S_x \qquad \text{(C.60)}$$
$$k_{2i} = d\,S_x + (f_{2i}\,c - f_{3i}\,s)\,C_x \qquad \text{(C.61)}$$
$$k_{3i} = (f_{2i}\,s + f_{3i}\,c) \qquad \text{(C.62)}$$

Aus den ersten beiden Gleichungen erhält man eine Prototyp 15 entsprechende Gleichungskombination, da aus C.47 folgt, daß k_{1i} und k_{2i} konstante Ausdrücke darstellen:

$$k_{1i} = d\,C_x - f(q_{i+1} \cdots q_{j-1})\,S_x$$
$$k_{2i} = d\,S_x + f(q_{i+1} \cdots q_{j-1})\,C_x$$

Isolieren von $f(q_{i+1} \cdots q_{j-1})$ und Gleichsetzen liefert eine Gleichung in S_x und C_x, die auf eine Doppellösung von θ_x führt, wenn $k_{1i} \neq 0$ und $k_{2i} \neq 0$, d.h. die Gleichungen definiert sind. Der Fall, das beide zu Null vereinfacht werden können, führt auf die Undefiniertheit des o.g. Ansatzes, da auf der kinematischen Gleichungsseite die verbleibende kinematische Struktur zu finden ist, die von noch ungelösten Gelenkvariablen abhängen muß und demzufolge diese Nullen explizit besitzen muß.

Die obige Lösung ist nicht definiert, wenn $(f_{2i}\,c - f_{3i}\,s) = 0$ und $d = 0$ gilt. Da d Element der kinematischen Gleichungsseite ist, kann diese Null nur durch kinematische Parameter erzwungen werden, nie jedoch durch bereits zuvor gelöste Variablen in Kombination, da die beteiligten Teilterme in dieser Form nur auf der kinematischen Gleichungsseite auftreten. Daher müssen diese Nullen explizit auftreten. Das führt jedoch unmittelbar darauf, daß $k_{1i} = k_{2i} = 0$ gelten muß, da k_{1i} und k_{2i} diesen Nulltermen entsprechen.

$\underline{f_{2i} = d}$ **mit** $i = 1, \ldots, 3$

In diesem Fall erhält man folgende Elementgleichungen aus C.53:

$$k_{1i} = f_{1i}\,C_x - (d\,c - f_{3i}\,s)\,S_x$$
$$k_{2i} = f_{1i}\,S_x + (d\,c - f_{3i}\,s)\,C_x$$
$$k_{3i} = (d\,s + f_{3i}\,c)$$

Für den Fall $c = 0$ kann aus C.46 direkt entnommen werden, daß die kritische Gleichung in diesem Fall weder C_x noch S_x enthält und daher aus dieser Gleichung keine Lösung für θ_x ableitbar ist.

Da die Gleichungskombination für $c \neq 0$ dem Prototyp 16 entspricht, kann eine Lösung für θ_x ermittelt werden: Man erhält zunächst f_{3i} aus der dritten Gleichung:

$$f_{3i} = \frac{k_{3i} - d\,s}{c}$$

Die ersten beiden Gleichungen ergeben sich mit f_{3i} zu:

$$\begin{aligned}
k_{1i} &= f(q_{i+1} \cdots q_{j-1})\,C_x - (d\,c - \frac{k_{3i} - d\,s}{c})S_x \\
k_{2i} &= f(q_{i+1} \cdots q_{j-1})\,S_x + (d\,c - \frac{k_{3i} - d\,s}{c})C_x
\end{aligned}$$

Wiederum ergeben sich 2 Gleichungen in S_x und C_x, wobei einer der Koeffizienten der trigonometrischen Ausdrücke funktional von noch nicht gelösten Variablen abhängt. Die Lösung für θ_x ergibt sich aus Prototyp 15.

$f_{3i} = d$ mit $i \in \{1 \cdots 3\}$

Dieser Fall verhält sich aufgrund der Symmetrie der zweiten und dritten Gleichung einer Spalte der Orientierungsuntermatrix ähnlich wie der zuvor bearbeitete. Auf eine nochmalige Herleitung der Zusammenhänge soll daher verzichtet werden.

$f_{14} = d$

In diesem Fall ergeben sich die folgenden Positionsspalten in den zu betrachtenden Systemen:

$$\begin{aligned}
k_{14}\,C_x + k_{24}\,S_x - a_x &= d & \text{(C.63)} \\
k_{24}\,c\,C_x - k_{14}\,c\,S_x + s\,(k_{34} - d_x) &= f_{24} & \text{(C.64)} \\
k_{14}\,s\,S_x - k_{24}\,s\,C_x + c\,(k_{34} - d_x) &= f_{34} & \text{(C.65)}
\end{aligned}$$

$$\begin{aligned}
k_{14} &= (d + a_x)\,C_x - (f_{24}\,c - f_{34}\,s)\,S_x & \text{(C.66)} \\
k_{24} &= (d + a_x)\,S_x + (f_{24}\,c - f_{34}\,s)\,C_x & \text{(C.67)} \\
k_{34} &= (f_{24}\,s + f_{34}\,c) + d_x & \text{(C.68)}
\end{aligned}$$

Die Gleichungen C.66 und C.67 entsprechen Prototyp 15:

$$\begin{aligned}
k_{14} &= (d + a_x)\,C_x - f(q_{i+1}, \ldots, q_{j-1})\,S_x \\
k_{24} &= (d + a_x)\,S_x + f(q_{i+1}, \ldots, q_{j-1})\,C_x
\end{aligned}$$

Aus diesen Gleichungen läßt sich, wie oben schon gezeigt, eine Doppellösung für θ_x ermitteln.

In speziellen Fällen können einfachere Lösungen ermittelt werden. So ergibt sich z.B. eine eindeutige Lösung für $f(q_{i+1}, \ldots, q_{j-1}) =$ konstant. Diese findet ihre Entsprechung durch Multiplikation von (C.64) bzw. (C.65) mit c bzw. $-s$ und nachfolgendem Addieren. In Kombination mit (C.63) erhält man ebenfalls eine eindeutige Lösung.

Für den Fall, daß sowohl $d + a = 0$ als auch $f(q_{i+1}, \ldots, q_{j-1}) = 0$ gilt, ist der o.g. Ansatz nicht definiert. Es zeigt sich jedoch direkt, daß in diesem Fall auch k_{14} und k_{24} zu Null vereinfacht werden können und daß somit die kritische Gleichung im Ausgangssystem ebenfalls nicht zur Lösung verwendbar ist.

$f_{24} = d$

In diesem Fall erhält man folgende Gleichungen der Positionsspalten der zu betrachtenden Systeme:

$$
\begin{aligned}
k_{14}\,C_x + k_{24}\,S_x - a_x &= f_{14} \\
k_{24}\,c\,C_x - k_{14}\,c\,S_x + s\,(k_{34} - d_x) &= d \\
k_{14}\,s\,S_x - k_{24}\,s\,C_x + c\,(k_{34} - d_x) &= f_{34}
\end{aligned}
$$

$$
\begin{aligned}
k_{14} &= (f_{14} + a_x)\,C_x - (d\,c - f_{34}\,s)\,S_x \\
k_{24} &= (f_{14} + a_x)\,S_x + (d\,c - f_{34}\,s)\,C_x \\
k_{34} &= (d\,s + f_{34}\,c) + d_x
\end{aligned}
$$

Die drei letzten Gleichungen entsprechen wiederum Prototyp 16. Durch eine Ersetzung von f_{34} aus der dritten Gleichung in den ersten beiden Gleichungen erhält man eine Gleichung in C_x und S_x, wobei einer der Faktoren funktional von noch nicht gelösten Variablen abhängt. I.allg. kann also eine Doppellösung für θ_x über Prototyp 15 berechnet werden.

Natürlich treten auch hier spezielle Fälle auf, die zu eindeutigen Lösungen führen können oder aber auch zur Auslöschung von C_x und S_x aus der Ansatzgleichung. Letzteres hat wiederum die Ungültigkeit des Ansatzes im ursprünglichen System zur Konsequenz.

$$\underline{f_{34} = d}$$

Wie schon bei der Betrachtung der Orientierungsspalten verhält sich auch dieser Fall völlig analog zum vorhergehenden.

C.2.2   x = j

In diesem Fall liegt folgende Gleichung vor, die der eingangs genannten Bedingung genügen soll:

$$^{i}\mathbf{K}_{j+1}\,\mathbf{A}_{x}^{-1} = {}^{i+1}\mathbf{F}_{j-1}$$

Mit den Matrizen:

$$^{i}\mathbf{K}_{j+1} \;=\; \begin{bmatrix} k_{11} & k_{12} & k_{13} & k_{14} \\ k_{21} & k_{22} & k_{23} & k_{24} \\ k_{31} & k_{32} & k_{33} & k_{34} \\ 0 & 0 & 0 & 1 \end{bmatrix}$$

$$^{i+1}\mathbf{F}_{j-1} \;=\; \begin{bmatrix} f_{11} & f_{12} & f_{13} & f_{14} \\ f_{21} & f_{22} & f_{23} & f_{24} \\ f_{31} & f_{32} & f_{33} & f_{34} \\ 0 & 0 & 0 & 1 \end{bmatrix}$$

$$f_{rs} \;=\; f(q_{i+1}, \ldots, q_{j-1})$$

$$k_{rs} \;=\; k(q_{i}, \ldots, q_{1}, q_{j+1}, \ldots, q_{6})$$

ergibt sich das Gleichungssystem:

$$\begin{bmatrix} k_{11} & k_{12} & k_{13} & k_{14} \\ k_{21} & k_{22} & k_{23} & k_{24} \\ k_{31} & k_{32} & k_{33} & k_{34} \\ 0 & 0 & 0 & 1 \end{bmatrix} \begin{bmatrix} C_x & S_x & 0 & -a_x \\ -c\,S_x & c\,C_x & s & -s\,d_x \\ s\,S_x & -s\,C_x & c & -c\,d_x \\ 0 & 0 & 0 & 1 \end{bmatrix} = \begin{bmatrix} f_{11} & f_{12} & f_{13} & f_{14} \\ f_{21} & f_{22} & f_{23} & f_{24} \\ f_{31} & f_{32} & f_{33} & f_{34} \\ 0 & 0 & 0 & 1 \end{bmatrix}$$

$$(C.69)$$

Elementweises Gleichsetzen führt auf die Zeilenelemente ($i \in \{1, \ldots, 3\}$):

$$k_{i1}\,C_x - (c\,k_{i2} - s\,k_{i3})\,S_x \;=\; f_{i1}$$
$$k_{i1}\,S_x + (c\,k_{i2} - s\,k_{i3})\,C_x \;=\; f_{i2}$$
$$s\,k_{i2} + c\,k_{i3} \;=\; f_{i3}$$
$$-a_x\,k_{i1} - (s\,k_{i2} + c\,k_{i3})\,d_x + k_{i4} \;=\; f_{i4}$$

Das Gleichungssystem für den Ansatz im Vorgängersystem ergibt sich zu

$$
\begin{bmatrix}
k_{11} & k_{12} & k_{13} & k_{14} \\
k_{21} & k_{22} & k_{23} & k_{24} \\
k_{31} & k_{32} & k_{33} & k_{34} \\
0 & 0 & 0 & 1
\end{bmatrix}
=
\begin{bmatrix}
f_{11} & f_{12} & f_{13} & f_{14} \\
f_{21} & f_{22} & f_{23} & f_{24} \\
f_{31} & f_{32} & f_{33} & f_{34} \\
0 & 0 & 0 & 1
\end{bmatrix}
\begin{bmatrix}
C_x & -c\,S_x & s\,S_x & a_x\,C_x \\
S_x & c\,C_x & -s\,C_x & a_x\,S_x \\
0 & s & c & d_x \\
0 & 0 & 0 & 1
\end{bmatrix}
$$

$$\text{(C.70)}$$

Dieses Gleichungssystem führt auf die Zeilenelemente ($i \in \{1, \ldots, 3\}$):

$$
\begin{aligned}
k_{i1} &= f_{i1}\,C_x + f_{i2}\,S_x \\
k_{i2} &= c\,(f_{i2}\,C_x - f_{i1}\,S_x) + f_{i3}\,s \\
k_{i3} &= -s\,(f_{i2}\,C_x - f_{i1}\,S_x) + f_{i3}\,c \\
k_{i4} &= a_x\,(f_{i1}\,C_x + f_{i2}\,S_x) + f_{i3}\,d_x + f_{i4}
\end{aligned}
$$

Aus den Gleichungen des Systems C.69 wird sofort deutlich, daß :

1. die dritte und vierte Spalte für die Betrachtung irrelevant sind, da sie keine Terme in S_x und C_x besitzen und somit auch keine kritischen Fälle auftreten können.

2. im Gegensatz zum Fall $x = i$ hier eine zeilenorientierte Ähnlichkeit der Ansatzgleichungen festzustellen ist. Die interessanten Gleichungen der ersten und zweiten Spalte haben zudem eine identische Form. Daher sind für die Nachweise der Existenz eines alternativen Ansatzes in C.70 nur die Fälle $f_{i1} = d$ und $f_{i2} = d$ von Bedeutung.

Für den Prototyp 2

Dieser Fall verhält sich völlig analog zu C.2.1, da in f_{i3} i.allg. weniger Gelenkvariablen als in f_{i1} und f_{i2} auftreten.

$f_{i1} = d$ mit $i \in \{1, \ldots, 3\}$

In diesem Fall liegt in C.69 die Gleichung

$$k_{i1}\,C_x - (c\,k_{i2} - s\,k_{i3})\,S_x = d \qquad\text{(C.71)}$$

vor. Im System C.70 ergeben sich damit die folgenden Elementgleichungen der entsprechenden Zeilen der Orientierungsmatrix, die nun auf den neuen Prototyp 17 führen:

$$k_{i1} = dC_x + f_{i2} S_x \tag{C.72}$$

$$k_{i2} = c(f_{i2} C_x - dS_x) + f_{i3} s \tag{C.73}$$

$$k_{i3} = -s(f_{i2} C_x - dS_x) + f_{i3} c \tag{C.74}$$

Zur Berechnung eines zur Gleichung C.71 äquivalenten Lösungsansatzes werden die zweite und dritte der Gleichungen nach f_{i3} aufgelöst:

$$f_{i3} = \frac{k_{i2}}{s} - \frac{c(f_{i2} C_x - dS_x)}{s} \quad, s \neq 0$$

$$f_{i3} = \frac{k_{i3}}{c} + \frac{s(f_{i2} C_x - dS_x)}{c} \quad, c \neq 0$$

Gleichsetzen liefert:

$$c\,k_{i2} - c^2\,(f_{i2} C_x - dS_x) = s\,k_{i2} + s^2\,(f_{i2} C_x - dS_x)$$

Mit C.72 erhält man einen Prototyp 15 entsprechenden Ansatz und kann somit eine Doppellösung für θ_x ableiten:

$$c\,k_{i2} - s\,k_{i3} = f_{i2} C_x - dS_x$$

$$k_{i1} = f_{i2} S_x + dC_x$$

Dieser Ansatz gilt für $c \neq 0 \;\wedge\; s \neq 0$. Anderenfalls ergeben sich die folgenden Ansätze vom Prototyp 15:

- $s = 0 \;\Rightarrow\; c = 1$

$$k_{i2} = f_{i2} C_x - dS_x$$

$$k_{i1} = f_{i2} S_x + dC_x$$

- $c = 0 \;\Rightarrow\; s = 1$

$$k_{i3} = dS_x - f_{i2} C_x$$

$$k_{i1} = f_{i2} S_x + dC_x$$

Der neue Ansatz ist für $d = 0 \;\wedge\; f_{i2} = 0$ nicht definiert. Für diesen Fall ist nun noch zu zeigen, daß dies unmittelbar auf die Ungültigkeit des Ansatzes in C.69 führt, d.h. k_{i1} und $c\,k_{i2} - s\,k_{i3}$ zu Null vereinfacht werden können.

Aus den genannten Bedingungen folgt direkt $f_{i3} = 1$. Aus C.73 und C.74 folgt:

$$s = k_{i2}$$
$$c = k_{i3}$$

Damit erhält man:

$$c\,k_{i2} - s\,k_{i3} = 0$$

$k_{i1} = 0$ folgt unmittelbar aus C.72.

Also ist im Falle der Nichtexistenz eines Ansatzes in C.70 auch der bisher verwendete Ansatz in C.69 nicht definiert. Seine Anwendung würde somit zu einer fehlerhaften Lösung führen.

$f_{i2} = d$ **mit** $i \in \{1, \ldots, 3\}$

In diesem Fall liegt in C.69 die Gleichung

$$k_{i1}\,S_x + (c\,k_{i2} - s\,k_{i3})\,C_x = d$$

vor. Im System C.70 ergeben sich damit die folgenden Elemente der entsprechenden Zeilen der Orientierungsmatrix:

$$k_{i1} = f_{i1}\,C_x + d\,S_x$$
$$k_{i2} = c\,(d\,C_x - f_{i1}\,S_x) + f_{i3}\,s$$
$$k_{i3} = -s\,(d\,C_x - f_{i1}\,S_x) + f_{i3}\,c$$

Mit diesen Gleichungen wird offensichtlich, daß an dieser Stelle ebenfalls Prototyp 17 zum Erfolg bzw. zur Nichtdefiniertheit des Ansatzes im neuen und alten System führt. Auf die analogen Herleitungen wird aus diesem Grund verzichtet.

Anhang D

Protokolle

In diesem Teil des Anhangs sind die automatisch mit einer Vorgängerversion des beschriebenen SKIP-Systems erzeugten Protokolle wiedergegeben. Im Fall der redundanten Geometrie aus Abschnitt 8.1 sind diese Protokolle durch Kurzprotokolle der in dieser Arbeit konzipierten SKIP-Version ergänzt, um die durch dieses System berechneten Lösungen zu dokumentieren. Es sind folgende Robotergeometrien in diesem Abschnitt enthalten:

- Stanford-Manipulator

- Vereinfachte SCARA-Geometrie (T-, F- und G-Gleichungen)

- Redundanter Arm aus Abschnitt 8.1

D.1 Gleichungssatz für die Stanford-Geometrie

stanford					
	Typ	θ_i	d_i	a_i	α_i
Gelenk 1	Rot.	θ_1	0	0	-90
Gelenk 2	Rot.	θ_2	d_2	0	90
Gelenk 3	Trans.	0	D_3	0	0
Gelenk 4	Rot.	θ_4	0	0	-90
Gelenk 5	Rot.	θ_5	0	0	90
Gelenk 6	Rot.	θ_6	0	0	0

Armmatrizen $\mathbf{A}_i$:

$$\mathbf{A}_1 = \begin{bmatrix} C_1 & 0 & -S_1 & 0 \\ S_1 & 0 & C_1 & 0 \\ 0 & -1 & 0 & 0 \\ 0 & 0 & 0 & 1 \end{bmatrix} \qquad \mathbf{A}_2 = \begin{bmatrix} C_2 & 0 & S_2 & 0 \\ S_2 & 0 & -C_2 & 0 \\ 0 & 1 & 0 & d_2 \\ 0 & 0 & 0 & 1 \end{bmatrix}$$

$$\mathbf{A}_3 = \begin{bmatrix} 1 & 0 & 0 & 0 \\ 0 & 1 & 0 & 0 \\ 0 & 0 & 1 & D_3 \\ 0 & 0 & 0 & 1 \end{bmatrix} \qquad \mathbf{A}_4 = \begin{bmatrix} C_4 & 0 & -S_4 & 0 \\ S_4 & 0 & C_4 & 0 \\ 0 & -1 & 0 & 0 \\ 0 & 0 & 0 & 1 \end{bmatrix}$$

$$\mathbf{A}_5 = \begin{bmatrix} C_5 & 0 & S_5 & 0 \\ S_5 & 0 & -C_5 & 0 \\ 0 & 1 & 0 & 0 \\ 0 & 0 & 0 & 1 \end{bmatrix} \qquad \mathbf{A}_6 = \begin{bmatrix} C_6 & -S_6 & 0 & 0 \\ S_6 & C_6 & 0 & 0 \\ 0 & 0 & 1 & 0 \\ 0 & 0 & 0 & 1 \end{bmatrix}$$

$$\text{Gleichungen } \mathbf{A}_{i-1}^{-1} \cdot \ldots \cdot \mathbf{A}_1^{-1} \cdot {}^{R}\mathbf{T}_H = \mathbf{A}_i \cdot \ldots \cdot \mathbf{A}_6:$$

${}^{R}\mathbf{T}_H = \mathbf{A}_1 \cdot \ldots \cdot \mathbf{A}_6$

1: $N_x = C_1 C_2 (C_4 C_5 C_6 - S_4 S_6) - C_1 C_6 S_2 S_5 - S_1 (C_4 S_6 + C_5 C_6 S_4)$

2: $O_x = S_6 (C_1 S_2 S_5 - C_1 C_2 C_4 C_5) + S_4 (S_6 C_5 S_1 - C_1 C_2 C_6) - C_4 C_6 S_1$

3: $A_x = C_1 (C_2 C_4 S_5 + C_5 S_2) - S_1 S_4 S_5$

4: $P_x = D_3 C_1 S_2 - d_2 S_1$

5: $N_y = C_2 S_1 (C_4 C_5 C_6 - S_4 S_6) - C_6 S_1 S_2 S_5 + C_1 C_4 S_6 + C_1 C_5 C_6 S_4$

6: $O_y = S_6 (S_1 S_2 S_5 - C_1 C_5 S_4) + C_1 C_4 C_6 - C_2 S_1 (C_4 C_5 S_6 + C_6 S_4)$

7: $A_y = S_1 (C_2 C_4 S_5 + C_5 S_2) + C_1 S_4 S_5$

8: $P_y = D_3 S_1 S_2 + d_2 C_1$

9: $N_z = -(S_2 (C_4 C_5 C_6 - S_4 S_6) + C_2 C_6 S_5)$

10: $O_z = S_2 (C_4 C_5 S_6 + C_6 S_4) + C_2 S_5 S_6$

11: $A_z = C_2 C_5 - C_4 S_2 S_5$

12: $P_z = D_3 C_2$

$\mathbf{A}_1^{-1} \cdot {}^{R}\mathbf{T}_H = \mathbf{A}_2 \cdot \ldots \cdot \mathbf{A}_6$

13: $N_x C_1 + N_y S_1 = C_2 (C_4 C_5 C_6 - S_4 S_6) - C_6 S_2 S_5$

14: $O_x C_1 + O_y S_1 = S_2 S_5 S_6 - C_2 (C_4 C_5 S_6 + C_6 S_4)$

15: $A_x C_1 + A_y S_1 = C_2 C_4 S_5 + C_5 S_2$

16: $P_x C_1 + P_y S_1 = D_3 S_2$

17: $-N_z \qquad\quad = S_2 (C_4 C_5 C_6 - S_4 S_6) + C_2 C_6 S_5$

18: $-O_z \qquad\quad = -(S_2 (C_4 C_5 S_6 + C_6 S_4) + C_2 S_5 S_6)$

19: $-A_z \qquad\quad = C_4 S_2 S_5 - C_2 C_5$

20: $-P_z \qquad\quad = -D_3 C_2$

21: $N_y C_1 - N_x S_1 = C_5 C_6 S_4 + C_4 S_6$

22: $O_y C_1 - O_x S_1 = C_4 C_6 - C_5 S_4 S_6$

23: $A_y C_1 - A_x S_1 = S_4 S_5$

24: $P_y C_1 - P_x S_1 = d_2$

$$\mathbf{A}_2^{-1} \cdot \mathbf{A}_1^{-1} \cdot {}^R\mathbf{T}_H = \mathbf{A}_3 \cdot \ldots \cdot \mathbf{A}_6$$

25: $C_2(N_xC_1 + N_yS_1) - N_zS_2 = C_4C_5C_6 - S_4S_6$

26: $C_2(O_xC_1 + O_yS_1) - O_zS_2 = -(C_4C_5S_6 + C_6S_4)$

27: $C_2(A_xC_1 + A_yS_1) - A_zS_2 = C_4S_5$

28: $C_2(P_xC_1 + P_yS_1) - P_zS_2 = 0$

29: $N_yC_1 - N_xS_1 \qquad\quad = C_5C_6S_4 + C_4S_6$

30: $O_yC_1 - O_xS_1 \qquad\quad = C_4C_6 - C_5S_4S_6$

31: $A_yC_1 - A_xS_1 \qquad\quad = S_4S_5$

32: $P_yC_1 - P_xS_1 - d_2 \quad = 0$

33: $S_2(N_xC_1 + N_yS_1) + N_zC_2 = -C_6S_5$

34: $S_2(O_xC_1 + O_yS_1) + O_zC_2 = S_5S_6$

35: $S_2(A_xC_1 + A_yS_1) + A_zC_2 = C_5$

36: $S_2(P_xC_1 + P_yS_1) + P_zC_2 = D_3$

$$\mathbf{A}_3^{-1} \cdot \ldots \cdot \mathbf{A}_1^{-1} \cdot {}^R\mathbf{T}_H = \mathbf{A}_4 \cdot \ldots \cdot \mathbf{A}_6$$

37: $C_2(N_xC_1 + N_yS_1) - N_zS_2 \qquad = C_4C_5C_6 - S_4S_6$

38: $C_2(O_xC_1 + O_yS_1) - O_zS_2 \qquad = -(C_4C_5S_6 + C_6S_4)$

39: $C_2(A_xC_1 + A_yS_1) - A_zS_2 \qquad = C_4S_5$

40: $C_2(P_xC_1 + P_yS_1) - P_zS_2 \qquad = 0$

41: $N_yC_1 - N_xS_1 \qquad\qquad = C_5C_6S_4 + C_4S_6$

42: $O_yC_1 - O_xS_1 \qquad\qquad = C_4C_6 - C_5S_4S_6$

43: $A_yC_1 - A_xS_1 \qquad\qquad = S_4S_5$

44: $P_yC_1 - P_xS_1 - d_2 \qquad = 0$

45: $S_2(N_xC_1 + N_yS_1) + N_zC_2 \qquad = -C_6S_5$

46: $S_2(O_xC_1 + O_yS_1) + O_zC_2 \qquad = S_5S_6$

47: $S_2(A_xC_1 + A_yS_1) + A_zC_2 \qquad = C_5$

48: $S_2(P_xC_1 + P_yS_1) + P_zC_2 - D_3 = 0$

$$\mathbf{A}_4^{-1} \cdot \ldots \cdot \mathbf{A}_1^{-1} \cdot {}^R\mathbf{T}_H = \mathbf{A}_5 \cdot \mathbf{A}_6$$

49: $(C_1C_2C_4 - S_1S_4)N_x + (C_2C_4S_1 + C_1S_4)N_y - C_4S_2N_z \qquad\qquad = C_5C_6$

50: $(C_1C_2C_4 - S_1S_4)O_x + (C_2C_4S_1 + C_1S_4)O_y - C_4S_2O_z \qquad\qquad = -C_5S_6$

51: $(C_1C_2C_4 - S_1S_4)A_x + (C_2C_4S_1 + C_1S_4)A_y - C_4S_2A_z \qquad\qquad = S_5$

52: $(C_1C_2C_4 - S_1S_4)P_x + (C_2C_4S_1 + C_1S_4)P_y - C_4S_2P_z - d_2S_4 = 0$

53: $-(S_2(N_xC_1 + N_yS_1) + N_zC_2) \qquad\qquad\qquad\qquad = C_6S_5$

54: $-(S_2(O_xC_1 + O_yS_1) + O_zC_2) \qquad\qquad\qquad\qquad = -S_5S_6$

55: $-(S_2(A_xC_1 + A_yS_1) + A_zC_2) \qquad\qquad\qquad\qquad = -C_5$

56: $D_3 - S_2(P_xC_1 + P_yS_1) - P_zC_2 \qquad\qquad\qquad\qquad = 0$

57: $(C_1C_4 - C_2S_1S_4)N_y - (C_1C_2S_4 + C_4S_1)N_x + S_2S_4N_z \qquad = S_6$

58: $(C_1C_4 - C_2S_1S_4)O_y - (C_1C_2S_4 + C_4S_1)O_x + S_2S_4O_z \qquad = C_6$

59: $(C_1C_4 - C_2S_1S_4)A_y - (C_1C_2S_4 + C_4S_1)A_x + S_2S_4A_z \qquad = 0$

60: $(C_1C_4 - C_2S_1S_4)P_y - (C_1C_2S_4 + C_4S_1)P_x + S_2S_4P_z - d_2C_4 = 0$

$$\mathbf{A}_5^{-1} \cdot \ldots \cdot \mathbf{A}_1^{-1} \cdot {}^{R}\mathbf{T}_H = \mathbf{A}_6$$

61: $\begin{bmatrix} ((C_2C_4C_5 - S_2S_5)C_1 - C_5S_1S_4)N_x + ((C_2C_4C_5 - S_2S_5)S_1 + C_1C_5S_4)N_y \\ - (C_4C_5S_2 + C_2S_5)N_z \end{bmatrix} = C_6$

62: $\begin{bmatrix} ((C_2C_4C_5 - S_2S_5)C_1 - C_5S_1S_4)O_x + ((C_2C_4C_5 - S_2S_5)S_1 + C_1C_5S_4)O_y \\ - (C_4C_5S_2 + C_2S_5)O_z \end{bmatrix} = -S_6$

63: $\begin{bmatrix} ((C_2C_4C_5 - S_2S_5)C_1 - C_5S_1S_4)A_x + ((C_2C_4C_5 - S_2S_5)S_1 + C_1C_5S_4)A_y \\ - (C_4C_5S_2 + C_2S_5)A_z \end{bmatrix} = 0$

64: $\begin{bmatrix} ((C_2C_4C_5 - S_2S_5)C_1 - C_5S_1S_4)P_x + ((C_2C_4C_5 - S_2S_5)S_1 + C_1C_5S_4)P_y \\ - (C_4C_5S_2 + C_2S_5)P_z + D_3S_5 - C_5S_4d_2 \end{bmatrix} = 0$

65: $(C_1C_4 - C_2S_1S_4)N_y - (C_1C_2S_4 + C_4S_1)N_x + S_2S_4N_z = S_6$

66: $(C_1C_4 - C_2S_1S_4)O_y - (C_1C_2S_4 + C_4S_1)O_x + S_2S_4O_z = C_6$

67: $(C_1C_4 - C_2S_1S_4)A_y - (C_1C_2S_4 + C_4S_1)A_x + S_2S_4A_z = 0$

68: $(C_1C_4 - C_2S_1S_4)P_y - (C_1C_2S_4 + C_4S_1)P_x + S_2S_4P_z - d_2C_4 = 0$

69: $\begin{bmatrix} ((C_2C_4S_5 + C_5S_2)C_1 - S_1S_4S_5)N_x + ((C_2C_4S_5 + C_5S_2)S_1 + C_1S_4S_5)N_y \\ + (C_2C_5 - C_4S_2S_5)N_z \end{bmatrix} = 0$

70: $\begin{bmatrix} ((C_2C_4S_5 + C_5S_2)C_1 - S_1S_4S_5)O_x + ((C_2C_4S_5 + C_5S_2)S_1 + C_1S_4S_5)O_y \\ + (C_2C_5 - C_4S_2S_5)O_z \end{bmatrix} = 0$

71: $\begin{bmatrix} ((C_2C_4S_5 + C_5S_2)C_1 - S_1S_4S_5)A_x + ((C_2C_4S_5 + C_5S_2)S_1 + C_1S_4S_5)A_y \\ + (C_2C_5 - C_4S_2S_5)A_z \end{bmatrix} = 1$

72: $\begin{bmatrix} ((C_2C_4S_5 + C_5S_2)C_1 - S_1S_4S_5)P_x + ((C_2C_4S_5 + C_5S_2)S_1 + C_1S_4S_5)P_y \\ + (C_2C_5 - C_4S_2S_5)P_z - S_4S_5d_2 - D_3C_5 \end{bmatrix} = 0$

Variablen	
Gelenkvariablen	θ_1 θ_2 D_3 θ_4 θ_5 θ_6
Gelenksummen	$\langle$keine$\rangle$

Herleitung							
Schritt	Typ	Gl.	Var.	T/F	Mat.	Zeile	Spalte
1	$a \cdot \cos\theta + b \cdot \sin\theta = d$	24	θ_1	T	2	3	4
2	$a \cdot \cos\theta + b \cdot \sin\theta = d$	28	θ_2	T	3	1	4
3	$a \cdot \cos\theta + b \cdot \sin\theta = d$	59	θ_4	T	5	3	3
4	$\cos\theta = k_1 \quad \sin\theta = k_2$	35 51	θ_5	T T	3 5	3 1	3 3
5	$\cos\theta = k_1 \quad \sin\theta = k_2$	58 62	θ_6	T T	5 6	3 1	2 2
6	$D = K$ (D Schubgelenk)	48	D_3	T	4	3	4

Inverse Lösung

$$\theta_1 = \tan^{-1}\left(\frac{d_2}{\pm\sqrt{P_y{}^2 + P_x{}^2 - d_2{}^2}}\right) - \tan^{-1}\left(\frac{P_y}{-P_x}\right)$$

$$\theta_2 = \tan^{-1}\left(\frac{P_x C_1 + P_y S_1}{P_z}\right)$$

$$\theta_2 = \theta_2 + 180$$

$$\theta_4 = \tan^{-1}\left(\frac{A_y C_1 - A_x S_1}{C_2(A_y S_1 + A_x C_1) - A_z S_2}\right)$$

$$\theta_4 = \theta_4 + 180$$

$$\theta_5 = \tan^{-1}\left(\frac{(C_1 C_2 C_4 - S_1 S_4)A_x + (C_2 C_4 S_1 + C_1 S_4)A_y - C_4 S_2 A_z}{S_2(A_x C_1 + A_y S_1) + A_z C_2}\right)$$

$$\theta_6 = \tan^{-1}\left(\frac{\langle\mathrm{Arg}_1\rangle}{(C_1 C_4 - C_2 S_1 S_4)O_y - (C_1 C_2 S_4 + C_4 S_1)O_x + S_2 S_4 O_z}\right)$$

$$\langle\mathrm{Arg}_1\rangle = (C_4 C_5 S_2 + C_2 S_5)O_z - (((C_2 C_4 C_5 - S_2 S_5)C_1 - C_5 S_1 S_4)O_x$$
$$+ ((C_2 C_4 C_5 - S_2 S_5)S_1 + C_1 C_5 S_4)O_y)$$

$$D_3 = S_2(P_x C_1 + P_y S_1) + P_z C_2$$

D.2 6-achsige SCARA-Geometrie

scara_6.ltb					
	Typ	θ_i	d_i	a_i	α_i
Gelenk 1	Rot.	θ_1	0	a_1	0
Gelenk 2	Rot.	θ_2	0	a_2	0
Gelenk 3	Rot.	θ_3	0	0	0
Gelenk 4	Trans.	0	D_4	0	90
Gelenk 5	Rot.	θ_5	0	0	90
Gelenk 6	Rot.	θ_6	0	0	0

Armmatrizen $\mathbf{A}_i$:

$$\mathbf{A}_1 = \begin{bmatrix} C_1 & -S_1 & 0 & a_1C_1 \\ S_1 & C_1 & 0 & a_1S_1 \\ 0 & 0 & 1 & 0 \\ 0 & 0 & 0 & 1 \end{bmatrix} \qquad \mathbf{A}_2 = \begin{bmatrix} C_2 & -S_2 & 0 & a_2C_2 \\ S_2 & C_2 & 0 & a_2S_2 \\ 0 & 0 & 1 & 0 \\ 0 & 0 & 0 & 1 \end{bmatrix}$$

$$\mathbf{A}_3 = \begin{bmatrix} C_3 & -S_3 & 0 & 0 \\ S_3 & C_3 & 0 & 0 \\ 0 & 0 & 1 & 0 \\ 0 & 0 & 0 & 1 \end{bmatrix} \qquad \mathbf{A}_4 = \begin{bmatrix} 1 & 0 & 0 & 0 \\ 0 & 0 & -1 & 0 \\ 0 & 1 & 0 & D_4 \\ 0 & 0 & 0 & 1 \end{bmatrix}$$

$$\mathbf{A}_5 = \begin{bmatrix} C_5 & 0 & S_5 & 0 \\ S_5 & 0 & -C_5 & 0 \\ 0 & 1 & 0 & 0 \\ 0 & 0 & 0 & 1 \end{bmatrix} \qquad \mathbf{A}_6 = \begin{bmatrix} C_6 & -S_6 & 0 & 0 \\ S_6 & C_6 & 0 & 0 \\ 0 & 0 & 1 & 0 \\ 0 & 0 & 0 & 1 \end{bmatrix}$$

$$\underline{\text{Gleichungen } \mathbf{A}_{i-1}^{-1} \cdot \ldots \cdot \mathbf{A}_1^{-1} \cdot {}^R\mathbf{T}_H = \mathbf{A}_i \cdot \ldots \cdot \mathbf{A}_6:}$$

${}^R\mathbf{T}_H = \mathbf{A}_1 \cdot \ldots \cdot \mathbf{A}_6$

1: $\quad N_x = C_{123}C_5C_6 + S_{123}S_6$
2: $\quad O_x = C_6S_{123} - C_{123}C_5S_6$
3: $\quad A_x = C_{123}S_5$
4: $\quad P_x = a_2C_{12} + a_1C_1$
5: $\quad N_y = C_5C_6S_{123} - C_{123}S_6$
6: $\quad O_y = -(C_5S_{123}S_6 + C_{123}C_6)$
7: $\quad A_y = S_{123}S_5$
8: $\quad P_y = a_2S_{12} + a_1S_1$
9: $\quad N_z = C_6S_5$
10: $\quad O_z = -S_5S_6$
11: $\quad A_z = -C_5$
12: $\quad P_z = D_4$

$\mathbf{A}_1^{-1} \cdot {}^R\mathbf{T}_H = \mathbf{A}_2 \cdot \ldots \cdot \mathbf{A}_6$

13: $\quad N_xC_1 + N_yS_1 \qquad = C_{23}C_5C_6 + S_{23}S_6$
14: $\quad O_xC_1 + O_yS_1 \qquad = C_6S_{23} - C_{23}C_5S_6$
15: $\quad A_xC_1 + A_yS_1 \qquad = C_{23}S_5$
16: $\quad P_xC_1 + P_yS_1 - a_1 = a_2C_2$
17: $\quad N_yC_1 - N_xS_1 \qquad = C_5C_6S_{23} - C_{23}S_6$
18: $\quad O_yC_1 - O_xS_1 \qquad = -(C_5S_{23}S_6 + C_{23}C_6)$
19: $\quad A_yC_1 - A_xS_1 \qquad = S_{23}S_5$
20: $\quad P_yC_1 - P_xS_1 \qquad = a_2S_2$
21: $\quad N_z \qquad\qquad\qquad = C_6S_5$
22: $\quad O_z \qquad\qquad\qquad = -S_5S_6$
23: $\quad A_z \qquad\qquad\qquad = -C_5$
24: $\quad P_z \qquad\qquad\qquad = D_4$

$$\mathbf{A}_2^{-1} \cdot \mathbf{A}_1^{-1} \cdot {}^R\mathbf{T}_H = \mathbf{A}_3 \cdot \ldots \cdot \mathbf{A}_6$$

25:   $N_x C_{12} + N_y S_{12}$ $= C_3 C_5 C_6 + S_3 S_6$

26:   $O_x C_{12} + O_y S_{12}$ $= C_6 S_3 - C_3 C_5 S_6$

27:   $A_x C_{12} + A_y S_{12}$ $= C_3 S_5$

28:   $P_x C_{12} - a_1 C_2 + P_y S_{12} - a_2 = 0$

29:   $N_y C_{12} - N_x S_{12}$ $= C_5 C_6 S_3 - C_3 S_6$

30:   $O_y C_{12} - O_x S_{12}$ $= -(C_5 S_3 S_6 + C_3 C_6)$

31:   $A_y C_{12} - A_x S_{12}$ $= S_3 S_5$

32:   $P_y C_{12} - P_x S_{12} + a_1 S_2$ $= 0$

33:   N_z $= C_6 S_5$

34:   O_z $= -S_5 S_6$

35:   A_z $= -C_5$

36:   P_z $= D_4$

$$\mathbf{A}_3^{-1} \cdot \ldots \cdot \mathbf{A}_1^{-1} \cdot {}^R\mathbf{T}_H = \mathbf{A}_4 \cdot \ldots \cdot \mathbf{A}_6$$

37:   $N_x C_{123} + N_y S_{123}$ $= C_5 C_6$

38:   $O_x C_{123} + O_y S_{123}$ $= -C_5 S_6$

39:   $A_x C_{123} + A_y S_{123}$ $= S_5$

40:   $P_x C_{123} - a_1 C_{23} + P_y S_{123} - a_2 C_3 = 0$

41:   $N_y C_{123} - N_x S_{123}$ $= -S_6$

42:   $O_y C_{123} - O_x S_{123}$ $= -C_6$

43:   $A_y C_{123} - A_x S_{123}$ $= 0$

44:   $P_y C_{123} - P_x S_{123} + a_2 S_3 + a_1 S_{23} = 0$

45:   N_z $= C_6 S_5$

46:   O_z $= -S_5 S_6$

47:   A_z $= -C_5$

48:   P_z $= D_4$

$$\mathbf{A}_4^{-1} \cdot \ldots \cdot \mathbf{A}_1^{-1} \cdot {}^R\mathbf{T}_H = \mathbf{A}_5 \cdot \mathbf{A}_6$$

49:   $N_x C_{123} + N_y S_{123}$ $= C_5 C_6$

50:   $O_x C_{123} + O_y S_{123}$ $= -C_5 S_6$

51:   $A_x C_{123} + A_y S_{123}$ $= S_5$

52:   $P_x C_{123} - a_1 C_{23} + P_y S_{123} - a_2 C_3 = 0$

53:   N_z $= C_6 S_5$

54:   O_z $= -S_5 S_6$

55:   A_z $= -C_5$

56:   $P_z - D_4$ $= 0$

57:   $N_x S_{123} - N_y C_{123}$ $= S_6$

58:   $O_x S_{123} - O_y C_{123}$ $= C_6$

59:   $A_x S_{123} - A_y C_{123}$ $= 0$

60:   $P_x S_{123} - a_2 S_3 - (a_1 S_{23} + P_y C_{123}) = 0$

$$\mathbf{A}_5^{-1} \cdot \ldots \cdot \mathbf{A}_1^{-1} \cdot {}^R\mathbf{T}_H = \mathbf{A}_6$$

61: $C_5(N_x C_{123} + N_y S_{123}) + N_z S_5$ $= C_6$

62: $C_5(O_x C_{123} + O_y S_{123}) + O_z S_5$ $= -S_6$

63: $C_5(A_x C_{123} + A_y S_{123}) + A_z S_5$ $= 0$

64: $S_5(P_z - D_4) + C_5(P_x C_{123} - a_1 C_{23} + P_y S_{123} - a_2 C_3) = 0$

65: $N_x S_{123} - N_y C_{123}$ $= S_6$

66: $O_x S_{123} - O_y C_{123}$ $= C_6$

67: $A_x S_{123} - A_y C_{123}$ $= 0$

68: $P_x S_{123} - a_2 S_3 - (a_1 S_{23} + P_y C_{123})$ $= 0$

69: $S_5(N_x C_{123} + N_y S_{123}) - N_z C_5$ $= 0$

70: $S_5(O_x C_{123} + O_y S_{123}) - O_z C_5$ $= 0$

71: $S_5(A_x C_{123} + A_y S_{123}) - A_z C_5$ $= 1$

72: $S_5(P_x C_{123} - a_1 C_{23} + P_y S_{123} - a_2 C_3) + C_5(D_4 - P_z) = 0$

$$\text{Gleichungen } {}^R\mathbf{T}_H \cdot \mathbf{A}_6^{-1} \cdot \ldots \cdot \mathbf{A}_{6-i+2}^{-1} = \mathbf{A}_1 \cdot \ldots \cdot \mathbf{A}_{6-i+1}:$$

$${}^R\mathbf{T}_H \cdot \mathbf{A}_6^{-1} = \mathbf{A}_1 \cdot \ldots \cdot \mathbf{A}_5$$

73: $N_x C_6 - O_x S_6 = C_{123} C_5$

74: $N_x S_6 + O_x C_6 = S_{123}$

75: $A_x \qquad\qquad = C_{123} S_5$

76: $P_x \qquad\qquad = a_2 C_{12} + a_1 C_1$

77: $N_y C_6 - O_y S_6 = C_5 S_{123}$

78: $N_y S_6 + O_y C_6 = -C_{123}$

79: $A_y \qquad\qquad = S_{123} S_5$

80: $P_y \qquad\qquad = a_2 S_{12} + a_1 S_1$

81: $N_z C_6 - O_z S_6 = S_5$

82: $N_z S_6 + O_z C_6 = 0$

83: $A_z \qquad\qquad = -C_5$

84: $P_z \qquad\qquad = D_4$

$${}^R\mathbf{T}_H \cdot \mathbf{A}_6^{-1} \cdot \mathbf{A}_5^{-1} = \mathbf{A}_1 \cdot \ldots \cdot \mathbf{A}_4$$

85: $\quad C_5(N_xC_6 - O_xS_6) + A_xS_5 = C_{123}$

86: $\quad S_5(N_xC_6 - O_xS_6) - A_xC_5 = 0$

87: $\quad N_xS_6 + O_xC_6 \qquad\qquad = S_{123}$

88: $\quad P_x \qquad\qquad\qquad\qquad = a_2C_{12} + a_1C_1$

89: $\quad C_5(N_yC_6 - O_yS_6) + A_yS_5 = S_{123}$

90: $\quad S_5(N_yC_6 - O_yS_6) - A_yC_5 = 0$

91: $\quad N_yS_6 + O_yC_6 \qquad\qquad = -C_{123}$

92: $\quad P_y \qquad\qquad\qquad\qquad = a_2S_{12} + a_1S_1$

93: $\quad C_5(N_zC_6 - O_zS_6) + A_zS_5 = 0$

94: $\quad S_5(N_zC_6 - O_zS_6) - A_zC_5 = 1$

95: $\quad N_zS_6 + O_zC_6 \qquad\qquad = 0$

96: $\quad P_z \qquad\qquad\qquad\qquad = D_4$

$${}^R\mathbf{T}_H \cdot \mathbf{A}_6^{-1} \cdot \ldots \cdot \mathbf{A}_4^{-1} = \mathbf{A}_1 \cdot \ldots \cdot \mathbf{A}_3$$

97: $\quad C_5(N_xC_6 - O_xS_6) + A_xS_5 \qquad\qquad = C_{123}$

98: $\quad -(N_xS_6 + O_xC_6) \qquad\qquad\qquad = -S_{123}$

99: $\quad S_5(N_xC_6 - O_xS_6) - A_xC_5 \qquad\qquad = 0$

100: $\quad D_4(S_5(O_xS_6 - N_xC_6) + A_xC_5) + P_x = a_2C_{12} + a_1C_1$

101: $\quad C_5(N_yC_6 - O_yS_6) + A_yS_5 \qquad\qquad = S_{123}$

102: $\quad -(N_yS_6 + O_yC_6) \qquad\qquad\qquad = C_{123}$

103: $\quad S_5(N_yC_6 - O_yS_6) - A_yC_5 \qquad\qquad = 0$

104: $\quad D_4(S_5(O_yS_6 - N_yC_6) + A_yC_5) + P_y = a_2S_{12} + a_1S_1$

105: $\quad C_5(N_zC_6 - O_zS_6) + A_zS_5 \qquad\qquad = 0$

106: $\quad -(N_zS_6 + O_zC_6) \qquad\qquad\qquad = 0$

107: $\quad S_5(N_zC_6 - O_zS_6) - A_zC_5 \qquad\qquad = 1$

108: $\quad D_4(S_5(O_zS_6 - N_zC_6) + A_zC_5) + P_z = 0$

$${}^R\mathbf{T}_H \cdot \mathbf{A}_6^{-1} \cdot \ldots \cdot \mathbf{A}_3^{-1} = \mathbf{A}_1 \cdot \mathbf{A}_2$$

109: $\quad C_3C_5(N_xC_6 - O_xS_6) + S_3N_xS_6 + C_3A_xS_5 + S_3O_xC_6 = C_{12}$

110: $\quad N_x(S_3C_5C_6 - C_3S_6) - O_x(S_3C_5S_6 + C_3C_6) + A_xS_3S_5 = -S_{12}$

111: $\quad S_5(N_xC_6 - O_xS_6) - A_xC_5 \qquad\qquad\qquad = 0$

112: $\quad D_4(S_5(O_xS_6 - N_xC_6) + A_xC_5) + P_x \qquad = a_2C_{12} + a_1C_1$

113: $\quad C_3C_5(N_yC_6 - O_yS_6) + S_3N_yS_6 + C_3A_yS_5 + S_3O_yC_6 = S_{12}$

114: $\quad N_y(S_3C_5C_6 - C_3S_6) - O_y(S_3C_5S_6 + C_3C_6) + A_yS_3S_5 = C_{12}$

115: $\quad S_5(N_yC_6 - O_yS_6) - A_yC_5 \qquad\qquad\qquad = 0$

116: $\quad D_4(S_5(O_yS_6 - N_yC_6) + A_yC_5) + P_y \qquad = a_2S_{12} + a_1S_1$

117: $\quad C_3C_5(N_zC_6 - O_zS_6) + S_3N_zS_6 + C_3A_zS_5 + S_3O_zC_6 = 0$

118: $\quad N_z(S_3C_5C_6 - C_3S_6) - O_z(S_3C_5S_6 + C_3C_6) + A_zS_3S_5 = 0$

119: $\quad S_5(N_zC_6 - O_zS_6) - A_zC_5 \qquad\qquad\qquad = 1$

120: $\quad D_4(S_5(O_zS_6 - N_zC_6) + A_zC_5) + P_z \qquad = 0$

$${}^{R}\mathbf{T}_H \cdot \mathbf{A}_6^{-1} \cdot \ldots \cdot \mathbf{A}_2^{-1} = \mathbf{A}_1$$

121:   $C_{23}C_5(N_xC_6 - O_xS_6) + S_{23}N_xS_6 + C_{23}A_xS_5 + S_{23}O_xC_6$ $= C_1$

122:   $N_x(S_{23}C_5C_6 - C_{23}S_6) - O_x(S_{23}C_5S_6 + C_{23}C_6) + A_xS_{23}S_5$ $= -S_1$

123:   $S_5(N_xC_6 - O_xS_6) - A_xC_5$ $= 0$

124:   $\left[\begin{array}{l} O_xa_2(C_3C_5S_6 - S_3C_6) - N_xa_2(C_3C_5C_6 + S_3S_6) + D_4S_5(O_xS_6 - N_xC_6) \\ + A_x(D_4C_5 - a_2C_3S_5) + P_x \end{array}\right] = a_1C_1$

125:   $C_{23}C_5(N_yC_6 - O_yS_6) + S_{23}N_yS_6 + C_{23}A_yS_5 + S_{23}O_yC_6$ $= S_1$

126:   $N_y(S_{23}C_5C_6 - C_{23}S_6) - O_y(S_{23}C_5S_6 + C_{23}C_6) + A_yS_{23}S_5$ $= C_1$

127:   $S_5(N_yC_6 - O_yS_6) - A_yC_5$ $= 0$

128:   $\left[\begin{array}{l} O_ya_2(C_3C_5S_6 - S_3C_6) - N_ya_2(C_3C_5C_6 + S_3S_6) + D_4S_5(O_yS_6 - N_yC_6) \\ + A_y(D_4C_5 - a_2C_3S_5) + P_y \end{array}\right] = a_1S_1$

129:   $C_{23}C_5(N_zC_6 - O_zS_6) + S_{23}N_zS_6 + C_{23}A_zS_5 + S_{23}O_zC_6$ $= 0$

130:   $N_z(S_{23}C_5C_6 - C_{23}S_6) - O_z(S_{23}C_5S_6 + C_{23}C_6) + A_zS_{23}S_5$ $= 0$

131:   $S_5(N_zC_6 - O_zS_6) - A_zC_5$ $= 1$

132:   $\left[\begin{array}{l} O_za_2(C_3C_5S_6 - S_3C_6) - N_za_2(C_3C_5C_6 + S_3S_6) + D_4S_5(O_zS_6 - N_zC_6) \\ + A_z(D_4C_5 - a_2C_3S_5) + P_z \end{array}\right] = 0$

Gleichungen $\mathbf{A}_i^{-1} \cdot \ldots \cdot \mathbf{A}_1^{-1} \cdot {}^{R}\mathbf{T}_H \cdot \mathbf{A}_n^{-1} \cdot \ldots \cdot \mathbf{A}_{j-1}^{-1} = \mathbf{A}_{i+1} \cdot \ldots \cdot \mathbf{A}_j$:

$$\mathbf{A}_4^{-1} \cdot \ldots \cdot \mathbf{A}_1^{-1} \cdot {}^{R}\mathbf{T}_H \cdot \mathbf{A}_6^{-1} = \mathbf{A}_5$$

133:   $(N_xC_{123} + N_yS_{123})C_6 - (O_xC_{123} + O_yS_{123})S_6 = C_5$

134:   $(N_xC_{123} + N_yS_{123})S_6 + (O_xC_{123} + O_yS_{123})C_6 = 0$

135:   $A_xC_{123} + A_yS_{123}$ $= S_5$

136:   $P_xC_{123} - a_1C_{23} + P_yS_{123} - a_2C_3$ $= 0$

137:   $N_zC_6 - O_zS_6$ $= S_5$

138:   $N_zS_6 + O_zC_6$ $= 0$

139:   A_z $= -C_5$

140:   $P_z - D_4$ $= 0$

141:   $(N_xS_{123} - N_yC_{123})C_6 - (O_xS_{123} - O_yC_{123})S_6 = 0$

142:   $(N_xS_{123} - N_yC_{123})S_6 + (O_xS_{123} - O_yC_{123})C_6 = 1$

143:   $A_xS_{123} - A_yC_{123}$ $= 0$

144:   $P_xS_{123} - a_2S_3 - (a_1S_{23} + P_yC_{123})$ $= 0$

$$\mathbf{A}_3^{-1} \cdot \ldots \cdot \mathbf{A}_1^{-1} \cdot {}^{\mathrm{R}}\mathbf{T}_{\mathrm{H}} \cdot \mathbf{A}_6^{-1} = \mathbf{A}_4 \cdot \mathbf{A}_5$$

145: $(N_x C_{123} + N_y S_{123})C_6 - (O_x C_{123} + O_y S_{123})S_6 = C_5$

146: $(N_x C_{123} + N_y S_{123})S_6 + (O_x C_{123} + O_y S_{123})C_6 = 0$

147: $A_x C_{123} + A_y S_{123} \qquad\qquad\qquad = S_5$

148: $P_x C_{123} - a_1 C_{23} + P_y S_{123} - a_2 C_3 \qquad = 0$

149: $(N_y C_{123} - N_x S_{123})C_6 - (O_y C_{123} - O_x S_{123})S_6 = 0$

150: $(N_y C_{123} - N_x S_{123})S_6 + (O_y C_{123} - O_x S_{123})C_6 = -1$

151: $A_y C_{123} - A_x S_{123} \qquad\qquad\qquad = 0$

152: $P_y C_{123} - P_x S_{123} + a_1 S_{23} + a_2 S_3 \qquad = 0$

153: $N_z C_6 - O_z S_6 \qquad\qquad\qquad = S_5$

154: $N_z S_6 + O_z C_6 \qquad\qquad\qquad = 0$

155: $A_z \qquad\qquad\qquad\qquad = -C_5$

156: $P_z \qquad\qquad\qquad\qquad = D_4$

$$\mathbf{A}_2^{-1} \cdot \mathbf{A}_1^{-1} \cdot {}^{\mathrm{R}}\mathbf{T}_{\mathrm{H}} \cdot \mathbf{A}_6^{-1} = \mathbf{A}_3 \cdot \ldots \cdot \mathbf{A}_5$$

157: $(N_x C_{12} + N_y S_{12})C_6 - (O_x C_{12} + O_y S_{12})S_6 = C_3 C_5$

158: $(N_x C_{12} + N_y S_{12})S_6 + (O_x C_{12} + O_y S_{12})C_6 = S_3$

159: $A_x C_{12} + A_y S_{12} \qquad\qquad\qquad = C_3 S_5$

160: $P_x C_{12} - a_1 C_2 + P_y S_{12} - a_2 \qquad\qquad = 0$

161: $(N_y C_{12} - N_x S_{12})C_6 - (O_y C_{12} - O_x S_{12})S_6 = C_5 S_3$

162: $(N_y C_{12} - N_x S_{12})S_6 + (O_y C_{12} - O_x S_{12})C_6 = -C_3$

163: $A_y C_{12} - A_x S_{12} \qquad\qquad\qquad = S_3 S_5$

164: $P_y C_{12} - P_x S_{12} + a_1 S_2 \qquad\qquad = 0$

165: $N_z C_6 - O_z S_6 \qquad\qquad\qquad = S_5$

166: $N_z S_6 + O_z C_6 \qquad\qquad\qquad = 0$

167: $A_z \qquad\qquad\qquad\qquad = -C_5$

168: $P_z \qquad\qquad\qquad\qquad = D_4$

$$\mathbf{A}_1^{-1} \cdot {}^{\mathrm{R}}\mathbf{T}_{\mathrm{H}} \cdot \mathbf{A}_6^{-1} = \mathbf{A}_2 \cdot \ldots \cdot \mathbf{A}_5$$

169: $(N_x C_1 + N_y S_1)C_6 - (O_x C_1 + O_y S_1)S_6 = C_{23} C_5$

170: $(N_x C_1 + N_y S_1)S_6 + (O_x C_1 + O_y S_1)C_6 = S_{23}$

171: $A_x C_1 + A_y S_1 \qquad\qquad\qquad = C_{23} S_5$

172: $P_x C_1 + P_y S_1 - a_1 \qquad\qquad\qquad = a_2 C_2$

173: $(N_y C_1 - N_x S_1)C_6 - (O_y C_1 - O_x S_1)S_6 = C_5 S_{23}$

174: $(N_y C_1 - N_x S_1)S_6 + (O_y C_1 - O_x S_1)C_6 = -C_{23}$

175: $A_y C_1 - A_x S_1 \qquad\qquad\qquad = S_{23} S_5$

176: $P_y C_1 - P_x S_1 \qquad\qquad\qquad = a_2 S_2$

177: $N_z C_6 - O_z S_6 \qquad\qquad\qquad = S_5$

178: $N_z S_6 + O_z C_6 \qquad\qquad\qquad = 0$

179: $A_z \qquad\qquad\qquad\qquad = -C_5$

180: $P_z \qquad\qquad\qquad\qquad = D_4$

$$\mathbf{A}_3^{-1} \cdot \ldots \cdot \mathbf{A}_1^{-1} \cdot {}^R\mathbf{T}_H \cdot \mathbf{A}_6^{-1} \cdot \mathbf{A}_5^{-1} = \mathbf{A}_4$$

181: $[C_5((N_xC_{123} + N_yS_{123})C_6 - (O_xC_{123} + O_yS_{123})S_6) + (A_xC_{123} + A_yS_{123})S_5] = 1$

182: $[S_5((N_xC_{123} + N_yS_{123})C_6 - (O_xC_{123} + O_yS_{123})S_6) - (A_xC_{123} + A_yS_{123})C_5] = 0$

183: $(N_xC_{123} + N_yS_{123})S_6 + (O_xC_{123} + O_yS_{123})C_6 \qquad\qquad = 0$

184: $P_xC_{123} - a_1C_{23} + P_yS_{123} - a_2C_3 \qquad\qquad\qquad = 0$

185: $[C_5((N_yC_{123} - N_xS_{123})C_6 - (O_yC_{123} - O_xS_{123})S_6) + (A_yC_{123} - A_xS_{123})S_5] = 0$

186: $[S_5((N_yC_{123} - N_xS_{123})C_6 - (O_yC_{123} - O_xS_{123})S_6) - (A_yC_{123} - A_xS_{123})C_5] = 0$

187: $(N_yC_{123} - N_xS_{123})S_6 + (O_yC_{123} - O_xS_{123})C_6 \qquad\qquad = -1$

188: $P_yC_{123} - P_xS_{123} + a_1S_{23} + a_2S_3 \qquad\qquad\qquad = 0$

189: $C_5(N_zC_6 - O_zS_6) + A_zS_5 \qquad\qquad\qquad\qquad = 0$

190: $S_5(N_zC_6 - O_zS_6) - A_zC_5 \qquad\qquad\qquad\qquad = 1$

191: $N_zS_6 + O_zC_6 \qquad\qquad\qquad\qquad\qquad\qquad = 0$

192: $P_z \qquad\qquad\qquad\qquad\qquad\qquad\qquad\qquad = D_4$

$$\mathbf{A}_2^{-1} \cdot \mathbf{A}_1^{-1} \cdot {}^R\mathbf{T}_H \cdot \mathbf{A}_6^{-1} \cdot \mathbf{A}_5^{-1} = \mathbf{A}_3 \cdot \mathbf{A}_4$$

193: $C_5((N_xC_{12} + N_yS_{12})C_6 - (O_xC_{12} + O_yS_{12})S_6) + (A_xC_{12} + A_yS_{12})S_5 = C_3$

194: $S_5((N_xC_{12} + N_yS_{12})C_6 - (O_xC_{12} + O_yS_{12})S_6) - (A_xC_{12} + A_yS_{12})C_5 = 0$

195: $(N_xC_{12} + N_yS_{12})S_6 + (O_xC_{12} + O_yS_{12})C_6 \qquad\qquad = S_3$

196: $P_xC_{12} - a_1C_2 + P_yS_{12} - a_2 \qquad\qquad\qquad\qquad = 0$

197: $C_5((N_yC_{12} - N_xS_{12})C_6 - (O_yC_{12} - O_xS_{12})S_6) + (A_yC_{12} - A_xS_{12})S_5 = S_3$

198: $S_5((N_yC_{12} - N_xS_{12})C_6 - (O_yC_{12} - O_xS_{12})S_6) - (A_yC_{12} - A_xS_{12})C_5 = 0$

199: $(N_yC_{12} - N_xS_{12})S_6 + (O_yC_{12} - O_xS_{12})C_6 \qquad\qquad = -C_3$

200: $P_yC_{12} - P_xS_{12} + a_1S_2 \qquad\qquad\qquad\qquad\qquad = 0$

201: $C_5(N_zC_6 - O_zS_6) + A_zS_5 \qquad\qquad\qquad\qquad = 0$

202: $S_5(N_zC_6 - O_zS_6) - A_zC_5 \qquad\qquad\qquad\qquad = 1$

203: $N_zS_6 + O_zC_6 \qquad\qquad\qquad\qquad\qquad\qquad = 0$

204: $P_z \qquad\qquad\qquad\qquad\qquad\qquad\qquad\qquad = D_4$

$$\mathbf{A}_1^{-1} \cdot {}^R\mathbf{T}_H \cdot \mathbf{A}_6^{-1} \cdot \mathbf{A}_5^{-1} = \mathbf{A}_2 \cdot \ldots \cdot \mathbf{A}_4$$

205: $C_5((N_xC_1 + N_yS_1)C_6 - (O_xC_1 + O_yS_1)S_6) + (A_xC_1 + A_yS_1)S_5 = C_{23}$

206: $S_5((N_xC_1 + N_yS_1)C_6 - (O_xC_1 + O_yS_1)S_6) - (A_xC_1 + A_yS_1)C_5 = 0$

207: $(N_xC_1 + N_yS_1)S_6 + (O_xC_1 + O_yS_1)C_6 \qquad\qquad\quad = S_{23}$

208: $P_xC_1 + P_yS_1 - a_1 \qquad\qquad\qquad\qquad\qquad\quad = a_2C_2$

209: $C_5((N_yC_1 - N_xS_1)C_6 - (O_yC_1 - O_xS_1)S_6) + (A_yC_1 - A_xS_1)S_5 = S_{23}$

210: $S_5((N_yC_1 - N_xS_1)C_6 - (O_yC_1 - O_xS_1)S_6) - (A_yC_1 - A_xS_1)C_5 = 0$

211: $(N_yC_1 - N_xS_1)S_6 + (O_yC_1 - O_xS_1)C_6 \qquad\qquad\quad = -C_{23}$

212: $P_yC_1 - P_xS_1 \qquad\qquad\qquad\qquad\qquad\qquad = a_2S_2$

213: $C_5(N_zC_6 - O_zS_6) + A_zS_5 \qquad\qquad\qquad\qquad = 0$

214: $S_5(N_zC_6 - O_zS_6) - A_zC_5 \qquad\qquad\qquad\qquad = 1$

215: $N_zS_6 + O_zC_6 \qquad\qquad\qquad\qquad\qquad\qquad = 0$

216: $P_z \qquad\qquad\qquad\qquad\qquad\qquad\qquad\qquad = D_4$

$$A_2^{-1} \cdot A_1^{-1} \cdot {}^R T_H \cdot A_6^{-1} \cdot \ldots \cdot A_4^{-1} = A_3$$

217: $C_5((N_xC_{12} + N_yS_{12})C_6 - (O_xC_{12} + O_yS_{12})S_6) + (A_xC_{12} + A_yS_{12})S_5$ $= C_3$

218: $-((N_xC_{12} + N_yS_{12})S_6 + (O_xC_{12} + O_yS_{12})C_6)$ $= -S_3$

219: $S_5((N_xC_{12} + N_yS_{12})C_6 - (O_xC_{12} + O_yS_{12})S_6) - (A_xC_{12} + A_yS_{12})C_5$ $= 0$

220: $\left[\begin{array}{l} P_xC_{12} - a_1C_2 + D_4(S_5((O_xC_{12}+O_yS_{12})S_6 - (N_xC_{12}+N_yS_{12})C_6) + (A_xC_{12} \\ + A_yS_{12})C_5) + P_yS_{12} - a_2 \end{array}\right] = 0$

221: $C_5((N_yC_{12} - N_xS_{12})C_6 - (O_yC_{12} - O_xS_{12})S_6) + (A_yC_{12} - A_xS_{12})S_5$ $= S_3$

222: $-((N_yC_{12} - N_xS_{12})S_6 + (O_yC_{12} - O_xS_{12})C_6)$ $= C_3$

223: $S_5((N_yC_{12} - N_xS_{12})C_6 - (O_yC_{12} - O_xS_{12})S_6) - (A_yC_{12} - A_xS_{12})C_5$ $= 0$

224: $\left[\begin{array}{l} P_yC_{12} - P_xS_{12} + D_4(S_5((O_yC_{12}-O_xS_{12})S_6 - (N_yC_{12}-N_xS_{12})C_6) + (A_yC_{12} \\ - A_xS_{12})C_5) + a_1S_2 \end{array}\right] = 0$

225: $C_5(N_zC_6 - O_zS_6) + A_zS_5$ $= 0$

226: $-(N_zS_6 + O_zC_6)$ $= 0$

227: $S_5(N_zC_6 - O_zS_6) - A_zC_5$ $= 1$

228: $D_4(S_5(O_zS_6 - N_zC_6) + A_zC_5) + P_z$ $= 0$

$$A_1^{-1} \cdot {}^R T_H \cdot A_6^{-1} \cdot \ldots \cdot A_4^{-1} = A_2 \cdot A_3$$

229: $C_5((N_xC_1 + N_yS_1)C_6 - (O_xC_1 + O_yS_1)S_6) + (A_xC_1 + A_yS_1)S_5$ $= C_{23}$

230: $-((N_xC_1 + N_yS_1)S_6 + (O_xC_1 + O_yS_1)C_6)$ $= -S_{23}$

231: $S_5((N_xC_1 + N_yS_1)C_6 - (O_xC_1 + O_yS_1)S_6) - (A_xC_1 + A_yS_1)C_5$ $= 0$

232: $\left[\begin{array}{l} P_xC_1 + P_yS_1 + D_4(S_5((O_xC_1 + O_yS_1)S_6 - (N_xC_1 + N_yS_1)C_6) + (A_xC_1 \\ + A_yS_1)C_5) - a_1 \end{array}\right] = a_2C_2$

233: $C_5((N_yC_1 - N_xS_1)C_6 - (O_yC_1 - O_xS_1)S_6) + (A_yC_1 - A_xS_1)S_5$ $= S_{23}$

234: $-((N_yC_1 - N_xS_1)S_6 + (O_yC_1 - O_xS_1)C_6)$ $= C_{23}$

235: $S_5((N_yC_1 - N_xS_1)C_6 - (O_yC_1 - O_xS_1)S_6) - (A_yC_1 - A_xS_1)C_5$ $= 0$

236: $\left[\begin{array}{l} P_yC_1 - P_xS_1 + D_4(S_5((O_yC_1 - O_xS_1)S_6 - (N_yC_1 - N_xS_1)C_6) + (A_yC_1 \\ - A_xS_1)C_5) \end{array}\right] = a_2S_2$

237: $C_5(N_zC_6 - O_zS_6) + A_zS_5$ $= 0$

238: $-(N_zS_6 + O_zC_6)$ $= 0$

239: $S_5(N_zC_6 - O_zS_6) - A_zC_5$ $= 1$

240: $D_4(S_5(O_zS_6 - N_zC_6) + A_zC_5) + P_z$ $= 0$

$$\mathbf{A}_1^{-1} \cdot {}^{\mathrm{R}}\mathbf{T}_{\mathrm{H}} \cdot \mathbf{A}_6^{-1} \cdot \ldots \cdot \mathbf{A}_3^{-1} = \mathbf{A}_2$$

241: $\left[\begin{array}{l} C_3C_5((N_xC_1 + N_yS_1)C_6 - (O_xC_1 + O_yS_1)S_6) + S_3(N_xC_1 + N_yS_1)S_6 + C_3 \\ \cdot(A_xC_1 + A_yS_1)S_5 + S_3(O_xC_1 + O_yS_1)C_6 \end{array}\right] = C_2$

242: $\left[\begin{array}{l} (N_xC_1 + N_yS_1)(S_3C_5C_6 - C_3S_6) - (O_xC_1 + O_yS_1)(S_3C_5S_6 + C_3C_6) + (A_xC_1 \\ + A_yS_1)S_3S_5 \end{array}\right] = -S_2$

243: $S_5((N_xC_1 + N_yS_1)C_6 - (O_xC_1 + O_yS_1)S_6) - (A_xC_1 + A_yS_1)C_5 \qquad = 0$

244: $\left[\begin{array}{l} P_xC_1 + P_yS_1 + D_4(S_5((O_xC_1 + O_yS_1)S_6 - (N_xC_1 + N_yS_1)C_6) + (A_xC_1 \\ + A_yS_1)C_5) - a_1 \end{array}\right] = a_2C_2$

245: $\left[\begin{array}{l} C_3C_5((N_yC_1 - N_xS_1)C_6 - (O_yC_1 - O_xS_1)S_6) + S_3(N_yC_1 - N_xS_1)S_6 + C_3 \\ \cdot(A_yC_1 - A_xS_1)S_5 + S_3(O_yC_1 - O_xS_1)C_6 \end{array}\right] = S_2$

246: $\left[\begin{array}{l} (N_yC_1 - N_xS_1)(S_3C_5C_6 - C_3S_6) - (O_yC_1 - O_xS_1)(S_3C_5S_6 + C_3C_6) + (A_yC_1 \\ - A_xS_1)S_3S_5 \end{array}\right] = C_2$

247: $S_5((N_yC_1 - N_xS_1)C_6 - (O_yC_1 - O_xS_1)S_6) - (A_yC_1 - A_xS_1)C_5 \qquad = 0$

248: $\left[\begin{array}{l} P_yC_1 - P_xS_1 + D_4(S_5((O_yC_1 - O_xS_1)S_6 - (N_yC_1 - N_xS_1)C_6) + (A_yC_1 \\ - A_xS_1)C_5) \end{array}\right] = a_2S_2$

249: $C_3C_5(N_zC_6 - O_zS_6) + S_3N_zS_6 + C_3A_zS_5 + S_3O_zC_6 \qquad\qquad = 0$

250: $N_z(S_3C_5C_6 - C_3S_6) - O_z(S_3C_5S_6 + C_3C_6) + A_zS_3S_5 \qquad\qquad = 0$

251: $S_5(N_zC_6 - O_zS_6) - A_zC_5 \qquad\qquad = 1$

252: $D_4(S_5(O_zS_6 - N_zC_6) + A_zC_5) + P_z \qquad\qquad = 0$

Variablen	
Gelenkvariablen	θ_1 $\quad \theta_2$ $\quad \theta_3$ $\quad D_4$ $\quad \theta_5$ $\quad \theta_6$
Gelenksummen	θ_{23} $\quad \theta_{123}$ $\quad \theta_{12}$

Herleitung						
Schritt	Typ	Gl.	Var.	T/F	Mat.	Zeile	Spalte
1	$a \cdot \cos\theta + b \cdot \sin\theta = d$	43	θ_{123}	T	4	2	3
2	$\cos\theta = k_1 \quad \sin\theta = k_2$	11 39	θ_5	T T	1 4	3 1	3 3
3	$\cos\theta = k_1 \quad \sin\theta = k_2$	42 62	θ_6	T T	4 6	2 1	2 2
4	*square-add-trick*	4 8	θ_{12}	T T	1 1	1 2	4 4
5	$\cos\theta = k_1 \quad \sin\theta = k_2$	28 32	θ_2	T T	3 3	1 2	4 4
6	$D = K$ (D Schubgelenk)	56	D_4	T	5	2	4

Inverse Lösung

$$\theta_{123} = \tan^{-1}\left(\frac{A_y}{A_x}\right)$$

$$\theta_{123} = \theta_{123} + 180$$

$$\theta_5 = \tan^{-1}\left(\frac{A_x C_{123} + A_y S_{123}}{-A_z}\right)$$

$$\theta_6 = \tan^{-1}\left(\frac{-(C_5(O_x C_{123} + O_y S_{123}) + O_z S_5)}{O_x S_{123} - O_y C_{123}}\right)$$

$$\theta_{12} = \tan^{-1}\left(\frac{\frac{(a_2{}^2 + P_x{}^2 + P_y{}^2 - a_1{}^2)}{(2a_2)}}{\pm\sqrt{P_x{}^2 + P_y{}^2 - (\frac{(a_2{}^2 + P_x{}^2 + P_y{}^2 - a_1{}^2)}{(2a_2)})^2}}\right) - \tan^{-1}\left(\frac{P_x}{P_y}\right)$$

$$\theta_3 = \theta_{123} - \theta_{12}$$

$$\theta_2 = \tan^{-1}\left(\frac{\frac{(P_x S_{12} - P_y C_{12})}{a_1}}{-\frac{(a_2 - (P_x C_{12} + P_y S_{12}))}{a_1}}\right)$$

$$\theta_{23} = \theta_2 + \theta_3$$

$$\theta_1 = \theta_{123} - \theta_{23}$$

$$D_4 = P_z$$

D.3   8-achsige redundante Geometrie

redundant_8					
	Typ	θ_i	d_i	a_i	α_i
Gelenk 1	Trans.	0	D_1	0	0
Gelenk 2	Rot.	θ_2	0	a_2	-90
Gelenk 3	Trans.	0	D_3	0	90
Gelenk 4	Rot.	θ_4	0	a_4	0
Gelenk 5	Trans.	0	D_5	0	-90
Gelenk 6	Rot.	θ_6	d_6	0	90
Gelenk 7	Rot.	θ_7	0	0	-90
Gelenk 8	Rot.	θ_8	0	0	0

Armmatrizen $\mathbf{A}_i$:

$$\mathbf{A}_1 = \begin{bmatrix} 1 & 0 & 0 & 0 \\ 0 & 1 & 0 & 0 \\ 0 & 0 & 1 & D_1 \\ 0 & 0 & 0 & 1 \end{bmatrix} \qquad \mathbf{A}_2 = \begin{bmatrix} C_2 & 0 & -S_2 & a_2C_2 \\ S_2 & 0 & C_2 & a_2S_2 \\ 0 & -1 & 0 & 0 \\ 0 & 0 & 0 & 1 \end{bmatrix}$$

$$\mathbf{A}_3 = \begin{bmatrix} 1 & 0 & 0 & 0 \\ 0 & 0 & -1 & 0 \\ 0 & 1 & 0 & D_3 \\ 0 & 0 & 0 & 1 \end{bmatrix} \qquad \mathbf{A}_4 = \begin{bmatrix} C_4 & -S_4 & 0 & a_4C_4 \\ S_4 & C_4 & 0 & a_4S_4 \\ 0 & 0 & 1 & 0 \\ 0 & 0 & 0 & 1 \end{bmatrix}$$

$$\mathbf{A}_5 = \begin{bmatrix} 1 & 0 & 0 & 0 \\ 0 & 0 & 1 & 0 \\ 0 & -1 & 0 & D_5 \\ 0 & 0 & 0 & 1 \end{bmatrix} \qquad \mathbf{A}_6 = \begin{bmatrix} C_6 & 0 & S_6 & 0 \\ S_6 & 0 & -C_6 & 0 \\ 0 & 1 & 0 & d_6 \\ 0 & 0 & 0 & 1 \end{bmatrix}$$

$$\mathbf{A}_7 = \begin{bmatrix} C_7 & 0 & -S_7 & 0 \\ S_7 & 0 & C_7 & 0 \\ 0 & -1 & 0 & 0 \\ 0 & 0 & 0 & 1 \end{bmatrix} \qquad \mathbf{A}_8 = \begin{bmatrix} C_8 & -S_8 & 0 & 0 \\ S_8 & C_8 & 0 & 0 \\ 0 & 0 & 1 & 0 \\ 0 & 0 & 0 & 1 \end{bmatrix}$$

$$\text{Gleichungen } \mathbf{A}_{i-1}^{-1} \cdot \ldots \cdot \mathbf{A}_1^{-1} \cdot {}^R\mathbf{T}_H = \mathbf{A}_i \cdot \ldots \cdot \mathbf{A}_8:$$

${}^R\mathbf{T}_H = \mathbf{A}_1 \cdot \ldots \cdot \mathbf{A}_8$

1: $N_x = (C_6C_7C_8 - S_6S_8)C_{24} - C_8S_{24}S_7$

2: $O_x = S_{24}S_7S_8 - (C_6C_7S_8 + C_8S_6)C_{24}$

3: $A_x = -(C_{24}C_6S_7 + C_7S_{24})$

4: $P_x = C_4(C_2a_4 - S_2d_6) - S_4(C_2d_6 + S_2a_4) + C_2a_2 - S_2D_3$

5: $N_y = (C_6C_7C_8 - S_6S_8)S_{24} + C_{24}C_8S_7$

6: $O_y = -(C_{24}S_7S_8 + (C_6C_7S_8 + C_8S_6)S_{24})$

7: $A_y = C_{24}C_7 - C_6S_{24}S_7$

8: $P_y = a_4S_{24} + a_2S_2 + D_3C_2 + d_6C_{24}$

9: $N_z = -(C_7C_8S_6 + C_6S_8)$

10: $O_z = C_7S_6S_8 - C_6C_8$

11: $A_z = S_6S_7$

12: $P_z = D_5 + D_1$

$\mathbf{A}_1^{-1} \cdot {}^R\mathbf{T}_H = \mathbf{A}_2 \cdot \ldots \cdot \mathbf{A}_8$

13: $N_x \quad = (C_6C_7C_8 - S_6S_8)C_{24} - C_8S_{24}S_7$

14: $O_x \quad = S_{24}S_7S_8 - (C_6C_7S_8 + C_8S_6)C_{24}$

15: $A_x \quad = -(C_{24}C_6S_7 + C_7S_{24})$

16: $P_x \quad = C_4(C_2a_4 - S_2d_6) - S_4(C_2d_6 + S_2a_4) + C_2a_2 - S_2D_3$

17: $N_y \quad = (C_6C_7C_8 - S_6S_8)S_{24} + C_{24}C_8S_7$

18: $O_y \quad = -(C_{24}S_7S_8 + (C_6C_7S_8 + C_8S_6)S_{24})$

19: $A_y \quad = C_{24}C_7 - C_6S_{24}S_7$

20: $P_y \quad = C_4(S_2a_4 + C_2d_6) + S_4(C_2a_4 - S_2d_6) + S_2a_2 + C_2D_3$

21: $N_z \quad = -(C_7C_8S_6 + C_6S_8)$

22: $O_z \quad = C_7S_6S_8 - C_6C_8$

23: $A_z \quad = S_6S_7$

24: $P_z - D_1 = D_5$

$$\mathbf{A}_2^{-1} \cdot \mathbf{A}_1^{-1} \cdot {}^{R}\mathbf{T}_H = \mathbf{A}_3 \cdots \mathbf{A}_8$$

25: $\quad N_x C_2 + N_y S_2 \qquad = C_4(C_6 C_7 C_8 - S_6 S_8) - C_8 S_4 S_7$

26: $\quad O_x C_2 + O_y S_2 \qquad = S_4 S_7 S_8 - C_4(C_6 C_7 S_8 + C_8 S_6)$

27: $\quad A_x C_2 + A_y S_2 \qquad = -(C_4 C_6 S_7 + C_7 S_4)$

28: $\quad P_x C_2 + P_y S_2 - a_2 = a_4 C_4 - d_6 S_4$

29: $\quad -N_z \qquad\qquad = C_7 C_8 S_6 + C_6 S_8$

30: $\quad -O_z \qquad\qquad = C_6 C_8 - C_7 S_6 S_8$

31: $\quad -A_z \qquad\qquad = -S_6 S_7$

32: $\quad D_1 - P_z \qquad\qquad = -D_5$

33: $\quad N_y C_2 - N_x S_2 \qquad = S_4(C_6 C_7 C_8 - S_6 S_8) + C_4 C_8 S_7$

34: $\quad O_y C_2 - O_x S_2 \qquad = -(S_4(C_6 C_7 S_8 + C_8 S_6) + C_4 S_7 S_8)$

35: $\quad A_y C_2 - A_x S_2 \qquad = C_4 C_7 - C_6 S_4 S_7$

36: $\quad P_y C_2 - P_x S_2 \qquad = d_6 C_4 + a_4 S_4 + D_3$

$$\mathbf{A}_3^{-1} \cdots \mathbf{A}_1^{-1} \cdot {}^{R}\mathbf{T}_H = \mathbf{A}_4 \cdots \mathbf{A}_8$$

37: $\quad N_x C_2 + N_y S_2 \qquad = C_4(C_6 C_7 C_8 - S_6 S_8) - C_8 S_4 S_7$

38: $\quad O_x C_2 + O_y S_2 \qquad = S_4 S_7 S_8 - C_4(C_6 C_7 S_8 + C_8 S_6)$

39: $\quad A_x C_2 + A_y S_2 \qquad = -(C_4 C_6 S_7 + C_7 S_4)$

40: $\quad P_x C_2 + P_y S_2 - a_2 = a_4 C_4 - d_6 S_4$

41: $\quad N_y C_2 - N_x S_2 \qquad = S_4(C_6 C_7 C_8 - S_6 S_8) + C_4 C_8 S_7$

42: $\quad O_y C_2 - O_x S_2 \qquad = -(S_4(C_6 C_7 S_8 + C_8 S_6) + C_4 S_7 S_8)$

43: $\quad A_y C_2 - A_x S_2 \qquad = C_4 C_7 - C_6 S_4 S_7$

44: $\quad P_y C_2 - P_x S_2 - D_3 = d_6 C_4 + a_4 S_4$

45: $\quad N_z \qquad\qquad = -(C_7 C_8 S_6 + C_6 S_8)$

46: $\quad O_z \qquad\qquad = C_7 S_6 S_8 - C_6 C_8$

47: $\quad A_z \qquad\qquad = S_6 S_7$

48: $\quad P_z - D_1 \qquad\qquad = D_5$

$$\mathbf{A}_4^{-1} \cdots \mathbf{A}_1^{-1} \cdot {}^{R}\mathbf{T}_H = \mathbf{A}_5 \cdots \mathbf{A}_8$$

49: $\quad N_x C_{24} + N_y S_{24} \qquad\qquad = C_6 C_7 C_8 - S_6 S_8$

50: $\quad O_x C_{24} + O_y S_{24} \qquad\qquad = -(C_6 C_7 S_8 + C_8 S_6)$

51: $\quad A_x C_{24} + A_y S_{24} \qquad\qquad = -C_6 S_7$

52: $\quad P_x C_{24} - a_2 C_4 + P_y S_{24} - D_3 S_4 - a_4 = 0$

53: $\quad N_y C_{24} - N_x S_{24} \qquad\qquad = C_8 S_7$

54: $\quad O_y C_{24} - O_x S_{24} \qquad\qquad = -S_7 S_8$

55: $\quad A_y C_{24} - A_x S_{24} \qquad\qquad = C_7$

56: $\quad P_y C_{24} - P_x S_{24} + a_2 S_4 - D_3 C_4 = d_6$

57: $\quad N_z \qquad\qquad\qquad = -(C_7 C_8 S_6 + C_6 S_8)$

58: $\quad O_z \qquad\qquad\qquad = C_7 S_6 S_8 - C_6 C_8$

59: $\quad A_z \qquad\qquad\qquad = S_6 S_7$

60: $\quad P_z - D_1 \qquad\qquad\qquad = D_5$

$$\mathbf{A}_5^{-1} \cdot \ldots \cdot \mathbf{A}_1^{-1} \cdot {}^R\mathbf{T}_H = \mathbf{A}_6 \cdot \ldots \cdot \mathbf{A}_8$$

61: $N_x C_{24} + N_y S_{24}$ $\qquad = C_6 C_7 C_8 - S_6 S_8$

62: $O_x C_{24} + O_y S_{24}$ $\qquad = -(C_6 C_7 S_8 + C_8 S_6)$

63: $A_x C_{24} + A_y S_{24}$ $\qquad = -C_6 S_7$

64: $P_x C_{24} - a_2 C_4 + P_y S_{24} - D_3 S_4 - a_4 = 0$

65: $-N_z$ $\qquad = C_7 C_8 S_6 + C_6 S_8$

66: $-O_z$ $\qquad = C_6 C_8 - C_7 S_6 S_8$

67: $-A_z$ $\qquad = -S_6 S_7$

68: $D_1 - P_z + D_5$ $\qquad = 0$

69: $N_y C_{24} - N_x S_{24}$ $\qquad = C_8 S_7$

70: $O_y C_{24} - O_x S_{24}$ $\qquad = -S_7 S_8$

71: $A_y C_{24} - A_x S_{24}$ $\qquad = C_7$

72: $P_y C_{24} - P_x S_{24} + a_2 S_4 - D_3 C_4$ $\qquad = d_6$

$$\mathbf{A}_6^{-1} \cdot \ldots \cdot \mathbf{A}_1^{-1} \cdot {}^R\mathbf{T}_H = \mathbf{A}_7 \cdot \mathbf{A}_8$$

73: $C_6(N_x C_{24} + N_y S_{24}) - N_z S_6$ $\qquad = C_7 C_8$

74: $C_6(O_x C_{24} + O_y S_{24}) - O_z S_6$ $\qquad = -C_7 S_8$

75: $C_6(A_x C_{24} + A_y S_{24}) - A_z S_6$ $\qquad = -S_7$

76: $C_6(P_x C_{24} - a_2 C_4 + P_y S_{24} - D_3 S_4 - a_4) + S_6(D_1 + D_5 - P_z) = 0$

77: $N_y C_{24} - N_x S_{24}$ $\qquad = C_8 S_7$

78: $O_y C_{24} - O_x S_{24}$ $\qquad = -S_7 S_8$

79: $A_y C_{24} - A_x S_{24}$ $\qquad = C_7$

80: $P_y C_{24} - P_x S_{24} + a_2 S_4 - D_3 C_4 - d_6$ $\qquad = 0$

81: $S_6(N_x C_{24} + N_y S_{24}) + N_z C_6$ $\qquad = -S_8$

82: $S_6(O_x C_{24} + O_y S_{24}) + O_z C_6$ $\qquad = -C_8$

83: $S_6(A_x C_{24} + A_y S_{24}) + A_z C_6$ $\qquad = 0$

84: $S_6(P_x C_{24} - a_2 C_4 + P_y S_{24} - D_3 S_4 - a_4) + C_6(P_z - D_1 - D_5) = 0$

$$\mathbf{A}_7^{-1} \cdot \ldots \cdot \mathbf{A}_1^{-1} \cdot {}^{R}\mathbf{T}_H = \mathbf{A}_8$$

85: $\left[\begin{array}{l}((C_4C_6C_7 - S_4S_7)C_2 - (C_6C_7S_4 + C_4S_7)S_2)N_x + ((C_4C_6C_7 - S_4S_7)S_2 \\ + (C_6C_7S_4 + C_4S_7)C_2)N_y - C_7S_6N_z\end{array}\right] = C_8$

86: $\left[\begin{array}{l}((C_4C_6C_7 - S_4S_7)C_2 - (C_6C_7S_4 + C_4S_7)S_2)O_x + ((C_4C_6C_7 - S_4S_7)S_2 \\ + (C_6C_7S_4 + C_4S_7)C_2)O_y - C_7S_6O_z\end{array}\right] = -S_8$

87: $\left[\begin{array}{l}((C_4C_6C_7 - S_4S_7)C_2 - (C_6C_7S_4 + C_4S_7)S_2)A_x + ((C_4C_6C_7 - S_4S_7)S_2 \\ + (C_6C_7S_4 + C_4S_7)C_2)A_y - C_7S_6A_z\end{array}\right] = 0$

88: $\left[\begin{array}{l}((C_4C_6C_7 - S_4S_7)C_2 - (C_6C_7S_4 + C_4S_7)S_2)P_x + ((C_4C_6C_7 - S_4S_7)S_2 \\ + (C_6C_7S_4 + C_4S_7)C_2)P_y + C_7(S_6(D_1 + D_5 - P_z) - a_4C_6) - ((C_4C_6C_7 \\ - S_4S_7)a_2 + (C_6C_7S_4 + C_4S_7)D_3) - d_6S_7\end{array}\right] = 0$

89: $-(S_6(N_xC_{24} + N_yS_{24}) + N_zC_6)$ $\qquad\qquad = S_8$

90: $-(S_6(O_xC_{24} + O_yS_{24}) + O_zC_6)$ $\qquad\qquad = C_8$

91: $-(S_6(A_xC_{24} + A_yS_{24}) + A_zC_6)$ $\qquad\qquad = 0$

92: $S_6(a_2C_4 - P_xC_{24} + D_3S_4 - P_yS_{24} + a_4) + C_6(D_1 + D_5 - P_z)$ $\qquad = 0$

93: $\left[\begin{array}{l}((C_4C_7 - C_6S_4S_7)C_2 - (C_4C_6S_7 + C_7S_4)S_2)N_y - ((C_4C_6S_7 + C_7S_4)C_2 \\ + (C_4C_7 - C_6S_4S_7)S_2)N_x + S_6S_7N_z\end{array}\right] = 0$

94: $\left[\begin{array}{l}((C_4C_7 - C_6S_4S_7)C_2 - (C_4C_6S_7 + C_7S_4)S_2)O_y - ((C_4C_6S_7 + C_7S_4)C_2 \\ + (C_4C_7 - C_6S_4S_7)S_2)O_x + S_6S_7O_z\end{array}\right] = 0$

95: $\left[\begin{array}{l}((C_4C_7 - C_6S_4S_7)C_2 - (C_4C_6S_7 + C_7S_4)S_2)A_y - ((C_4C_6S_7 + C_7S_4)C_2 \\ + (C_4C_7 - C_6S_4S_7)S_2)A_x + S_6S_7A_z\end{array}\right] = 1$

96: $\left[\begin{array}{l}S_7(S_6(P_z-D_5-D_1)+a_4C_6)+((C_4C_7-C_6S_4S_7)C_2-(C_4C_6S_7+C_7S_4)S_2)P_y \\ - ((C_4C_6S_7 + C_7S_4)C_2 + (C_4C_7 - C_6S_4S_7)S_2)P_x + (C_4C_6S_7 + C_7S_4)a_2 \\ - (C_4C_7 - C_6S_4S_7)D_3 - d_6C_7\end{array}\right] = 0$

D.3.1   Kurzprotokoll der Geometrie 11

```
+----------------------------------------------------------------+
|                      Die Gelenktabelle                         |
+----------------------------------------------------------------+

   | Gelenk | Typ   | Theta | Offset |  D  |  A  | Alpha |
   |--------+-------+-------+--------+-----+-----+-------|
   |   1    | const |   0   |   0    |  d  |  0  |   0   |
   |--------+-------+-------+--------+-----+-----+-------|
   |   2    | const |   w   |   0    |  d  |  a  |  -90  |
   |--------+-------+-------+--------+-----+-----+-------|
   |   3    | pris  |   0   |   0    |  d  |  0  |   90  |
   |--------+-------+-------+--------+-----+-----+-------|
   |   4    | rev   |   w   |   0    |  0  |  a  |   0   |
   |--------+-------+-------+--------+-----+-----+-------|
   |   5    | pris  |   0   |   0    |  d  |  0  |  -90  |
   |--------+-------+-------+--------+-----+-----+-------|
   |   6    | rev   |   w   |   0    |  d  |  0  |   90  |
   |--------+-------+-------+--------+-----+-----+-------|
   |   7    | rev   |   w   |   0    |  0  |  0  |  -90  |
   |--------+-------+-------+--------+-----+-----+-------|
   |   8    | rev   |   w   |   0    |  0  |  0  |   0   |
   |--------+-------+-------+--------+-----+-----+-------|

  +---------------------------------------------------------------+
  |                        HERLEITUNG                             |
  +---------------------------------------------------------------+
  |Schritt|         TYP            |Variablen|   Gleichungen      |
  +-------+------------------------+---------+--------------------+
  |   1   |         Typ0           |   d5    | RTH-(0,0)[12]   r  |
  +-------+------------------------+---------+--------------------+
  |   2   | Typ6 (a*Cx+b*Sx=d)     |   w4    |  T-(2,0)[4]   r    |
  +-------+------------------------+---------+--------------------+
  |   3   |         Typ0           |   d3    |  T-(2,0)[12]  r    |
  +-------+------------------------+---------+--------------------+
  |   4   |     Typ4 (Cx=d)        |   w7    |  T-(4,0)[7]   r    |
  +-------+------------------------+---------+--------------------+
  |   5   | Typ1 (Sx=d1 Cx=d2)     |   w6    |  T-(4,0)[3]   r    |
  |       |                        |         |  T-(4,0)[11]  r    |
  +-------+------------------------+---------+--------------------+
  |   6   | Typ1 (Sx=d1 Cx=d2)     |   w8    |  T-(6,0)[9]   r    |
  |       |                        |         |  T-(6,0)[10]  r    |
  +-------+------------------------+---------+--------------------+
```

D.3.2 Kurzprotokoll der Geometrie 22

Hier ist eine quadratische Lösung über Prototyp 19 möglich. Die Erkennung der
kinematischen Kriterien aus Tabelle 3.6 sind allerdings noch nicht implementiert.

```
+------------------------------------------------------------------------+
|                          Die Gelenktabelle                             |
+------------------------------------------------------------------------+

   | Gelenk |  Typ   | Theta | Offset |   D   |   A   | Alpha |
   |--------+--------+-------+--------+-------+-------+-------|
   |   1    |  pris  |   0   |   0    |   d   |   0   |   0   |
   |--------+--------+-------+--------+-------+-------+-------|
   |   2    |  rev   |   w   |   0    |   d   |   a   |  -90  |
   |--------+--------+-------+--------+-------+-------+-------|
   |   3    | const  |   0   |   0    |   d   |   0   |  90   |
   |--------+--------+-------+--------+-------+-------+-------|
   |   4    |  rev   |   w   |   0    |   0   |   a   |   0   |
   |--------+--------+-------+--------+-------+-------+-------|
   |   5    | const  |   0   |   0    |   d   |   0   |  -90  |
   |--------+--------+-------+--------+-------+-------+-------|
   |   6    |  rev   |   w   |   0    |   d   |   0   |  90   |
   |--------+--------+-------+--------+-------+-------+-------|
   |   7    |  rev   |   w   |   0    |   0   |   0   |  -90  |
   |--------+--------+-------+--------+-------+-------+-------|
   |   8    |  rev   |   w   |   0    |   0   |   0   |   0   |
   |--------+--------+-------+--------+-------+-------+-------|
   |                          HERLEITUNG                        |
+------------------------------------------------------------------+

|Schritt|          TYP          |Variablen|   Gleichungen       |
+-------+-----------------------+---------+---------------------+
|   1   |         Typ0          |   d1    | RTH-(0,0)[12]   r   |
+-------+-----------------------+---------+---------------------+
|   2   |         TYP19         |   w2    | T-(2,0)[4]   1      |
|       |                       |   w4    | T-(2,0)[12]  1      |
+-------+-----------------------+---------+---------------------+
|   3   |      Typ4 (Cx=d)      |   w7    | T-(4,0)[7]   r      |
+-------+-----------------------+---------+---------------------+
|   4   |  Typ1 (Sx=d1 Cx=d2)   |   w6    | T-(4,0)[3]   r      |
|       |                       |         | T-(4,0)[11]  r      |
+-------+-----------------------+---------+---------------------+
|   5   |  Typ1 (Sx=d1 Cx=d2)   |   w8    | T-(6,0)[9]   r      |
|       |                       |         | T-(6,0)[10]  r      |
+-------+-----------------------+---------+---------------------+
```

D.3.3   Kurzprotokoll der Geometrie 34

Die Gelenktabelle

Gelenk	Typ	Theta	Offset	D	A	Alpha
1	pris	0	0	d	0	0
2	rev	w	0	d	a	-90
3	pris	0	0	d	0	90
4	rev	w	0	0	a	0
5	const	0	0	d	0	-90
6	const	w	0	d	0	90
7	rev	w	0	0	0	-90
8	rev	w	0	0	0	0

HERLEITUNG

Schritt	TYP	Variablen	Gleichungen
1	Typ0	d1	RTH-(0,0)[12] r
2	Typ3 (Sx=d)	w7	RTH-(0,0)[11] r
3	Typ2	w8	RTH-(0,0)[9] r RTH-(0,0)[10] r
4	Typ1 (Sx=d1 Cx=d2)	w2+w4	F-(0,5)[1] r F-(0,5)[2] r
5	Typ15	w2	F-(0,4)[4] r F-(0,4)[8] r
6	x=y+/-z	w4	w2 w2+w4
7	Typ0	d3	G-(2,4)[12] r

Anhang E

Protokolle zur Leistungsbewertung

E.1 Geometrien aus Heiß'schen Klassen

Nachfolgend sind Protokolle von SKIP-Läufen für nicht-orthogonale Robotergeometrien aus einigen der Heiß'schen Klassen angegeben. Sie wurden aufgrund der folgenden Merkmale ausgewählt:

Klasse 1: Lösung einer Geometrie mit drei Schubgelenken unter Verwendung des neuen Prototyps 14

Klasse 2: Lösung einer Geometrie unter Verwendung des neuen Prototyps 20

Klasse 3: Korrekte Lösung einer Geometrie unter Verwendung des neuen Prototyps 20 auf einer linken Gleichungsseite im ersten Lösungsschritt

Klasse 5: Lösung einer Geoemtrie unter Verwendung einer linken Gleichungsseite im 4. Lösungsschritt. Diese Lösung kann nicht ohne weitere Überprüfung verwendet werden.

Klasse 6: Lösungsprotokoll mit angegebener inverser Transformation als Folge von MAPLE-Anweisungen (siehe Abschnitt 7.7).

Die in den Protokollen verwendete Notation weist einige Besonderheiten auf: So bezeichnet w2+w3 die Winkelsumme $\theta_2 + \theta_3$. x==y+/-z steht in der Herleitung für die Berechnung einer Gelenkvariablen als Summe bzw. Differenz zweier zuvor gelöster Gelenkvariablen bzw. Hilfsvariablen. Beispiel: w3 aus w2+w3 und w2.

E.1.1 Klasse 1

Anwendung des neuen Prototyps 14:

```
+-------------------------------------------------------------------+
|                        Die Gelenktabelle                          |
+-------------------------------------------------------------------+

   | Gelenk | Typ  | Theta | Offset |  D   |  A   | Alpha |
   |--------+------+-------+--------+------+------+-------|
   |   1    | pris |   0   |   0    |  d   |  a   |   t   |
   |--------+------+-------+--------+------+------+-------|
   |   2    | rev  |   w   |   0    |  d   |  a   |   t   |
   |--------+------+-------+--------+------+------+-------|
   |   3    | pris |   w   |   0    |  d   |  a   |   t   |
   |--------+------+-------+--------+------+------+-------|
   |   4    | rev  |   w   |   0    |  d   |  a   |   t   |
   |--------+------+-------+--------+------+------+-------|
   |   5    | pris |   w   |   0    |  d   |  a   |   t   |
   |--------+------+-------+--------+------+------+-------|
   |   6    | rev  |   w   |   0    |  0   |  0   |   0   |
   |--------+------+-------+--------+------+------+-------|

  +---------------------------------------------------------------+
  |                          HERLEITUNG                           |
  +---------------------------------------------------------------+
  |Schritt |         TYP          |Variablen|    Gleichungen      |
  +--------+----------------------+---------+---------------------+
  |   1    | Typ6 (a*Cx+b*Sx=d)   |    w4   |   T-(1,0)[11]  r    |
  +--------+----------------------+---------+---------------------+
  |   2    |        Typ2          |    w2   |   T-(1,0)[3]   r    |
  |        |                      |         |   T-(1,0)[7]   r    |
  +--------+----------------------+---------+---------------------+
  |   3    |        Typ14         |    d3   |   RTH-(0,0)[4]   r  |
  |        |                      |    d5   |   RTH-(0,0)[8]   r  |
  +--------+----------------------+---------+---------------------+
  |   4    |        Typ0          |    d1   |   RTH-(0,0)[12]   r |
  +--------+----------------------+---------+---------------------+
  |   5    | Typ1 (Sx=d1 Cx=d2)   |    w6   |   T-(4,0)[9]   r    |
  |        |                      |         |   T-(4,0)[10]  r    |
  +--------+----------------------+---------+---------------------+
```

E.1.2   Klasse 2

Anwendung des neuen Prototyps 20:

```
+------------------------------------------------------------------------+
|                          Die Gelenktabelle                             |
+------------------------------------------------------------------------+

  | Gelenk |  Typ  | Theta | Offset |   D    |   A    | Alpha |
  |--------+-------+-------+--------+--------+--------+-------|
  |   1    | pris  |   0   |   0    |   d    |   a    |   t   |
  |--------+-------+-------+--------+--------+--------+-------|
  |   2    | rev   |   w   |   0    |   d    |   a    |   0   |
  |--------+-------+-------+--------+--------+--------+-------|
  |   3    | rev   |   w   |   0    |   d    |   a    |   t   |
  |--------+-------+-------+--------+--------+--------+-------|
  |   4    | pris  |   w   |   0    |   d    |   a    |   t   |
  |--------+-------+-------+--------+--------+--------+-------|
  |   5    | rev   |   w   |   0    |   d    |   a    |   t   |
  |--------+-------+-------+--------+--------+--------+-------|
  |   6    | rev   |   w   |   0    |   0    |   0    |   0   |
  |--------+-------+-------+--------+--------+--------+-------|

    +----------------------------------------------------------------+
    |                          HERLEITUNG                            |
    +----------------------------------------------------------------+

  |Schritt|          TYP           |Variablen|    Gleichungen         |
  +-------+------------------------+---------+------------------------+
  |   1   |  Typ6 (a*Cx+b*Sx=d)    |   w5    |   T-(1,0)[11]   r      |
  +-------+------------------------+---------+------------------------+
  |   2   |         Typ2           |  w2+w3  |   T-(1,0)[3]    r      |
  |       |                        |         |   T-(1,0)[7]    r      |
  +-------+------------------------+---------+------------------------+
  |   3   |  Typ1 (Sx=d1 Cx=d2)    |   w6    |   T-(4,0)[9]    r      |
  |       |                        |         |   T-(4,0)[10]   r      |
  +-------+------------------------+---------+------------------------+
  |   4   |         Typ20          |   w2    |  RTH-(0,0)[4]   r      |
  |       |                        |         |  RTH-(0,0)[8]   r      |
  +-------+------------------------+---------+------------------------+
  |   5   |        x=y+/-z         |   w3    |     w2   w2+w3         |
  +-------+------------------------+---------+------------------------+
  |   6   |         Typ0           |   d4    |  RTH-(0,0)[8]   r      |
  +-------+------------------------+---------+------------------------+
  |   7   |         Typ0           |   d1    |  RTH-(0,0)[12]  r      |
  +-------+------------------------+---------+------------------------+
```

E.1.3 Klasse 3

Anwendung des neuen **Prototyps 20** im ersten **Lösungsschritt auf zwei
Gleichungen**, deren variable Terme auf der linken Gleichungsseite vorliegen:

```
+---------------------------------------------------------------------+
|                         Die Gelenktabelle                           |
+---------------------------------------------------------------------+
    | Gelenk | Typ  | Theta | Offset |  D  |  A  | Alpha |
    |--------+------+-------+--------+-----+-----+-------|
    |   1    | pris |   0   |   0    |  d  |  a  |   t   |
    |--------+------+-------+--------+-----+-----+-------|
    |   2    | rev  |   w   |   0    |  d  |  0  |   t   |
    |--------+------+-------+--------+-----+-----+-------|
    |   3    | rev  |   w   |   0    |  0  |  0  |   t   |
    |--------+------+-------+--------+-----+-----+-------|
    |   4    | rev  |   w   |   0    |  d  |  a  |   t   |
    |--------+------+-------+--------+-----+-----+-------|
    |   5    | rev  |   w   |   0    |  d  |  a  |   t   |
    |--------+------+-------+--------+-----+-----+-------|
    |   6    | pris |   0   |   0    |  d  |  0  |   0   |
    |--------+------+-------+--------+-----+-----+-------|
      +-------------------------------------------------------------+
      |                      HERLEITUNG                             |
      +-------------------------------------------------------------+
    |Schritt|          TYP          |Variablen|    Gleichungen      |
    +-------+-----------------------+---------+---------------------+
    |   1   |        Typ20          |   w5    |  F-(0,3)[4]   1     |
    |       |                       |         |  F-(0,3)[8]   1     |
    +-------+-----------------------+---------+---------------------+
    |   2   |     Typ4 (Cx=d)       |   w3    |  G-(1,4)[11]  r     |
    +-------+-----------------------+---------+---------------------+
    |   3   |        Typ2           |   w2    |  G-(1,4)[3]   r     |
    |       |                       |         |  G-(1,4)[7]   r     |
    +-------+-----------------------+---------+---------------------+
    |   4   |  Typ1 (Sx=d1 Cx=d2)   |   w4    |  G-(2,5)[9]   r     |
    |       |                       |         |  G-(2,5)[10]  r     |
    +-------+-----------------------+---------+---------------------+
    |   5   |        Typ0           |   d6    |  RTH-(0,0)[8]  r    |
    +-------+-----------------------+---------+---------------------+
    |   6   |        Typ0           |   d1    |  RTH-(0,0)[12]  r   |
    +-------+-----------------------+---------+---------------------+
```

E.1.4   Klasse 5

Kritische Lösung auf der linken Gleichungsseite im 4. Lösungsschritt, die einer weiteren Korrektheitsüberprüfung bedarf:

```
+----------------------------------------------------------------+
| Gelenk |  Typ  | Theta | Offset |   D   |   A   | Alpha |
|--------+-------+-------+--------+-------+-------+-------|
|   1    | rev   |   w   |   0    |   0   |   a   |   t   |
|--------+-------+-------+--------+-------+-------+-------|
|   2    | pris  |   w   |   0    |   d   |   a   |   t   |
|--------+-------+-------+--------+-------+-------+-------|
|   3    | rev   |   w   |   0    |   d   |   a   |   0   |
|--------+-------+-------+--------+-------+-------+-------|
|   4    | rev   |   w   |   0    |   d   |   a   |   0   |
|--------+-------+-------+--------+-------+-------+-------|
|   5    | rev   |   w   |   0    |   d   |   a   |   t   |
|--------+-------+-------+--------+-------+-------+-------|
|   6    | rev   |   w   |   0    |   0   |   0   |   0   |
+-|------+-------+-------+--------+-------+-------+-------|+
|                         HERLEITUNG                       |
+----------------------------------------------------------------+
|Schritt|        TYP          |Variablen|   Gleichungen        |
+-------+--------------------+---------+----------------------+
|   1   | Typ6 (a*Cx+b*Sx=d) |w3+w4+w5 |  RTH-(0,0)[11]   r   |
+-------+--------------------+---------+----------------------+
|   2   |       Typ2         |   w1    |  RTH-(0,0)[3]    r   |
|       |                    |         |  RTH-(0,0)[7]    r   |
+-------+--------------------+---------+----------------------+
|   3   | Typ1 (Sx=d1 Cx=d2) |   w6    |   T-(2,0)[9]     r   |
|       |                    |         |   T-(2,0)[10]    r   |
+-------+--------------------+---------+----------------------+
|   4   |       Typ0         |   d2    |   G-(2,5)[12]    l   |
+-------+--------------------+---------+----------------------+
|   5   | Typ9 (Square Add)  |   w4    |   G-(2,5)[4]     r   |
|       |                    |   w3    |   G-(2,5)[8]     r   |
+-------+--------------------+---------+----------------------+
|   6   |     x=y+/-z        |  w3+w4  |      w3   w4         |
+-------+--------------------+---------+----------------------+
|   7   |     x=y+/-z        |  w4+w5  |    w3   w3+w4+w5     |
+-------+--------------------+---------+----------------------+
|   8   |     x=y+/-z        |   w5    |   w3+w4  w3+w4+w5    |
+-------+--------------------+---------+----------------------+
```

E.1.5   Klasse 6

Das folgende Protokoll enthält die zur Berechnung aller reelwertigen Lösungen des
IKP für eine vorgegebene kartesische Handstellung notwendigen MAPLE-Anweisungen. Die Elemente des Kurzprotokolls (Gelenktabelle und Herleitung) finden sich
am Anfang bzw. am Ende des Protokolls.

Erläuterungen:

- **#** kennzeichnet eine Kommentarzeile

- Die Ausdrücke in den Lösungen werden entsprechend des internen Formats in
  expandierter Form verwendet; es findet keine Vereinfachung oder gar Optimierung statt.

- Zu Beginn der Lösung werden Zähler initialisiert, die zur Indizierung der Felder
  `w..sol[]` zur Aufnahme der berechneten Lösungen benötigt werden. `w4w5sol`
  bezeichnet beispielsweise das Feld für die Winkelsummenhilfsvariable `'w4+w5'`.

- Die Anweisungen zur Berechnung der Lösungen bestehen im allgemeinen aus
  der Berechnung von Argumenten (Prototyp-spezifisch), der Berechnung und
  Zuweisung der aus den Argumenten folgenden Lösungen zu den oben genannten Feldern und ggfs. aus einem Schleifenkopf, wenn entsprechend dem Prototyp eine Mehrfachlösung berechnet werden konnte. Diese Schleife wird nur für
  reelwertige Lösungen durchlaufen (`while...do`). Der Schleifenrumpf besteht
  aus allen nachfolgenden Lösungschritten. Nach dem Schließen des Rumpfs
  (`od;`) wird der entsprechende Zähler erhöht.

- Die Extraktion der resultierenden Lösungskonfigurationen muß vom Benutzer
  vorgenommen werden. (Komplexe Lösungen befinden sich ebenfalls in den
  Lösungsfeldern!).

- `arctan(a,b)` ist das MAPLE-Äquivalent zur atan2-Funktion.

- Um die Terme in den Lösungen einfach zu halten, werden die ursprünglichen
  Bezeichnungen der Variablen (`w1`, `d2`, `'w4+w5'`, etc.) beibehalten. Insbesondere stellt also `'w4+w5'` eine MAPLE-Variable dar.

```
#+--------------------------------------------------------------------+
#|                        Die Gelenktabelle                           |
#+--------------------------------------------------------------------+
#    | Gelenk |  Typ  | Theta | Offset |  D    |  A    | Alpha |
#    |--------+-------+-------+--------+-------+-------+-------|
#    |   1    |  rev  |   w   |   0    |   0   |   a   |  90   |
#    |--------+-------+-------+--------+-------+-------+-------|
#    |   2    |  pris |   0   |   0    |   d   |   a   |  90   |
#    |--------+-------+-------+--------+-------+-------+-------|
#    |   3    |  rev  |   w   |   0    |   d   |   a   |   t   |
#    |--------+-------+-------+--------+-------+-------+-------|
#    |   4    |  rev  |   w   |   0    |   d   |   a   |   0   |
#    |--------+-------+-------+--------+-------+-------+-------|
#    |   5    |  rev  |   w   |   0    |   d   |   a   |   t   |
#    |--------+-------+-------+--------+-------+-------+-------|
#    |   6    |  rev  |   w   |   0    |   0   |   0   |   0   |
#    |--------+-------+-------+--------+-------+-------+-------|
#+--------------------------------------------------------------------+
#|                      Geloeste Variablen                            |
#+--------------------------------------------------------------------+
#       Beteiligte Variablen            String
#          w4 w5                         w4+w5
#          w1 w3                         w1-w3
#          w6                            w6
#          w4                            w4
#          w5                            w5
#          w1                            w1
#          w3                            w3
#          d2                            d2
#+--------------------------------------------------------------------+
#|                       INVERSE LOESUNG                              |
#+--------------------------------------------------------------------+
w4w5count := 0;
w1w3count := 0;
w6count := 0;
w4count := 0;
w5count := 0;
w1count := 0;
w3count := 0;
d2count := 0;


#-------          Variable w4w5 wurde mit Typ4 geloest        -------

ARGw4w5 :=(+ cos(t3)*cos(t5) + az )/(+ sin(t3)*sin(t5) );
```

```
w4w5sol[w4w5count+1] := arctan( sqrt( 1 - ARGw4w5^2 ), ARGw4w5);
w4w5sol[w4w5count+2] := arctan( -sqrt( 1 - ARGw4w5^2 ), ARGw4w5);
for i_1 from w4w5count+1 to w4w5count+2 while (abs(ARGw4w5) <= 1) do
'w4+w5' := w4w5sol[i_1];


#-------          Variable w1-w3 wurde mit Typ2 geloest      -------
A2 := + sin('w4+w5')*sin(t5) ;
B2 := + sin(t3)*cos(t5) + cos(t3)*cos('w4+w5')*sin(t5) ;
C2 := + ax ;
D2 := + ay ;
w1w3sol[w1w3count+1]:=arctan(A2*D2-B2*C2,A2*C2+B2*D2);
'w1-w3' := w1w3sol[w1w3count+1];
w1w3count := w1w3count +1;


#-------          Variable w6 wurde mit Typ1 geloest         -------
ARG11 := (- cos(t3)*nz - sin('w1-w3')*sin(t3)*nx + cos('w1-w3')*
         sin(t3)*ny )/( + sin(t5) );
ARG12 := (- cos(t3)*oz - sin('w1-w3')*sin(t3)*ox + cos('w1-w3')*
         sin(t3)*oy )/( + sin(t5) );
w6sol[w6count+1] := arctan( ARG11 , ARG12 );
w6 := w6sol[w6count+1];
w6count := w6count +1;


#-------          Variable w4 wurde mit Typ3 geloest         -------
ARGw4 :=(+ cos(t3)*d4 + d3 - nz*cos(w6)*a5 - nz*sin(w6)*d5*sin(t5) +
         oz*sin(w6)*a5 - oz*cos(w6)*d5*sin(t5) - az*d5*cos(t5) + pz )/
         (- sin(t3)*a4 );
w4sol[w4count+1] := arctan( ARGw4, sqrt( 1 - ARGw4^2 ));
w4sol[w4count+2] := arctan( ARGw4, -sqrt( 1 - ARGw4^2 ));
for i_4 from w4count+1 to w4count+2 while (abs(ARGw4) <= 1) do
w4 := w4sol[i_4];


#-------          Variable w5 folgt aus w4 und w4+w5         -------
w5sol[w5count+1] := 'w4+w5'-w4;
w5 := w5sol[w5count+1];
w5count := w5count +1;


#-------          Variable w1 wurde mit Typ15 geloest        -------
Aw1 := + a2 + a1 ;
K1 := - nx*cos(w6)*cos('w4+w5')*a3 + nx*sin(w6)*sin('w4+w5')*cos(t5)*a3 -
        nx*cos(w6)*sin('w4+w5')*d3*sin(t3) - nx*sin(w6)*cos('w4+w5')*
        cos(t5)*d3*sin(t3) - nx*sin(w6)*sin(t5)*d3*cos(t3) - nx*cos(w6)*
        cos(w5)*a4 - nx*cos(w6)*a5 + nx*sin(w6)*sin(w5)*cos(t5)*a4 -
```

```
                    nx*sin(w6)*sin(t5)*d4 - nx*sin(w6)*d5*sin(t5) + ox*sin(w6)*
                    cos('w4+w5')*a3 + ox*cos(w6)*sin('w4+w5')*cos(t5)*a3 + ox*
                    sin(w6)*sin('w4+w5')*d3*sin(t3) - ox*cos(w6)*cos('w4+w5')*
                    cos(t5)*d3*sin(t3) - ox*cos(w6)*sin(t5)*d3*cos(t3) + ox*sin(w6)*
                    cos(w5)*a4 + ox*sin(w6)*a5 + ox*cos(w6)*sin(w5)*cos(t5)*a4 -
                    ox*cos(w6)*sin(t5)*d4 - ox*cos(w6)*d5*sin(t5) - ax*sin('w4+w5')*
                    sin(t5)*a3 + ax*cos('w4+w5')*sin(t5)*d3*sin(t3) - ax*cos(t5)*d3*
                    cos(t3) - ax*sin(w5)*sin(t5)*a4 - ax*cos(t5)*d4 - ax*d5*cos(t5)+
                    px ;
K2 := - ny*cos(w6)*cos('w4+w5')*a3 + ny*sin(w6)*sin('w4+w5')*cos(t5)*a3 -
                    ny*cos(w6)*sin('w4+w5')*d3*sin(t3) - ny*sin(w6)*cos('w4+w5')*
                    cos(t5)*d3*sin(t3) - ny*sin(w6)*sin(t5)*d3*cos(t3) - ny*cos(w6)*
                    cos(w5)*a4 - ny*cos(w6)*a5 + ny*sin(w6)*sin(w5)*cos(t5)*a4 - ny*
                    sin(w6)*sin(t5)*d4 - ny*sin(w6)*d5*sin(t5) + oy*sin(w6)*
                    cos('w4+w5')*a3 + oy*cos(w6)*sin('w4+w5')*cos(t5)*a3 + oy*
                    sin(w6)*sin('w4+w5')*d3*sin(t3) - oy*cos(w6)*cos('w4+w5')*
                    cos(t5)*d3*sin(t3) - oy*cos(w6)*sin(t5)*d3*cos(t3) + oy*sin(w6)*
                    cos(w5)*a4 + oy*sin(w6)*a5 + oy*cos(w6)*sin(w5)*cos(t5)*a4 - oy*
                    cos(w6)*sin(t5)*d4 - oy*cos(w6)*d5*sin(t5) - ay*sin('w4+w5')*
                    sin(t5)*a3 + ay*cos('w4+w5')*sin(t5)*d3*sin(t3) - ay*cos(t5)*d3*
                    cos(t3) - ay*sin(w5)*sin(t5)*a4 - ay*cos(t5)*d4 - ay*d5*cos(t5)+
                    py ;
ARGw1 := K1^2+K2^2-Aw1^2;
w1sol[w1count+1] :=arctan(Aw1,sqrt(ARGw1))-arctan(K1,K2);
w1sol[w1count+2] :=arctan(Aw1,-sqrt(ARGw1))-arctan(K1,K2);
for i_6 from w1count+1 to w1count+2 while (ARGw1 >= 0) do
w1 := w1sol[i_6];


#-------            Variable w3 folgt aus w1 und w1-w3          -------
w3sol[w3count+1] := w1-'w1-w3';
w3 := w3sol[w3count+1];
w3count := w3count +1;


#-------            Variable d2 wurde mit Typ0 geloest          -------
d2sol[d2count+1] := (- sin(w1)*nx*cos(w6)*cos('w4+w5')*a3 + sin(w1)*nx*
          sin(w6)*sin('w4+w5')*cos(t5)*a3 - sin(w1)*nx*cos(w6)*
          sin('w4+w5')*d3*sin(t3) - sin(w1)*nx*sin(w6)*cos('w4+w5')*
          cos(t5)*d3*sin(t3) - sin(w1)*nx*sin(w6)*sin(t5)*d3*cos(t3) -
          sin(w1)*nx*cos(w6)*cos(w5)*a4 - sin(w1)*nx*cos(w6)*a5 + sin(w1)*
          nx*sin(w6)*sin(w5)*cos(t5)*a4 - sin(w1)*nx*sin(w6)*sin(t5)*d4 -
          sin(w1)*nx*sin(w6)*d5*sin(t5) + cos(w1)*ny*cos(w6)*cos('w4+w5')*
          a3 - cos(w1)*ny*sin(w6)*sin('w4+w5')*cos(t5)*a3 + cos(w1)*ny*
          cos(w6)*sin('w4+w5')*d3*sin(t3) + cos(w1)*ny*sin(w6)*
```

```
              cos('w4+w5')*cos(t5)*d3*sin(t3) + cos(w1)*ny*sin(w6)*sin(t5)*d3*
              cos(t3) + cos(w1)*ny*cos(w6)*cos(w5)*a4 + cos(w1)*ny*cos(w6)*a5-
              cos(w1)*ny*sin(w6)*sin(w5)*cos(t5)*a4 + cos(w1)*ny*sin(w6)*
              sin(t5)*d4 + cos(w1)*ny*sin(w6)*d5*sin(t5) + sin(w1)*ox*sin(w6)*
              cos('w4+w5')*a3 + sin(w1)*ox*cos(w6)*sin('w4+w5')*cos(t5)*a3 +
              sin(w1)*ox*sin(w6)*sin('w4+w5')*d3*sin(t3) - sin(w1)*ox*cos(w6)*
              cos('w4+w5')*cos(t5)*d3*sin(t3) - sin(w1)*ox*cos(w6)*sin(t5)*d3*
              cos(t3) + sin(w1)*ox*sin(w6)*cos(w5)*a4 + sin(w1)*ox*sin(w6)*a5+
              sin(w1)*ox*cos(w6)*sin(w5)*cos(t5)*a4 - sin(w1)*ox*cos(w6)*
              sin(t5)*d4 - sin(w1)*ox*cos(w6)*d5*sin(t5) - cos(w1)*oy*sin(w6)*
              cos('w4+w5')*a3 - cos(w1)*oy*cos(w6)*sin('w4+w5')*cos(t5)*a3 -
              cos(w1)*oy*sin(w6)*sin('w4+w5')*d3*sin(t3) + cos(w1)*oy*cos(w6)*
              cos('w4+w5')*cos(t5)*d3*sin(t3) + cos(w1)*oy*cos(w6)*sin(t5)*d3*
              cos(t3) - cos(w1)*oy*sin(w6)*cos(w5)*a4 - cos(w1)*oy*sin(w6)*a5-
              cos(w1)*oy*cos(w6)*sin(w5)*cos(t5)*a4 + cos(w1)*oy*cos(w6)*
              sin(t5)*d4 + cos(w1)*oy*cos(w6)*d5*sin(t5) - sin(w1)*ax*
              sin('w4+w5')*sin(t5)*a3 + sin(w1)*ax*cos('w4+w5')*sin(t5)*d3*
              sin(t3) - sin(w1)*ax*cos(t5)*d3*cos(t3) - sin(w1)*ax*sin(w5)*
              sin(t5)*a4 - sin(w1)*ax*cos(t5)*d4 - sin(w1)*ax*d5*cos(t5) +
              cos(w1)*ay*sin('w4+w5')*sin(t5)*a3 - cos(w1)*ay*cos('w4+w5')*
              sin(t5)*d3*sin(t3) + cos(w1)*ay*cos(t5)*d3*cos(t3) + cos(w1)*ay*
              sin(w5)*sin(t5)*a4 + cos(w1)*ay*cos(t5)*d4 + cos(w1)*ay*d5*
              cos(t5) + sin(w1)*px - cos(w1)*py )/(1 );
d2 := d2sol[d2count+1];
d2count := d2count+1;

od;
w1count := w1count + 2;
od;
w4count := w4count + 2;
od;
w4w5count := w4w5count + 2;
```

```
#    +-------------------------------------------------------------------+
#    |                          HERLEITUNG                               |
#    +-------------------------------------------------------------------+
#    |Schritt|          TYP             |Variablen|    Gleichungen        |
#    +--------+-------------------------+---------+----------------------+
#    |   1    |     Typ4 (Cx=d)         |  w4+w5  |  RTH-(0,0)[11]   r    |
#    +--------+-------------------------+---------+----------------------+
#    |   2    |       Typ2              |  w1-w3  |  RTH-(0,0)[3]    r    |
#    |        |                         |         |  RTH-(0,0)[7]    r    |
#    +--------+-------------------------+---------+----------------------+
#    |   3    |  Typ1 (Sx=d1 Cx=d2)     |   w6    |  T-(3,0)[9]      r    |
```

```
# |         |                       |         |    T-(3,0)[10]   r      |
# +---------+-----------------------+---------+------------------------+
# |    4    |      Typ3 (Sx=d)      |   w4    |    F-(0,5)[12]   r      |
# +---------+-----------------------+---------+------------------------+
# |    5    |        x=y+/-z        |   w5    |      w4  w4+w5          |
# +---------+-----------------------+---------+------------------------+
# |    6    |        Typ15          |   w1    |    F-(0,3)[4]    r      |
# |         |                       |         |    F-(0,3)[8]    r      |
# +---------+-----------------------+---------+------------------------+
# |    7    |        x=y+/-z        |   w3    |      w1  w1-w3          |
# +---------+-----------------------+---------+------------------------+
# |    8    |        Typ0           |   d2    |    G-(1,3)[12]   r      |
# +---------+-----------------------+---------+------------------------+
```

E.2   Lösungen über Prototyp 18

E.2.1   Lösung 4. Grades

Bei dieser Geometrie sind alle Parameter k_i ungleich Null:

```
+-------------------------------------------------------------------+
|                        Die Gelenktabelle                          |
+-------------------------------------------------------------------+

     | Gelenk |  Typ  | Theta | Offset |  D   |   A    | Alpha |
     |--------+-------+-------+--------+------+--------+-------|
     |   1    |  rev  |   w   |   0    |  0   |   a    |  90   |
     |--------+-------+-------+--------+------+--------+-------|
     |   2    |  rev  |   w   |   0    |  d   |   a    |  90   |
     |--------+-------+-------+--------+------+--------+-------|
     |   3    |  rev  |   w   |   0    |  d   |   a    |  90   |
     |--------+-------+-------+--------+------+--------+-------|
     |   4    |  rev  |   w   |   0    |  0   |   0    |  90   |
     |--------+-------+-------+--------+------+--------+-------|
     |   5    |  rev  |   w   |   0    |  0   |   0    |  90   |
     |--------+-------+-------+--------+------+--------+-------|
     |   6    |  rev  |   w   |   0    |  0   |   0    |   0   |
     |--------+-------+-------+--------+------+--------+-------|

    +-----------------------------------------------------------+
    |                        HERLEITUNG                         |
    +-----------------------------------------------------------+

    |Schritt|        TYP          |Variablen|   Gleichungen     |
    +-------+---------------------+---------+-------------------+
    |   1   |       Typ18         |   w1    |  T-(1,0)[4]   r    |
    |       | K1 K2 K3 K4 K5 != 0 |   w3    |  T-(1,0)[8]   r    |
    |       | Polynom 4. Grades!  |   w2    |  T-(1,0)[12]  r    |
    +-------+---------------------+---------+-------------------+
    |   2   |    Typ4 (Cx=d)      |   w5    |  T-(3,0)[11]  r    |
    +-------+---------------------+---------+-------------------+
    |   3   | Typ1 (Sx=d1 Cx=d2)  |   w4    |  T-(3,0)[3]   r    |
    |       |                     |         |  T-(3,0)[7]   r    |
    +-------+---------------------+---------+-------------------+
    |   4   | Typ1 (Sx=d1 Cx=d2)  |   w6    |  T-(4,0)[9]   r    |
    |       |                     |         |  T-(4,0)[10]  r    |
    +-------+---------------------+---------+-------------------+
```

E.2.2 Quadratische Lösung

Es gilt $k_2 = a_2 = 0$:

```
+---------------------------------------------------------------------+
|                          Die Gelenktabelle                          |
+---------------------------------------------------------------------+
```

Gelenk	Typ	Theta	Offset	D	A	Alpha
1	rev	w	0	0	a	90
2	rev	w	0	d	0	90
3	rev	w	0	d	a	90
4	rev	w	0	0	0	90
5	rev	w	0	0	0	90
6	rev	w	0	0	0	0

```
+---------------------------------------------------------------------+
|                            HERLEITUNG                               |
+---------------------------------------------------------------------+
```

Schritt	TYP	Variablen	Gleichungen
1	Typ18 K1 K3 K4 K5 != 0 Quadratisch	w1 w3 w2	T-(1,0)[4] r T-(1,0)[8] r T-(1,0)[12] r
2	Typ4 (Cx=d)	w5	T-(3,0)[11] r
3	Typ1 (Sx=d1 Cx=d2)	w4	T-(3,0)[3] r T-(3,0)[7] r
4	Typ1 (Sx=d1 Cx=d2)	w6	T-(4,0)[9] r T-(4,0)[10] r

E.2.3   Lösung 4. Grades

In diesem Fall ist $k_4 = d_3 = 0$:

```
+---------------------------------------------------------------------+
|                        Die Gelenktabelle                            |
+---------------------------------------------------------------------+
  | Gelenk |  Typ  | Theta | Offset |   D   |   A   | Alpha |
  |--------+-------+-------+--------+-------+-------+-------|
  |   1    |  rev  |   w   |   0    |   0   |   a   |  90   |
  |--------+-------+-------+--------+-------+-------+-------|
  |   2    |  rev  |   w   |   0    |   d   |   a   |  90   |
  |--------+-------+-------+--------+-------+-------+-------|
  |   3    |  rev  |   w   |   0    |   0   |   a   |  90   |
  |--------+-------+-------+--------+-------+-------+-------|
  |   4    |  rev  |   w   |   0    |   0   |   0   |  90   |
  |--------+-------+-------+--------+-------+-------+-------|
  |   5    |  rev  |   w   |   0    |   0   |   0   |  90   |
  |--------+-------+-------+--------+-------+-------+-------|
  |   6    |  rev  |   w   |   0    |   0   |   0   |   0   |
  |--------+-------+-------+--------+-------+-------+-------|
    +-------------------------------------------------------------+
    |                       HERLEITUNG                            |
    +-------------------------------------------------------------+
    |Schritt|          TYP           |Variablen|   Gleichungen     |
    +-------+------------------------+---------+-------------------+
    |   1   |        Typ18           |   w1    |  T-(1,0)[4]   r   |
    |       |   K1 K2 K3 K5 != 0     |   w3    |  T-(1,0)[8]   r   |
    |       |   Polynom 4. Grades!   |   w2    |  T-(1,0)[12]  r   |
    +-------+------------------------+---------+-------------------+
    |   2   |      Typ4 (Cx=d)       |   w5    |  T-(3,0)[11]  r   |
    +-------+------------------------+---------+-------------------+
    |   3   |  Typ1 (Sx=d1 Cx=d2)    |   w4    |  T-(3,0)[3]   r   |
    |       |                        |         |  T-(3,0)[7]   r   |
    +-------+------------------------+---------+-------------------+
    |   4   |  Typ1 (Sx=d1 Cx=d2)    |   w6    |  T-(4,0)[9]   r   |
    |       |                        |         |  T-(4,0)[10]  r   |
    +-------+------------------------+---------+-------------------+
```

E.3   Geometrien mit einer ebenen Gelenkgruppe

Die folgenden Protokolle für Robotergeometrien mit einer ebenen Gelenkgruppe sind Beispiele für die Anwendung des neuen Prototyps 19a. Das erste Protokoll gibt die komplette inverse Lösung für eine Geometrie an, deren Rotationsachsen 2 – 4 parallel sind. Dieses Protokoll demonstriert die Berechnung einer Lösung über ein Polynom 4. Grades. Das zweite Protokoll zeigt die Herleitung einer Lösung für den Fall, daß an der ebenen Gelenkgruppe ein Schubgelenk beteiligt ist. Dies hat die Verwendung des ebenfalls neuen Prototyps 20 zur Folge.

E.3.1   Die Robotergeometrie R-P3-RR

Das folgende Protokoll enthält die zur Berechnung aller reelwertigen Lösungen des IKP für eine vorgegebene kartesische Handstellung notwendigen MAPLE-Anweisungen. Die Elemente des Kurzprotokolls (Gelenktabelle und Herleitung) finden sich am Anfang bzw. am Ende des Protokolls. Die Erläuterungen unter E.1.5 gelten entsprechend.

Die Besonderheit dieses Protokolls stellt die Lösungserzeugung über den Prototyp 19a dar. Sie findet in mehreren Schritten statt. Zunächst werden die Argumente entsprechend der Definition in Kapitel 3 ermittelt. Danach werden die zum Aufstellen des Lösungspolynoms benötigten Hilfsvariablen `h1,..,h6` berechnet. Daraus ergibt sich das Polynom `pol`. Unter Verwendung der MAPLE-Funktion `fsolve` werden dann alle reelen Lösungen des Polynoms ermittelt und anschließend im Feld `w1sol[]` abgelegt. Für jede Lösung von θ_1 (ermittelt über `nops(u_sol)`) folgt eine eindeutige Lösung für θ_5.

```
#+-----------------------------------------------------------------------+
#|                          Die Gelenktabelle                            |
#+-----------------------------------------------------------------------+
#      | Gelenk |  Typ  | Theta | Offset |   D   |   A   | Alpha |
#      |--------+-------+-------+--------+-------+-------+-------|
#      |   1    |  rev  |   w   |   0    |   0   |   a   |   t   |
#      |--------+-------+-------+--------+-------+-------+-------|
#      |   2    |  rev  |   w   |   0    |   d   |   a   |   0   |
#      |--------+-------+-------+--------+-------+-------+-------|
#      |   3    |  rev  |   w   |   0    |   d   |   a   |   0   |
#      |--------+-------+-------+--------+-------+-------+-------|
#      |   4    |  rev  |   w   |   0    |   d   |   a   |   t   |
#      |--------+-------+-------+--------+-------+-------+-------|
#      |   5    |  rev  |   w   |   0    |   d   |   a   |   t   |
#      |--------+-------+-------+--------+-------+-------+-------|
#      |   6    |  rev  |   w   |   0    |   0   |   0   |   0   |
#      |--------+-------+-------+--------+-------+-------+-------|
#+-----------------------------------------------------------------------+
#|                          Geloeste Variablen                           |
#+-----------------------------------------------------------------------+
#        Beteiligte Variablen              String
#           w5                              w5
#           w1                              w1
#           w2 w3 w4                        w2+w3+w4
#           w6                              w6
#           w3                              w3
#           w2                              w2
#           w2 w3                           w2+w3
#           w3 w4                           w3+w4
#           w4                              w4
#+-----------------------------------------------------------------------+
#|                          INVERSE LOESUNG                              |
#+-----------------------------------------------------------------------+
w5count := 0;
w1count := 0;
w2w3w4count := 0;
w6count := 0;
w3count := 0;
w2count := 0;
w2w3count := 0;
w3w4count := 0;
w4count := 0;
```

```
#-------               Variablen w1 w5  mit Typ19 geloest          -------

#Die Parameter fuer den Prototyp 19:
Aw1 :=+ sin(t1)*ax ;
Bw1 :=- sin(t1)*ay ;
Cw1 :=+ cos(t1)*az ;
Dw1 :=+ sin(t4)*sin(t5);
Ew1 :=0;
Fw1 :=-1 ;
Gw1 :=+ cos(t4)*cos(t5)  ;
Hw1 :=+ sin(t1)*px ;
Iw1 :=- sin(t1)*py ;
Jw1 :=+ cos(t1)*pz ;
Kw1 :=+ sin(t4)*a5;
Lw1 :=+ cos(t4)*d5 + d4 + d3 + d2 ;

h1:=Hw1^2*Dw1^2+Aw1^2*Kw1^2;
h2:=Iw1^2*Dw1^2+Bw1^2*Kw1^2;
h3:=2*(Hw1*Iw1*Dw1^2+Aw1*Bw1*Kw1^2);
h4:=2*Hw1*Dw1^2*(Jw1-Lw1)+2*Aw1*Kw1^2*(Cw1-Gw1);
h5:=2*Iw1*Dw1^2*(Jw1-Lw1)+2*Bw1*Kw1^2*(Cw1-Gw1);
h6:=(Jw1-Lw1)^2*Dw1^2+(Cw1-Gw1)^2*Kw1^2-(Fw1^2+Ew1^2)*Dw1^2*Kw1^2;
pol:=(h2+h6-h5)*u^4+2*(h4-h3)*u^3+2*(2*h1+h6-h2)*u^2+2*(h4+h3)*u+h2+h5+h6;
u_sol:=convert([fsolve(pol,u)],list);
for i19 from 1 to nops(u_sol) do
w1sol[w1count+i19]:=2*arctan(u_sol[i19]);
od;
for i_1 from 1 to nops(u_sol) do
a:=-Fw1;
b:=-Ew1;
c:=(-1)*(Aw1*sin(w1sol[i_1])+Bw1*cos(w1sol[i_1])+(Cw1-Gw1))/Dw1;
d:=(Hw1*sin(w1sol[i_1])+Iw1*cos(w1sol[i_1])+(Jw1-Lw1))/Kw1;
w5sol[w5count+1]:=arctan((a*d-b*c),(a*c+b*d));
w1 := w1sol[i_1];
w5 := w5sol[w5count+1];
w5count := w5count + 1;


#-------          Variable w2+w3+w4 wurde mit Typ2 geloest         -------

A2 := + sin(w5)*sin(t5) ;
B2 := - sin(t4)*cos(t5) - cos(t4)*cos(w5)*sin(t5) ;
C2 := + cos(w1)*ax + sin(w1)*ay ;
D2 := + sin(t1)*az - sin(w1)*cos(t1)*ax + cos(w1)*cos(t1)*ay ;
```

```
w2w3w4sol[w2w3w4count+1]:=arctan(A2*D2-B2*C2,A2*C2+B2*D2);
'w2+w3+w4' := w2w3w4sol[w2w3w4count+1];
w2w3w4count := w2w3w4count +1;



#-------            Variable w6 wurde mit Typ1 geloest          -------

ARG11 := (+ cos(t4)*cos(t1)*nz - cos('w2+w3+w4')*sin(t4)*sin(t1)*nz +
          cos(t4)*sin(w1)*sin(t1)*nx + sin('w2+w3+w4')*sin(t4)*cos(w1)*nx+
          cos('w2+w3+w4')*sin(t4)*sin(w1)*cos(t1)*nx - cos(t4)*cos(w1)*
          sin(t1)*ny + sin('w2+w3+w4')*sin(t4)*sin(w1)*ny -
          cos('w2+w3+w4')*sin(t4)*cos(w1)*cos(t1)*ny )/(+ sin(t5) );
ARG12 := (+ cos(t4)*cos(t1)*oz - cos('w2+w3+w4')*sin(t4)*sin(t1)*oz +
          cos(t4)*sin(w1)*sin(t1)*ox + sin('w2+w3+w4')*sin(t4)*cos(w1)*ox+
          cos('w2+w3+w4')*sin(t4)*sin(w1)*cos(t1)*ox - cos(t4)*cos(w1)*
          sin(t1)*oy + sin('w2+w3+w4')*sin(t4)*sin(w1)*oy -
          cos('w2+w3+w4')*sin(t4)*cos(w1)*cos(t1)*oy )/(+ sin(t5) );
w6sol[w6count+1] := arctan( ARG11 , ARG12 );
w6 := w6sol[w6count+1];
w6count := w6count +1;



#-------          Die Variablen w3,w2 mit Typ9 geloest          -------

#Die Parameter fuer den SQUARE ADD (ADT) TRICK:
Aw3 :=+ a3 ;
Bw3 :=+ a2 ;
Cw3 :=- cos(w1)*nx*cos(w6)*cos(w5)*a4 + cos(w1)*nx*sin(w6)*sin(w5)*
        cos(t5)*a4 - cos(w1)*nx*cos(w6)*sin(w5)*d4*sin(t4) - cos(w1)*nx*
        sin(w6)*cos(w5)*cos(t5)*d4*sin(t4) - cos(w1)*nx*sin(w6)*sin(t5)*
        d4*cos(t4) - cos(w1)*nx*cos(w6)*a5 - cos(w1)*nx*sin(w6)*d5*
        sin(t5) - sin(w1)*ny*cos(w6)*cos(w5)*a4 + sin(w1)*ny*sin(w6)*
        sin(w5)*cos(t5)*a4 - sin(w1)*ny*cos(w6)*sin(w5)*d4*sin(t4) -
        sin(w1)*ny*sin(w6)*cos(w5)*cos(t5)*d4*sin(t4) - sin(w1)*ny*
        sin(w6)*sin(t5)*d4*cos(t4) - sin(w1)*ny*cos(w6)*a5 - sin(w1)*ny*
        sin(w6)*d5*sin(t5) + cos(w1)*ox*sin(w6)*cos(w5)*a4 + cos(w1)*ox*
        cos(w6)*sin(w5)*cos(t5)*a4 + cos(w1)*ox*sin(w6)*sin(w5)*d4*
        sin(t4) - cos(w1)*ox*cos(w6)*cos(w5)*cos(t5)*d4*sin(t4) -
        cos(w1)*ox*cos(w6)*sin(t5)*d4*cos(t4) + cos(w1)*ox*sin(w6)*a5 -
        cos(w1)*ox*cos(w6)*d5*sin(t5) + sin(w1)*oy*sin(w6)*cos(w5)*a4 +
        sin(w1)*oy*cos(w6)*sin(w5)*cos(t5)*a4 + sin(w1)*oy*sin(w6)*
        sin(w5)*d4*sin(t4) - sin(w1)*oy*cos(w6)*cos(w5)*cos(t5)*d4*
        sin(t4) - sin(w1)*oy*cos(w6)*sin(t5)*d4*cos(t4) + sin(w1)*oy*
```

```
          sin(w6)*a5 - sin(w1)*oy*cos(w6)*d5*sin(t5) - cos(w1)*ax*sin(w5)*
          sin(t5)*a4 + cos(w1)*ax*cos(w5)*sin(t5)*d4*sin(t4) - cos(w1)*ax*
          cos(t5)*d4*cos(t4) - cos(w1)*ax*d5*cos(t5) - sin(w1)*ay*sin(w5)*
          sin(t5)*a4 + sin(w1)*ay*cos(w5)*sin(t5)*d4*sin(t4) - sin(w1)*ay*
          cos(t5)*d4*cos(t4) - sin(w1)*ay*d5*cos(t5) + cos(w1)*px +
          sin(w1)*py - a1 ;
Dw3 :=- sin(t1)*nz*cos(w6)*cos(w5)*a4 + sin(t1)*nz*sin(w6)*sin(w5)*
          cos(t5)*a4 - sin(t1)*nz*cos(w6)*sin(w5)*d4*sin(t4) - sin(t1)*nz*
          sin(w6)*cos(w5)*cos(t5)*d4*sin(t4) - sin(t1)*nz*sin(w6)*sin(t5)*
          d4*cos(t4) - sin(t1)*nz*cos(w6)*a5 - sin(t1)*nz*sin(w6)*d5*
          sin(t5) + sin(w1)*cos(t1)*nx*cos(w6)*cos(w5)*a4 - cos(w1)*
          cos(t1)*ny*cos(w6)*cos(w5)*a4 - sin(w1)*cos(t1)*nx*sin(w6)*
          sin(w5)*cos(t5)*a4 + sin(w1)*cos(t1)*nx*cos(w6)*sin(w5)*d4*
          sin(t4) + sin(w1)*cos(t1)*nx*sin(w6)*cos(w5)*cos(t5)*d4*sin(t4)+
          sin(w1)*cos(t1)*nx*sin(w6)*sin(t5)*d4*cos(t4) + sin(w1)*cos(t1)*
          nx*cos(w6)*a5 + sin(w1)*cos(t1)*nx*sin(w6)*d5*sin(t5) + cos(w1)*
          cos(t1)*ny*sin(w6)*sin(w5)*cos(t5)*a4 - cos(w1)*cos(t1)*ny*
          cos(w6)*sin(w5)*d4*sin(t4) - cos(w1)*cos(t1)*ny*sin(w6)*cos(w5)*
          cos(t5)*d4*sin(t4) - cos(w1)*cos(t1)*ny*sin(w6)*sin(t5)*d4*
          cos(t4) - cos(w1)*cos(t1)*ny*cos(w6)*a5 - cos(w1)*cos(t1)*ny*
          sin(w6)*d5*sin(t5) + sin(t1)*oz*sin(w6)*cos(w5)*a4 + sin(t1)*oz*
          cos(w6)*sin(w5)*cos(t5)*a4 + sin(t1)*oz*sin(w6)*sin(w5)*d4*
          sin(t4) - sin(t1)*oz*cos(w6)*cos(w5)*cos(t5)*d4*sin(t4) -
          sin(t1)*oz*cos(w6)*sin(t5)*d4*cos(t4) + sin(t1)*oz*sin(w6)*a5 -
          sin(t1)*oz*cos(w6)*d5*sin(t5) - sin(w1)*cos(t1)*ox*sin(w6)*
          cos(w5)*a4 + cos(w1)*cos(t1)*oy*sin(w6)*cos(w5)*a4 - sin(w1)*
          cos(t1)*ox*cos(w6)*sin(w5)*cos(t5)*a4 - sin(w1)*cos(t1)*ox*
          sin(w6)*sin(w5)*d4*sin(t4) + sin(w1)*cos(t1)*ox*cos(w6)*cos(w5)*
          cos(t5)*d4*sin(t4) + sin(w1)*cos(t1)*ox*cos(w6)*sin(t5)*d4*
          cos(t4) - sin(w1)*cos(t1)*ox*sin(w6)*a5 + sin(w1)*cos(t1)*ox*
          cos(w6)*d5*sin(t5) + cos(w1)*cos(t1)*oy*cos(w6)*sin(w5)*cos(t5)*
          a4 + cos(w1)*cos(t1)*oy*sin(w6)*sin(w5)*d4*sin(t4) - cos(w1)*
          cos(t1)*oy*cos(w6)*cos(w5)*cos(t5)*d4*sin(t4) - cos(w1)*cos(t1)*
          oy*cos(w6)*sin(t5)*d4*cos(t4) + cos(w1)*cos(t1)*oy*sin(w6)*a5 -
          cos(w1)*cos(t1)*oy*cos(w6)*d5*sin(t5) - sin(t1)*az*sin(w5)*
          sin(t5)*a4 + sin(t1)*az*cos(w5)*sin(t5)*d4*sin(t4) - sin(t1)*az*
          cos(t5)*d4*cos(t4) - sin(t1)*az*d5*cos(t5) + sin(w1)*cos(t1)*ax*
          sin(w5)*sin(t5)*a4 - cos(w1)*cos(t1)*ay*sin(w5)*sin(t5)*a4 -
          sin(w1)*cos(t1)*ax*cos(w5)*sin(t5)*d4*sin(t4) + sin(w1)*cos(t1)*
          ax*cos(t5)*d4*cos(t4) + sin(w1)*cos(t1)*ax*d5*cos(t5) + cos(w1)*
          cos(t1)*ay*cos(w5)*sin(t5)*d4*sin(t4) - cos(w1)*cos(t1)*ay*
          cos(t5)*d4*cos(t4) - cos(w1)*cos(t1)*ay*d5*cos(t5) - sin(w1)*
          cos(t1)*px + cos(w1)*cos(t1)*py + sin(t1)*pz ;
Hw3 := (Cw3^2+Dw3^2-Aw3^2-Bw3^2)/(2*Aw3*Bw3);;
```

```
w3sol[w3count+1] := arctan(sqrt(1-Hw3^2),Hw3);
w3sol[w3count+2] := arctan(-sqrt(1-Hw3^2),Hw3);
for i_4 from w3count+1 to w3count+2 while (abs(Hw3) <= 1) do
w3 := w3sol[i_4];
H1:= Aw3*cos(w3) + Bw3;
H2:= Aw3*sin(w3);
w2sol[w2count+1] := arctan(Dw3*H1-Cw3*H2,Cw3*H1+Dw3*H2);
w2 := w2sol[w2count+1];
w2count := w2count+1;


#-------          Variable w2+w3 folgt aus w2 und w3          -------

w2w3sol[w2w3count+1] := w2+w3;
'w2+w3' := w2w3sol[w2w3count+1];
w2w3count := w2w3count +1;


#-------          Variable w3+w4 folgt aus w2 und w2+w3+w4          -------

w3w4sol[w3w4count+1] := 'w2+w3+w4'-w2;
'w3+w4' := w3w4sol[w3w4count+1];
w3w4count := w3w4count +1;


#-------          Variable w4 folgt aus w2+w3 und w2+w3+w4          -------

w4sol[w4count+1] := 'w2+w3+w4'-'w2+w3';
w4 := w4sol[w4count+1];
w4count := w4count +1;

od;
w3count := w3count + 2;
od;
w1count := w1count + 4;


# +----------------------------------------------------------------+
# |                           HERLEITUNG                           |
# +----------------------------------------------------------------+
# |Schritt|         TYP          |Variablen|    Gleichungen        |
# +-------+----------------------+---------+-----------------------+
# |   1   |    TYP19(Grad 4)     |   w1    | T-(1,0)[11]  1        |
# |       |                      |   w5    | T-(1,0)[12]  1        |
```

```
#    +--------+----------------------+---------+---------------------+
#    |   2    |        Typ2          |w2+w3+w4 |   T-(1,0)[3]   r     |
#    |        |                      |         |   T-(1,0)[7]   r     |
#    +--------+----------------------+---------+---------------------+
#    |   3    |  Typ1 (Sx=d1 Cx=d2)  |   w6    |   T-(4,0)[9]   r     |
#    |        |                      |         |   T-(4,0)[10]  r     |
#    +--------+----------------------+---------+---------------------+
#    |   4    |  Typ9 (Square Add)   |   w3    |   G-(1,4)[4]   r     |
#    |        |                      |   w2    |   G-(1,4)[8]   r     |
#    +--------+----------------------+---------+---------------------+
#    |   5    |       x=y+/-z        | w2+w3   |      w2   w3         |
#    +--------+----------------------+---------+---------------------+
#    |   6    |       x=y+/-z        | w3+w4   |   w2   w2+w3+w4      |
#    +--------+----------------------+---------+---------------------+
#    |   7    |       x=y+/-z        |   w4    |  w2+w3   w2+w3+w4    |
#    +--------+----------------------+---------+---------------------+
```

E.3.2   Die Robotergeometrie R-RRT-RR

Schubgelenk in der ebenen Gelenkgruppe:

```
+-------------------------------------------------------------------+
|                         Die Gelenktabelle                         |
+-------------------------------------------------------------------+

   | Gelenk |  Typ   | Theta | Offset |  D  |  A  | Alpha |
   |--------+--------+-------+--------+-----+-----+-------|
   |   1    |  rev   |   w   |   0    |  0  |  a  |   t   |
   |--------+--------+-------+--------+-----+-----+-------|
   |   2    |  rev   |   w   |   0    |  d  |  a  |   0   |
   |--------+--------+-------+--------+-----+-----+-------|
   |   3    |  rev   |   w   |   0    |  d  |  a  |  90   |
   |--------+--------+-------+--------+-----+-----+-------|
   |   4    |  pris  |   w   |   0    |  d  |  a  |   t   |
   |--------+--------+-------+--------+-----+-----+-------|
   |   5    |  rev   |   w   |   0    |  d  |  a  |   t   |
   |--------+--------+-------+--------+-----+-----+-------|
   |   6    |  rev   |   w   |   0    |  0  |  0  |   0   |
   |--------+--------+-------+--------+-----+-----+-------|

  +---------------------------------------------------------------+
  |                          HERLEITUNG                           |
  +---------------------------------------------------------------+

  |Schritt|         TYP          |Variablen|     Gleichungen       |
  +-------+----------------------+---------+-----------------------+
  |   1   |    TYP19(Grad 4)     |   w1    |  T-(1,0)[11]   1      |
  |       |                      |   w5    |  T-(1,0)[12]   1      |
  +-------+----------------------+---------+-----------------------+
  |   2   |       Typ2           |  w2+w3  |  T-(1,0)[3]    r      |
  |       |                      |         |  T-(1,0)[7]    r      |
  +-------+----------------------+---------+-----------------------+
  |   3   | Typ1 (Sx=d1 Cx=d2)   |   w6    |  T-(4,0)[9]    r      |
  |       |                      |         |  T-(4,0)[10]   r      |
  +-------+----------------------+---------+-----------------------+
  |   4   |       Typ20          |   w2    |  RTH-(0,0)[4]  r      |
  |       |                      |         |  RTH-(0,0)[8]  r      |
  +-------+----------------------+---------+-----------------------+
  |   5   |      x=y+/-z         |   w3    |     w2   w2+w3        |
  +-------+----------------------+---------+-----------------------+
  |   6   |       Typ0           |   d4    |  RTH-(0,0)[4]  r      |
  +-------+----------------------+---------+-----------------------+
```

Sachverzeichnis

Kollisionsvermeidung in einem Robotersimulationssystem

von Markus a Campo

1992. X, 128 Seiten. (Fortschritte der Robotik, hrsg. von Walter Ameling und Manfred Weck; Bd. 11.) Kartoniert. ISBN 3-528-06456-0

Der Autor beschreibt den Entwurf und die Realisierung eines universellen Moduls zur Kollisionsvermeidung. Dieses ermittelt aus der gewünschten Bahn, den Vorgaben für mögliche Ausweichbahnen und den vom Modul gelieferten Daten über Konfliktsituationen eine kollisionsfreie Bahn zum gewünschten Ziel. Es berücksichtigt dabei, daß die berechneten Bahnkurven auch wirklich verfahren werden können. Das vorgestellte Verfahren ermöglicht eine leichte Anpassung an alle Roboter mit offenen kinematischen Ketten.

Verlag Vieweg · Postfach 58 29 · D-6200 Wiesbaden 1

vieweg